普通高等教育“十二五”规划教材

MONI DIANZI JISHU XUEXI ZHIDAOSHU

模拟电子技术学习指导书

主编 张会莉

编写 岳永哲 高 妙

张凤凌 曲国明

中国电力出版社
CHINA ELECTRIC POWER PRESS

内 容 提 要

本书是《模拟电子技术基础》的配套辅导教材，全书内容共分为8章。每章分为若干个课题，课题按“内容提要”“典型例题”“自测题”模块加以组织，并在每章结尾处加入了多道精选习题。书末附录提供了5份模拟试题及答案，供读者自我检测。本书是编者多年模拟电子技术教学实践的总结，内容条理清晰、简明扼要、深入浅出。在阐明基础知识要点及典型例题解析的基础上，突出解题思路的介绍，注重提高读者分析问题和解决问题的能力。

本书可作为普通本科和高等职业教育“模拟电子技术”课程的辅导学习资料，也可供报考电气类、电子类、自动化类、计算机类专业硕士研究生的人员参考。

图书在版编目（CIP）数据

模拟电子技术学习指导书/张会莉主编. —北京：中国电力出版社，2016.9

普通高等教育“十二五”规划教材

ISBN 978-7-5123-8509-2

Ⅰ.①模… Ⅱ.①张… Ⅲ.①模拟电路-电子技术-高等学校-教材 Ⅳ.①TN710

中国版本图书馆CIP数据核字（2016）第190732号

中国电力出版社出版、发行

（北京市东城区北京站西街19号 100005 http：//www.cepp.sgcc.com.cn）

汇鑫印务有限公司印刷

各地新华书店经售

*

2016年9月第一版 2016年9月北京第一次印刷

787毫米×1092毫米 16开本 13.5印张 326千字

定价 **30.00** 元

前　言

本书是为了满足高等学校“模拟电子技术”课程学习需要而编写的辅导教材，内容符合教育部制定的“模拟电子技术基础”课程教学大纲的要求。本书力求做到结构严谨，内容得当，全而不滥，精而易懂，着重模拟电子技术基本理论、基本概念、基本分析方法以及电路的分析和应用。

全书共分为 8 章：常用半导体器件、基本放大电路、放大电路的频率响应、集成运算放大电路及其应用、负反馈放大电路、波形的发生和信号的转换、功率放大电路、直流电源。为了便于读者自学和复习，每一章均按照知识点分为若干个课题，每个课题分为三部分：

(1) 内容提要：根据作者多年的教学经验从每个课题提炼出的重点内容，针对不同的电路提供不同的分析方法，为读者掌握基本内容提供指导。

(2) 典型例题：详细分析并求解每个典型例题，末尾还配以习题指导与点评，帮助读者提高对模拟电路的解题能力。

(3) 自测题：从各章挑选出典型习题，便于读者对所学知识进行自我检测，并深化对相关知识的深入理解。

在典型例题、自测题和每章结尾的习题精选部分加入了几所高校及研究机构近几年的硕士研究生考试试题，书末的附录还给出了五套模拟试卷以及标准答案供读者参考。

本书由河北科技大学任文霞副教授主审，张会莉主编并负责统稿，张会莉编写第三、四章，岳永哲编写第六、八章，高妙编写第一、二章，张凤凌编写第五章及附录，曲国明编写第七章。在本书的编写过程中，得到高观望、王计花、吕文哲、张敏、王彦朋等老师的大力支持和帮助，他们提出了许多宝贵的改进意见和建议，在此一并表示衷心的感谢！

鉴于编者水平，书中难免有疏漏、不妥之处，恳请读者和各位同行批评指正。

编　者

2016 年 3 月

目 录

第一章 常用半导体器件

重点： 二极管的线性化模型及其分析方法；稳压二极管的工作原理及其分析方法；晶体管的三种工作状态及其对应的电压条件。

难点： 二极管线性化模型的应用；晶体管的工作状态及其电压条件。

要求： 了解本征半导体和杂质半导体的导电原理，理解半导体器件的性能受温度影响的原因；了解PN结的形成，掌握PN结的单向导电性；掌握二极管的伏安特性和主要参数；重点掌握二极管的线性化模型（理想模型、恒压模型和交流小信号模型），并能利用其分析电路；掌握稳压二极管的主要参数、工作原理及分析方法；了解晶体管的结构，理解其工作原理及电流放大作用；掌握晶体管的主要参数；重点掌握晶体管的伏安特性、工作状态以及各种工作状态所需的电压条件。

课题一 半导体基础知识

内容提要

1. 半导体

导电能力介于导体和绝缘体之间的物质称为半导体。硅和锗是最常用的半导体材料。

(1) 本征半导体和杂质半导体。

1) 纯净的具有单晶体结构的半导体称为本征半导体。硅（或锗）是四价元素，原子最外层轨道上都有4个价电子。在硅（或锗）晶体中，原子在空间排列呈规则的晶格。其中每个原子都和周围的4个原子以共价键的形式联系在一起。

2) 掺入杂质后的半导体称为杂质半导体。杂质半导体分为**N型半导体**和**P型半导体**两类。在本征半导体中掺入少量五价元素形成N型半导体；在本征半导体中掺入少量三价元素构成P型半导体。

(2) 半导体中的载流子及其导电性能。半导体中有自由电子和空穴两种载流子参与导电，其中自由电子带负电，空穴带正电。

本征半导体的载流子由本征激发产生，自由电子和空穴成对出现。它们也成对消失，即载流子复合。**在本征半导体中自由电子和空穴数量相等。**

在一定温度下，本征激发和复合的速度相等，载流子的浓度一定。常温下本征半导体的载流子浓度很低，导电性能很差。若温度升高，本征激发产生的载流子增加，导电能力增强。**本征半导体的导电性能与温度有关。**

N型半导体中自由电子为多数载流子（简称多子），空穴为少数载流子（简称少子）。P型半导体中的多子为空穴，少子为自由电子。**杂质半导体呈电中性。**

杂质半导体是在本征半导体中掺入杂质形成的，载流子浓度大大增加，导电性能大大提高。**其导电性能与掺杂浓度和温度有关。**

2. PN 结

采用不同的掺杂工艺，将 P 型半导体与 N 型半导体制作在同一块半导体基片上，在这两种半导体的交界面会形成一个很薄的空间电荷区，称为 PN 结。

(1) PN 结的形成。在两种半导体材料分界面处，两种载流子存在浓度差。在浓度差的作用下，N 区中的自由电子和 P 区中的空穴将向对方运动，并和对方异种电荷复合。这种因浓度差产生的载流子的定向移动称为**扩散运动**。**扩散电流为多子电流**。电荷复合破坏了两个区域的电荷平衡，在交界处载流子"耗尽"的耗尽层，也称为空间电荷区。空间电荷区产生的内电场促使载流子沿与扩散运动相反的方向运动。这种在内电场作用下的载流子定向移动称为**漂移运动**。**漂移电流为少子电流**。随着扩散运动的进行，空间电荷区逐渐变宽，内电场逐渐增强，漂移运动逐渐增强，扩散运动逐渐减弱。当两种运动的速度相等时，空间电荷区的宽度不再改变，形成 PN 结。

(2) PN 结的单向导电性。PN 结是器件内部载流子的漂移运动和扩散运动达到动态平衡时的空间电荷区。

PN 结加正向电压时（P 区电位高于 N 区电位），外加电场与内电场的方向相反，内电场变弱，耗尽层变窄，扩散电流（多子电流）大于漂移电流（少子电流），形成 PN 结正向电流，**PN 结正向导通。**

PN 结加反向电压时，外加电场与内电场的方向相同，内电场增强，耗尽层变宽，漂移电流大于扩散电流，少子电流形成 PN 结反向电流。该电流很小，且基本不随反偏电压变化，称为反向饱和电流，**PN 结反向截止。**

PN 结加正向电压（PN 结正偏）导通，加反向电压（反偏）截止，称为 PN 结的单向导电性。

(3) PN 结的电流方程。PN 结的单向导电性也可以用 PN 结的电流方程表示：

$$i = I_{RS}e^{u/U_T} \tag{1-1}$$

式中，I_{RS} 为 PN 结的反向饱和电流；U_T 为温度电压当量，在常温（$T=300K$）下，$U_T \approx 26mV$。

(4) PN 结的伏安特性曲线。PN 结的伏安特性曲线如图 1-1 所示。

PN 结加正向电压时，呈现低电阻，有较大的正向电流；PN 结加反向电压时，呈现高电阻，具有很小的反向漂移电流 I_{RS}。

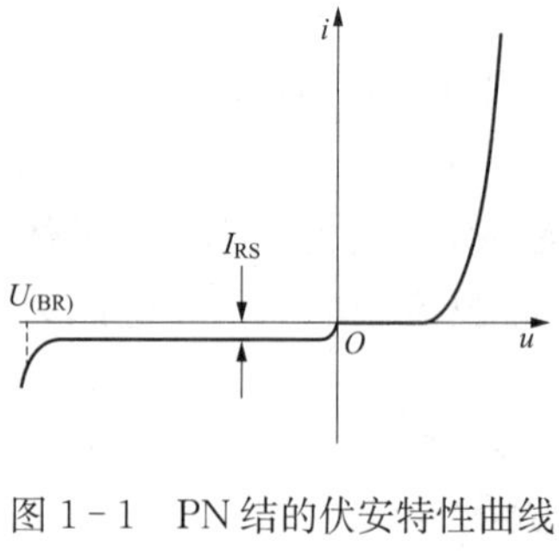

图 1-1 PN 结的伏安特性曲线

以上特性也体现了 PN 结的单向导电性。当反向电压增大到一定数值时，反向电流会大大增加，**PN 结被反向击穿**，此时的电压称为反向击穿电压 $U_{(BR)}$。击穿可分为齐纳击穿和雪崩击穿。

(5) PN 结的电容效应。PN 结电容由势垒电容 C_b 和扩散电容 C_d 组成。

1) 势垒电容 C_b。PN 结存储在空间电荷区的电荷随外加电压变化而变化所等效的电容效应。**PN 结反偏时以势垒电**

容为主。

2）扩散电容 C_d。PN 结加正向电压时，多子扩散到对方区域，在 PN 结边界处累积，形成一定的浓度梯度。累积的电荷随外加电压的变化而变化所等效的电容效应称为扩散电容。**PN 结正偏时以扩散电容为主。**

自测题

一、选择题

1. 常用的半导体材料硅和锗均为____元素，在本征半导体中加入____元素可形成 N 型半导体，加入____元素可形成 P 型半导体。

A. 三价　　B. 四价　　C. 五价

2. 温度升高时半导体材料内部的载流子浓度会____。

A. 增大　　B. 减小　　C. 不变

3. PN 结加正向电压时，空间电荷区将____。

A. 变宽　　B. 变窄　　C. 基本不变

4. PN 结空间电荷区由____构成。

A. 自由电子　　B. 空穴　　C. 杂质离子

5. 一个平衡 PN 结，用导线将 P 区和 N 区连接，则导线中____。

A. 有微弱电流　　B. 无电流　　C. 有瞬间微弱电流

6. 当 PN 结外加正向电压时，扩散电流____漂移电流，耗尽层____（华中科技大学 2004 年硕士研究生考试试题）。

A. 大于　　B. 小于　　C. 展宽　　D. 变薄

二、判断题（在括号内填入“√”或“×”来表明判断结果）

1. P 型半导体中的多子是带正电的空穴，所以 P 型半导体带正电。（　）
2. 空穴是价电子挣脱共价键的束缚后留下的空位，因此不能移动。（　）
3. PN 结在无光照、无外加电压时，结电流为 0。（　）
4. 本征半导体温度升高后两种载流子的浓度仍相等。（　）
5. 在 N 型半导体中如果掺入足够量的三价元素，可将其改型成 P 型半导体。（　）

三、填空题

1. 本征半导体中若掺入五价元素的原子，则多数载流子应是________，掺杂越多，则其浓度一定越________。相反，少数载流子应是________，掺杂越多，其浓度越________。

2. 载流子的运动主要有________和________两种，前者是由________引起的，后者是由________引起的。

3. PN 结正偏是指 P 区的电位________于 N 区的电位；PN 结反偏则指 P 区的电位________于 N 区的电位。

4. PN 结的最重要特性是________。该特性是指 PN 结加正向电压时________；加反向电压时________。

5. PN 结的结电容包括________和________。

6. PN 结的击穿分为________击穿和________击穿。

课题二 半导体二极管

内容提要

1. 二极管的基本结构与符号

二极管的基本结构就是一个 PN 结，给 PN 结加上引线和管壳就构成了二极管。二极管的符号如图 1－2 所示。

2. 二极管的伏安特性曲线

二极管是由一个 PN 结构成的，其伏安特性就是 PN 结的伏安特性，满足 PN 结的伏安特性方程。二极管的伏安特性曲线与 PN 结的伏安特性曲线类似，如图 1－3 所示。

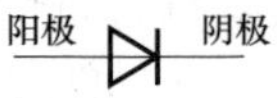

图 1－2 二极管符号

（1）正向特性。二极管的正向特性分为两段：

1）二极管的**正向截止区即死区**。二极管加正向电压（$u>0$），且电压值小于开启电压（$u<U_{on}$）时，二极管的正向电流为 0。硅管的开启电压约为 0.5V，锗管的开启电压约为 0.1V。

2）二极管的**正向导通区**。若外加电压值超过开启电压（$u>U_{on}$），二极管正向导通，电流随电压以指数规律增长。导通后的二极管具有近似恒压的特性。硅管的导通压降约为 0.7V，锗管的导通压降约为 0.2V。

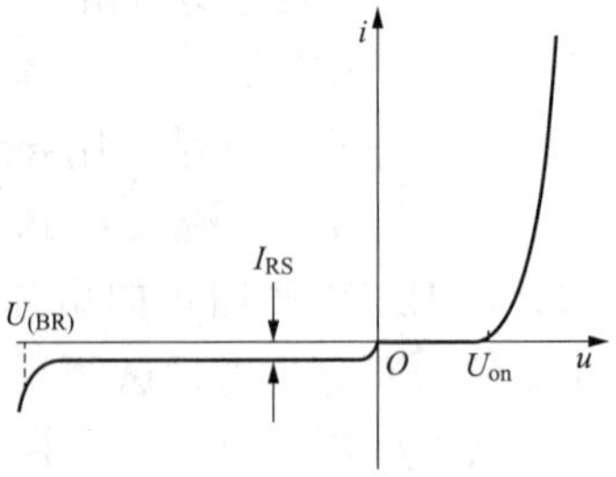

图 1－3 二极管的伏安特性曲线

（2）反向特性。二极管的反向特性也分为两段：

1）二极管的**反向截止区**。当外加电压 $u<0$，且 $|u|<U_{(BR)}$（反向击穿电压）时，二极管的反向电流很小，该电流称为反向饱和电流 I_{RS}。此时反向电流基本不随反向电压的变化而变化，忽略这个微小的电流，二极管反向截止。

2）二极管**反向击穿区**。当外加电压 $u<0$，且 $|u|>U_{(BR)}$ 时，反向电流急剧增加，二极管反向击穿。

由于 PN 结中的载流子数目受温度影响，因此二极管的伏安特性也受温度影响。若温度升高：二极管正向特性左移，开启电压和导通压降减小；反向特性下移，反向电流增大。

3. 二极管的主要参数

（1）最大整流电流 I_F：二极管长期运行时，允许通过的最大正向平均电流。

（2）最高反向工作电压 U_R：二极管在使用时允许加的最高反向电压，超过此值二极管可能发生反向击穿。

（3）反向电流 I_{RS}：常温下二极管外加反向电压而未被反向击穿时的电流。

（4）最高工作频率 f_M：二极管工作的上限频率。若二极管工作频率超过 f_M，其单向导电性能将变差。

4. 二极管的线性化模型

二极管为非线性器件，在分析含有二极管的电路时常将其用线性电路等效，等效出来的电路就是二极管的线性化模型。常用的线性化模型有：

（1）理想模型。**理想模型忽略了二极管的正向导通压降**，如图 1－4 所示。二极管加正向电压时导通压降为 0；二极管加反向电压时流过二极管的反向电流为 0。

（2）恒压模型。恒压模型考虑了二极管的正向导通压降，如图 1－5 所示。当二极管外加大于其导通电压 U_{on} 的正向电压时，二极管导通，且具有**恒压特性**，其管压降为 U_{on}；否则，**二极管截止**，流过二极管的反向电流为 0。

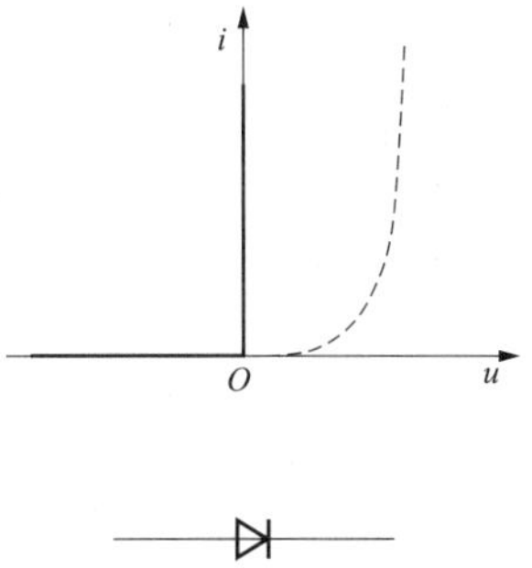

图 1－4　理想模型

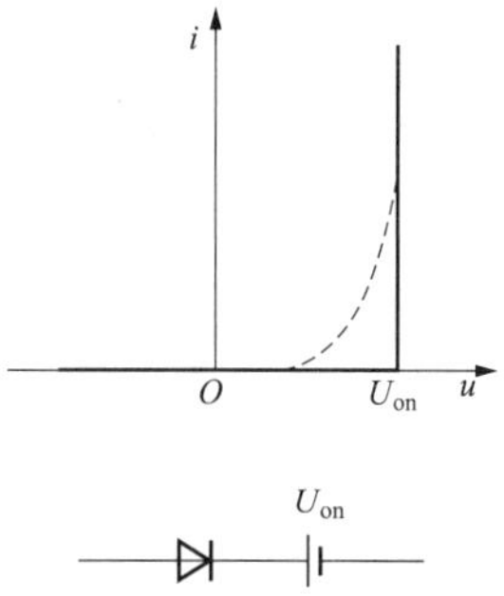

图 1－5　恒压模型

（3）交流小信号模型。二极管两端的电压在某一固定值附近作小范围变化时，会引起电流变化。此时二极管电压变化量与电流变化量之间的约束关系可等效为一个交流电阻 r_d

$$r_d = \Delta u_D / \Delta i_D \approx U_T / I_{DQ} \qquad (1-2)$$

二极管的交流小信号模型如图 1－6 所示。

二极管的交流小信号模型描述了二极管交流量之间的约束关系，适用于二极管的动态分析。

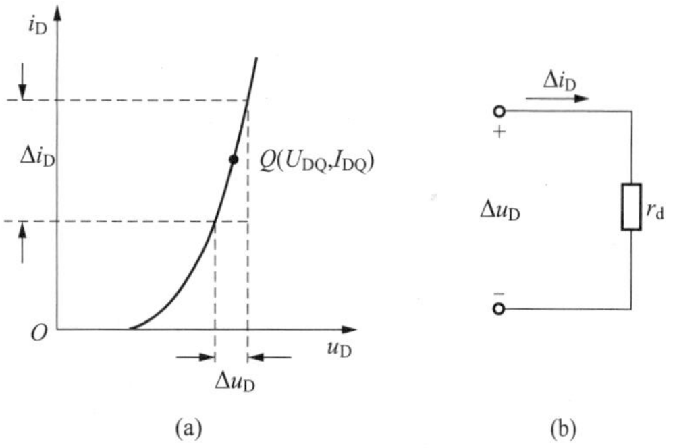

图 1－6　二极管的交流小信号模型

（a）伏安特性；（b）等效电路

5. 稳压二极管

稳压二极管是一种特殊的二极管，简称稳压管，主要用于**稳压和限幅**。

（1）稳压管的伏安特性曲线及符号。稳压管的伏安特性曲线及符号如图 1－7 所示，其正向特性和反向特性与普通二极管基本相同。稳压管工作在反向击穿区时，流过的电流变化很大，但其两端的电压变化很小，该电压近似为稳压管的稳定电压 U_S，稳压管工作在稳压状态。

（2）稳压管的稳压条件。

1）为稳压管提供足够大的反偏电压，使稳压管工作在反向击穿区域，即 $|u_{VS}| > U_S$。

2）稳压管应串联适当的限流电阻 R，工作在稳压工作区，保证稳压管通过的电流满足 $I_S < i_{VS} < I_{SM}$。其中 i_{VS} 为流过稳压管的电流；I_S 为稳定电流（最小稳定电流）；I_{SM} 为最大稳定电流，如图 1－7 所示。

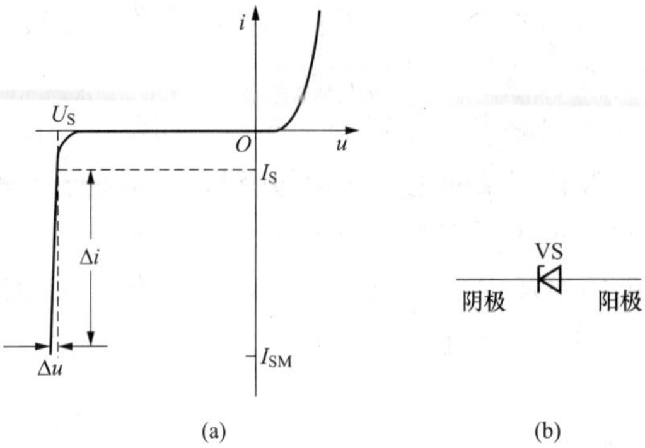

图 1-7 稳压管的伏安特性曲线与符号

(a) 伏安特性；(b) 符号

典型例题

【例 1-1】 选择题

1. 在 25℃时，某二极管的开启电压为 $U_{on}=0.5V$，反向饱和电流 $I_{RS}=0.1pA$，则在 35℃时，下列数据可能正确的是____。

A. $U_{on}=0.525V$，$I_{RS}=0.05pA$　　B. $U_{on}=0.525V$，$I_{RS}=0.2pA$

C. $U_{on}=0.475V$，$I_{RS}=0.05pA$　　D. $U_{on}=0.475V$，$I_{RS}=0.2pA$

2. 稳压管是一个可逆击穿二极管，稳压时工作在____状态，且其两端电压必须大于其稳定电压值 U_S，否则处于____状态。

A. 正向导通　　B. 反向截止　　C. 反向击穿

解 1. D　2. C，B

【解题指导与点评】 本题的考点是二极管和稳压管的伏安特性。第 1 小题，二极管伏安特性曲线受温度影响，且温度升高其正向特性左移，开启电压 U_{on}减小；反向特性下移，反向饱和电流 I_{RS}增大。第 2 小题，稳压管是一种特殊的二极管，有 3 种工作状态：正向导通、反向截止和稳压状态。当其工作在前两种工作状态时，与普通二极管相同，稳压状态指的是稳压管工作在反向击穿状态。

【例 1-2】 判断题（在括号内填入"√"或"×"来表明判断结果）

1. 二极管的电流方程 $i=I_{RS}(e^{u/U_T}-1)$ 能够完整地表示二极管的伏安特性。（　）

2. 二极管在信号频率大于最高工作频率 f_M时会损坏。（　）

3. 二极管在工作电流大于最大整流电流时一定会损坏。（　）

解 1. ×　2. ×　3. ×

【解题指导与点评】 本题的考点是二极管的基础知识。第 1 小题，二极管的电流方程描述了二极管工作在正向导通和反向截止时的伏安特性，不包含二极管的反向击穿特性，因此不能完整地表示二极管的伏安特性。第 2 小题，二极管信号频率大于最高工作频率 f_M时，二极管会因其结电容的影响导致单向导电性变差。第 3 小题，最大整流电流是指二极管长期工作时允许通过的最大正向平均电流。若瞬时工作电流超过该值，而平均电流小于该值，二极管不会损坏。

【例 1-3】 电路如图 1-8 所示，VD1、VD2 为理想二极管。

(1) 指出二极管的工作状态；

(2) U_O=?

解 (1) 二极管 VD2 导通，VD1 截止。

(2) U_O=−5V。

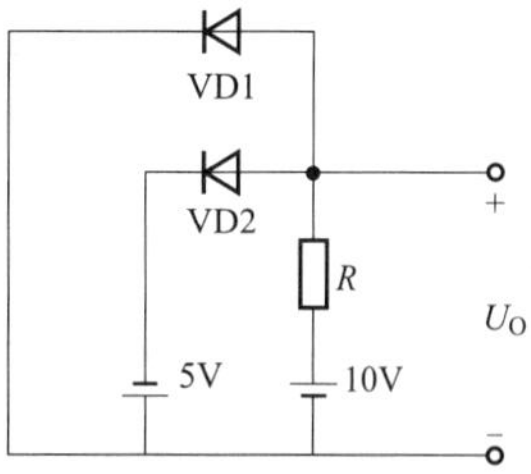

图 1-8 例 1-3 图

【解题指导与点评】 本题的考点为二极管的理想模型。二极管是非线性器件，在电路中通常会将其线性化，求解该电路利用了二极管的理想模型，即二极管正向导通时导通压降为 0、反向截止时反向电流为 0。由图 1-8 可知 VD2 因承受正向电压而导通，VD1 因承受反向电压而截止。VD2 导通后其两端的电压为 0，因此 u_O=−5V。

【例 1-4】 电路如图 1-9 (a) 所示，已知 $u_i=5\sin\omega t$ (V)，二极管导通电压 U_D=0.7V。试画出 u_i与 u_O的波形，并标出幅值。

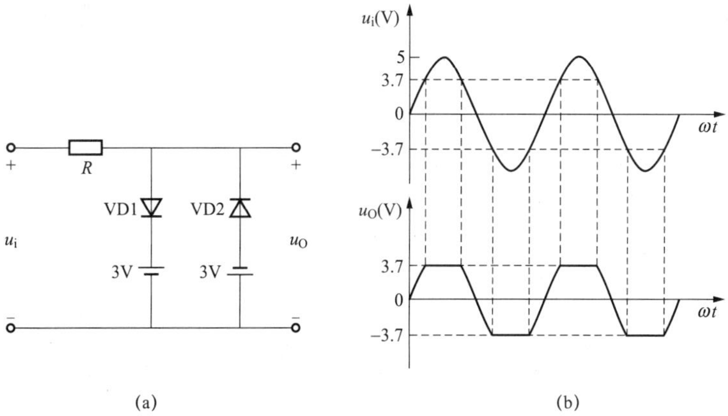

图 1-9 例 1-4 图

(a) 电路；(b) 输入和输出波形

解 当−3.7V<u_i<3.7V 时，VD1 截止，VD2 截止，$u_O=u_i$；当 u_i≥3.7V 时，VD1 导通，VD2 截止，u_O=3.7V；当 u_i≤−3.7V 时，VD1 截止，VD2 导通，u_O=−3.7V。与 u_i对应的 u_O波形如图 1-9 (b) 所示，u_O的变化范围被限定在−3.7V 与 3.7V 之间。

【解题指导与点评】 本题的考点是二极管的恒压模型。二极管的恒压模型是二极管最常用的线性化模型，即二极管承受正向电压，并且其值超过正向导通压降 U_{on} (硅管：0.7V，锗管：0.2V) 时，二极管正向导通，可近似认为其端电压恒定为 U_{on}；当二极管电压小于 U_{on} (包括反向电压) 时，二极管截止，其反向电流为 0。

【例 1-5】 电路如图 1-10 所示，二极管导通电压 U_D=0.7V，常温下 U_T≈26mV，电容 C 对交流信号可视为短路；u_i为正弦波，有效值为 10mV。试问二极管中流过的交流电流有效值为多少?

解 二极管的直流电流为

$$I_D=(2-U_D)/R=2.6\text{mA}$$

其动态电阻

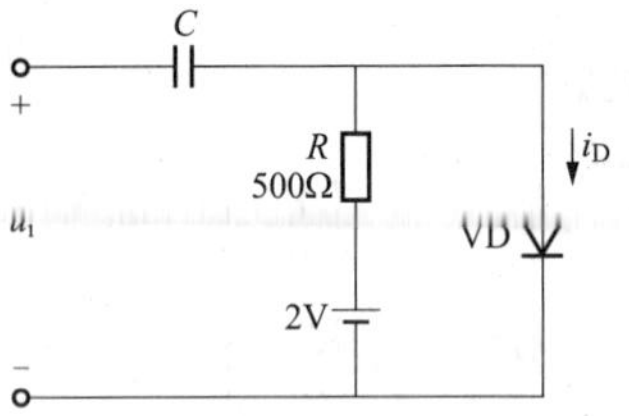

图 1-10 例 1-5 图

$$r_d \approx U_T/I_D = 10\Omega$$

故动态电流有效值

$$I_d = U_i/r_d \approx 1\text{mA}$$

【解题指导与点评】 本题的考点是二极管的恒压模型和交流小信号模型的综合应用，可将电路中的直流量和交流量分开来求解。先利用二极管的恒压模型求解二极管的直流电流 I_D（电容 C 对直流视为开路）；再利用其交流小信号模型求解二极管的交流电流 I_d（电容 C 对交流信号视为短路）。需要指出的是，二极管的交流小信号模型适用于低频小信号情况下求解电路的交流信号。

【例 1-6】 如图 1-11 所示电路中，稳压管的稳压值 U_S=6V，稳定电流 I_S=5mA，最大稳定电流 I_{SM}=25mA。试计算：

(1) U_I分别为 10V、35V 时 U_O的值；

(2) 若 U_I=35V 时负载开路，会出现什么现象？为什么？

解 (1) 假设稳压管未击穿，则当 U_I=10V 时，稳压管两端的电压为

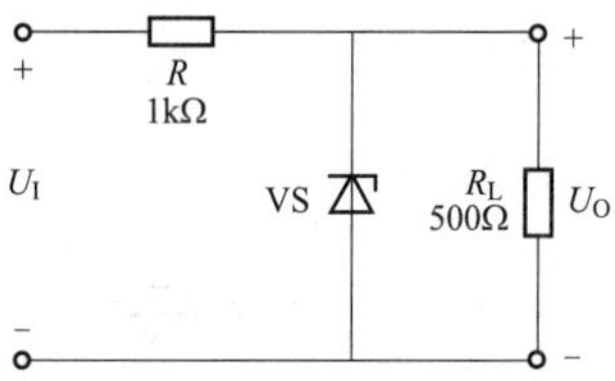

图 1-11 例 1-6 图

$$U_{VS} = \frac{R_L}{R + R_L} \cdot U_I \approx 3.3\text{V}$$

此时，$U_{VS} < U_S$，稳压管反向截止，输出电压 $U_O \approx 3.3$V。

当 U_I=35V 时，假设稳压管未击穿，则

$$U_{VS} = \frac{R_L}{R + R_L} \cdot U_I \approx 11.7\text{V}$$

显然，$U_{VS} > U_S$，稳压管被反向击穿。此时流过稳压管的电流为

$$I_{VS} = \frac{U_I - U_S}{R} - \frac{U_S}{R_L} = 29 - 12 = 17(\text{mA})$$

由于 $I_S < I_{VS} < I_{SM}$，稳压管工作在稳压区，输出电压 U_O=6V。

(2) 负载开路时，稳压管反向击穿，此时

$$I_{VS} = (U_I - U_S)/R = 29\text{mA} > I_{SM}$$

稳压管将因功耗过大而损坏。

【解题指导与点评】 本题的考点是稳压管的稳压条件。**稳压管的稳压条件：①电压条件：$|U_{VS}| > U_S$；②电流条件：$I_S < I_{VS} < I_{SM}$。** 电压太小，稳压管处于反向截止状态；电流太大，稳压管会因功耗过大损坏。

自测题

一、选择题

1. 当温度升高时，二极管的反向饱和电流将____。

A. 增大　　B. 减小　　C. 不变

2. 二极管的端电压为 u，则二极管的电流方程为____。

A. $i=I_{RS}(e^{u/U_T}-1)$　　B. $i=I_{RS}e^{u/U_T}$

C. $i=I_{RS}e^{u}$

3. 二极管电击穿时，若继续增大反向电压，就有可能发生____而损坏。

A. 反向击穿　　B. 热击穿　　C. 雪崩击穿

4. 若用万用表测量正、反向电阻判断二极管的好坏，好的管子应____。

A. 正向电阻大，反向电阻小　　B. 正反向电阻都是无穷大

C. 反向电阻比正向电阻大好多倍

5. 稳压管的稳压区是其工作在____状态。

A. 正向导通　　B. 反向截止　　C. 反向击穿

二、填空题

1. 二极管的最主要特性是________，它的两个主要参数分别是反映正向特性的________和反映反向特性的________。

2. 所谓理想二极管就是当其正偏时，结电阻为________，相当于短路；当其反偏时，结电阻为________，相当于开路。

3. 二极管的反向电流由________载流子形成，其大小与________有关，而与外加电压________。

4. 稳压管稳压时处于________偏置状态，而二极管导通时处于________偏置状态。

5. 若流过二极管的电流 $I_{DQ}=2mA$，则其交流电阻 $r_d=$________ Ω。

6. 常温下，硅二极管的开启电压约为________ V，导通后在较大电流下的正向压降约为________ V；锗二极管的开启电压约为________ V，导通后在较大电流下的正向压降约为________ V。

7. 电路如题图 1-1 所示，设 VS1 与 VS2 性能相同，其稳定电压 U_S 均为 7V，正向导通电压均为 0.7V，则输出电压 $U_O=$________ V。

8. 变容二极管是利用 PN 结的________效应，而稳压二极管是利用 PN 结的________特性而制成的两种特殊二极管（国防科技大学 2004 年硕士研究生考试试题）。

三、分析解答题

1. 电路如题图 1-2 所示，VD1、VD2 为理想二极管。

求：(1) 指出二极管的工作状态；

(2) $U_O=$?

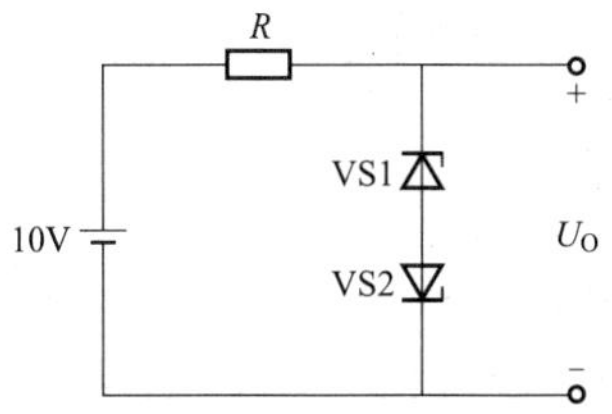

题图 1-1

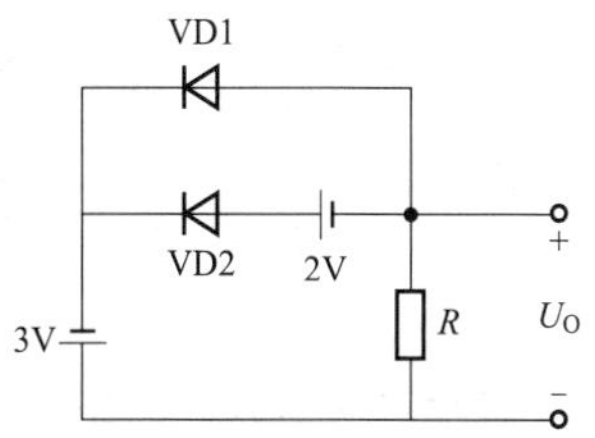

题图 1-2

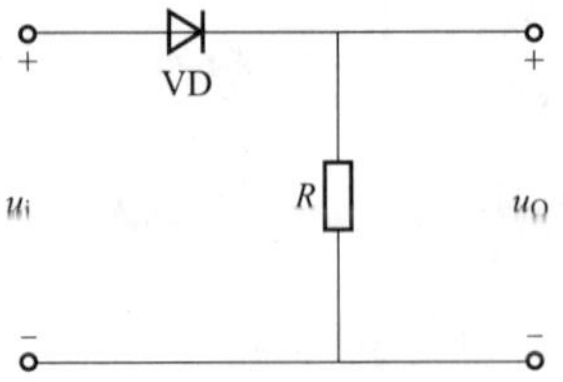

题图 1－3

2. 电路如题图 1－3 所示，已知 $u_i=10\sin\omega t$ V，试画出 u_i 与 u_O 的波形。设二极管正向导通电压可忽略不计。

3. 二极管的伏安特性曲线如题图 1－4 所示，室温下测得二极管中的电流为 20mA，试确定二极管的静态电阻 R_D 和动态电阻 r_d 的大小。

4. 电路如题图 1－5 所示，设二极管 VD1、VD2、VD3 的正向压降忽略不计，求电路的输出电压 U_O。

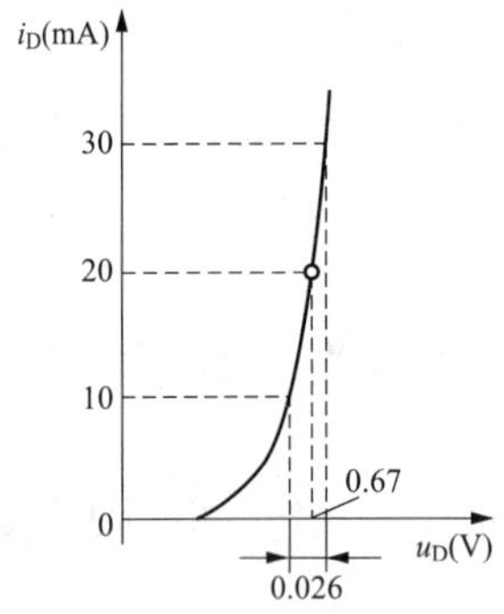

题图 1－4

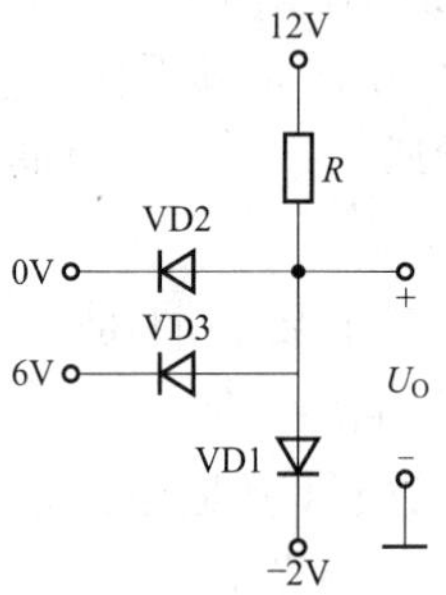

题图 1－5

课题三 晶　体　管

内容提要

利用不同的掺杂方式在同一硅片上制作出三个掺杂区域，形成两个 PN 结，就构成晶体管。晶体管有两种载流子参与导电，又称为**双极型晶体管**。

1. 晶体管的结构及类型

晶体管可分为 NPN 和 PNP 两种类型，其结构示意图及符号如图 1－12 所示。

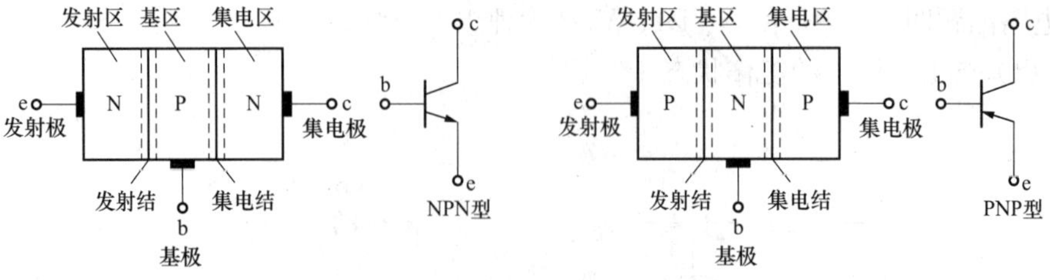

(a)　　(b)

图 1－12　晶体管的结构与符号

(a) NPN 型晶体管的结构示意图与符号；(b) PNP 型晶体管的结构示意图与符号

晶体管有三个区：**基区、发射区和集电区**；由这三个区引出三个电极：**基极、发射极和**

集电极；存在两个 PN 结：**发射结和集电结**。

2. 晶体管的共射特性曲线

晶体管有三个极，在电路中可将其看作一个二端口网络，图 1-13 所示为晶体管的共发射极接法。

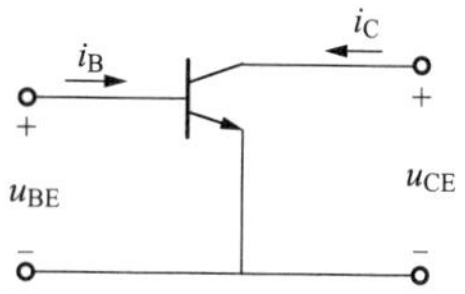

图 1-13 晶体管共发射极接法

(1) 输入特性曲线。输入特性曲线描述在管压降 U_{CE} 一定的情况下，基极电流 i_B 与发射结压降 u_{BE} 之间的函数关系

$$i_B = f(u_{BE})\big|_{U_{CE}=\text{常数}} \tag{1-3}$$

输入特性曲线如图 1-14 所示。随着 U_{CE} 的增大，输入特性曲线右移，当 U_{CE} 超过一定数值后，曲线不再明显右移而是基本重合。对小功率管，可用 $U_{CE}>1\text{V}$ 的任何一条曲线来近似 $U_{CE}>1\text{V}$ 的所有曲线。

(2) 输出特性曲线。输出特性曲线描述基极电流 I_B 一定的情况下，集电极电流 i_C 与管压降 u_{CE} 之间的函数关系

$$i_C = f(u_{CE})\big|_{I_B=\text{常数}} \tag{1-4}$$

输出特性曲线如图 1-15 所示。

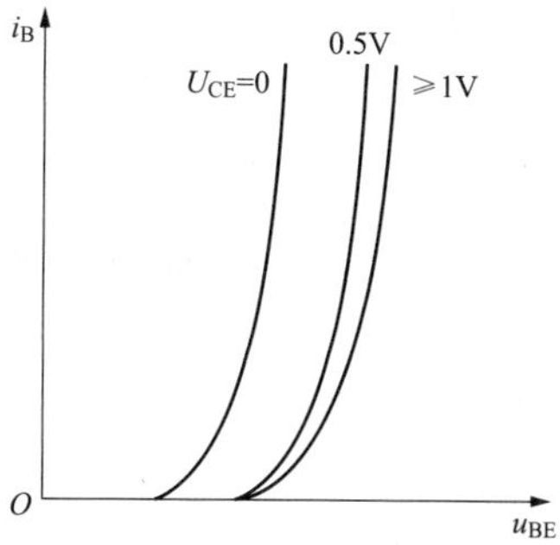

图 1-14 共发射极输入特性曲线

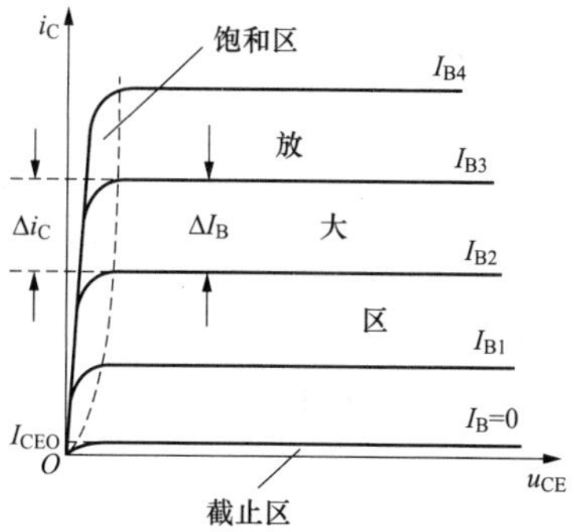

图 1-15 共发射极输出特性曲线

由输出特性曲线可知晶体管有 3 个工作区域：截止区、放大区和饱和区。晶体管 3 种工作状态的比较见表 1-1。

表 1-1　　晶体管 3 种工作状态的比较

工作状态	NPN	PNP	特点
截止	发射结、集电结均反偏 $U_B<U_E$，$U_B<U_C$	发射结、集电结均反偏 $U_B>U_E$，$U_B>U_C$	$i_B=0$ $i_C\approx0$
放大	发射结正偏，集电结反偏 $U_C>U_B>U_E$	发射结正偏，集电结反偏 $U_C<U_B<U_E$	$i_C=\beta i_B$
饱和	发射结、集电结均正偏 $U_B>U_E$，$U_B>U_C$	发射结、集电结均正偏 $U_B<U_E$，$U_B<U_C$	$u_{BE}=U_{on}$ $\lvert u_{CE}\rvert<\lvert u_{BE}\rvert$

(3) 温度对晶体管特性的影响。温度升高，晶体管 u_{BE} 减小，I_{CEO} 增大，β 增大，所有

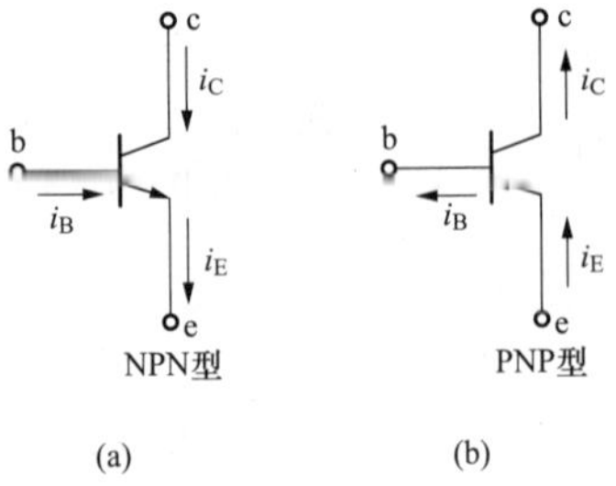

图 1-16 晶体管 3 个电极的电流流向

(a) NPN 管的电流流向；(b) PNP 管的电流流向

这些都将导致 i_C增大。

3. 晶体管的主要电流关系

晶体管 3 个电极的电流流向如图 1-16 所示。晶体管基极电流 i_B和集电极电流 i_C有相同的流向，发射极电流 i_E则与它们方向相反。从晶体管外部看，利用节点电流定律，3 个电极的电流关系满足

$$i_E = i_C + i_B \tag{1-5}$$

当晶体管处在放大状态时，由基极电流对集电极电流的控制作用可知

$$i_C = \beta i_B \tag{1-6}$$

4. 晶体管的极限参数

极限参数是为保证晶体管安全工作对其电压、电流和功率损耗所加的限制。

（1）最大集电极耗散功率 P_{CM}。

晶体管功率损耗 $P_C = u_{CE} i_C$。为保证晶体管可靠工作，最高结温所对应的 P_C即为集电极最大耗散功率 P_{CM}。P_{CM}在输出特性坐标平面内为双曲线中的一条，如图 1-17 所示。

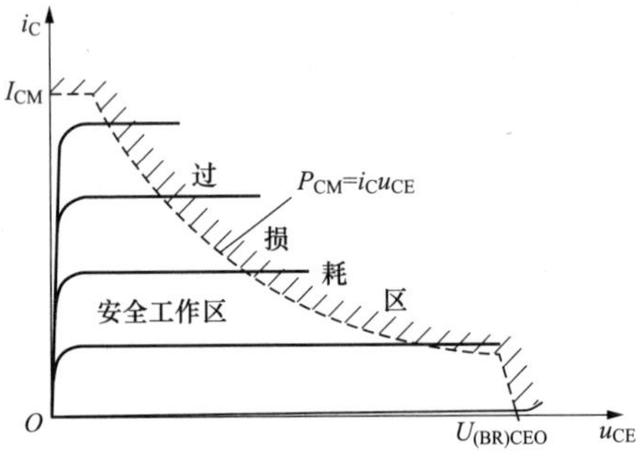

图 1-17 晶体管的极限参数

（2）最大集电极电流 I_{CM}。

i_C在相当大的范围内 β 值基本不变，但 $i_C > I_{CM}$时，晶体管的 β 值将明显减小。因此，晶体管线性应用时，i_C不应超过 I_{CM}。

（3）极间反向击穿电压 $U_{(BR)CEO}$。$U_{(BR)CEO}$是基极开路时集电极—发射极间的反向击穿电压，此时集电结承受反向电压。$u_{CE} > U_{(BR)CEO}$时，i_C将突然大幅度上升，晶体管被击穿。

由以上分析可知，为保证晶体管正常工作，必须使它工作在由图 1-17 所示的虚线划定的安全工作区。

典型例题

【例 1-7】 填空题

1. 晶体管从结构上可以分为________和________两种类型，晶体管内部有________种载流子参与导电。晶体管电流放大作用的内部条件是：发射区的掺杂浓度________，基区的掺杂浓度________且制作得很薄，集电结面积________；外部条件是发射结________，集电结________。

2. 某晶体管工作在放大区，如果基极电流从 10μA 增大到 20μA 时，集电极电流从 1mA 变化到 2mA，则该晶体管的 β 约为________。

3. 用直流电压表测得放大电路中某晶体管各极电位分别是 2、6、2.7V，则三个电极分别是________极、________极和________极，该管类型为________型，从材料分该管为________管。

4. 某晶体管的极限参数 $I_{CM}=20mA$、$P_{CM}=100mW$、$U_{(BR)CEO}=20V$。当工作电压 $U_{CE}=10V$ 时，工作电流 I_C 不得超过________ mA；当工作电压 $U_{CE}=1V$ 时，I_C 不得超过________ mA；当工作电流 $I_C=2mA$ 时，U_{CE} 不得超过________ V。

5. 晶体管处于放大状态，其电流测量结果如图 1－18 所示，此晶体管为________（NPN/PNP）管，其电流放大倍数 $\beta=$________。

解 1. NPN、PNP，两。高，低，大；正偏，反偏。2. 100。3. 发射、集电、基，NPN，硅。4. 10；20；20。5. NPN，50。

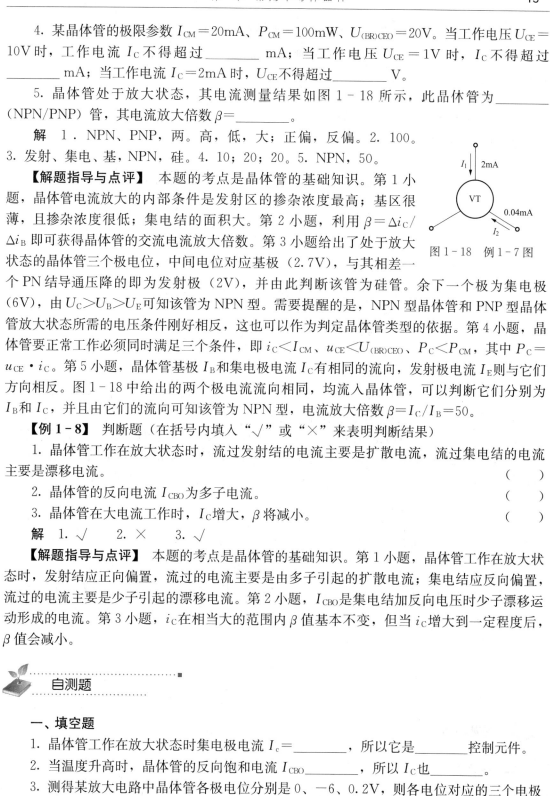

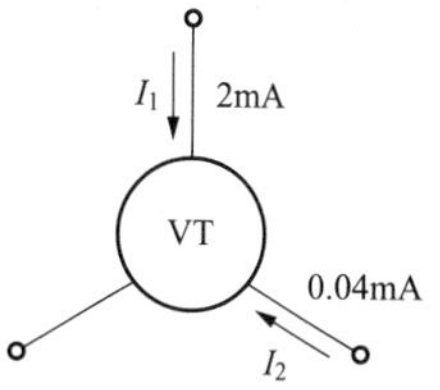

图 1－18 例 1－7 图

【解题指导与点评】 本题的考点是晶体管的基础知识。第 1 小题，晶体管电流放大的内部条件是发射区的掺杂浓度最高；基区很薄，且掺杂浓度很低；集电结的面积大。第 2 小题，利用 $\beta=\Delta i_C/\Delta i_B$ 即可获得晶体管的交流电流放大倍数。第 3 小题给出了处于放大状态的晶体管三个极电位，中间电位对应基极（2.7V），与其相差一个 PN 结导通压降的即为发射极（2V），并由此判断该管为硅管。余下一个极为集电极（6V），由 $U_C>U_B>U_E$ 可知该管为 NPN 型。需要提醒的是，NPN 型晶体管和 PNP 型晶体管放大状态所需的电压条件刚好相反，这也可以作为判定晶体管类型的依据。第 4 小题，晶体管要正常工作必须同时满足三个条件，即 $i_C<I_{CM}$、$u_{CE}<U_{(BR)CEO}$、$P_C<P_{CM}$，其中 $P_C=u_{CE}\cdot i_C$。第 5 小题，晶体管基极 I_B 和集电极电流 I_C 有相同的流向，发射极电流 I_E 则与它们方向相反。图 1－18 中给出的两个极电流流向相同，均流入晶体管，可以判断它们分别为 I_B 和 I_C，并且由它们的流向可知该管为 NPN 型，电流放大倍数 $\beta=I_C/I_B=50$。

【例 1－8】 判断题（在括号内填入“√”或“×”来表明判断结果）

1. 晶体管工作在放大状态时，流过发射结的电流主要是扩散电流，流过集电结的电流主要是漂移电流。 （ ）

2. 晶体管的反向电流 I_{CBO} 为多子电流。 （ ）

3. 晶体管在大电流工作时，I_C 增大，β 将减小。 （ ）

解 1. √ 2. × 3. √

【解题指导与点评】 本题的考点是晶体管的基础知识。第 1 小题，晶体管工作在放大状态时，发射结应正向偏置，流过的电流主要是由多子引起的扩散电流；集电结应反向偏置，流过的电流主要是少子引起的漂移电流。第 2 小题，I_{CBO} 是集电结加反向电压时少子漂移运动形成的电流。第 3 小题，i_C 在相当大的范围内 β 值基本不变，但当 i_C 增大到一定程度后，β 值会减小。

自测题

一、填空题

1. 晶体管工作在放大状态时集电极电流 $I_c=$________，所以它是________控制元件。

2. 当温度升高时，晶体管的反向饱和电流 I_{CBO}________，所以 I_C 也________。

3. 测得某放大电路中晶体管各极电位分别是 0、－6、0.2V，则各电位对应的三个电极分别是________极、________极和________极，该晶体管的类型是________，从材料看该管为________管。

4. 当 PNP 型晶体管工作在放大区时，各极电位关系为 U_C________ U_B________ U_E。

5. 如果在 NPN 型晶体管放大电路中测得发射结为正向偏置，集电结也为正向偏置，则此管的工作状态为________。

二、分析题

1. 测得放大电路中 6 只晶体管的直流电位如题图 1-6 所示。在圆圈中画出管子，并分别说明它们是硅管还是锗管。

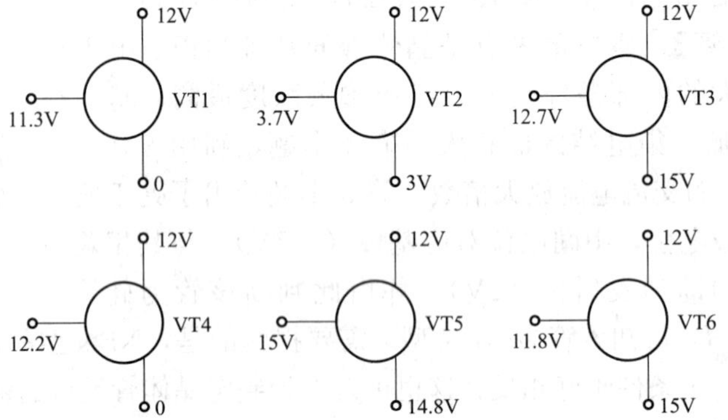

题图 1-6

2. 电路如题图 1-7 所示，已知 $U_{BE}=0.7V$，$\beta=50$，$U_{CES}=0.3V$。试分析在 V_{BB} 为 0、1、3V 三种情况下，VT 的工作状态及输出电压 U_O 的值。

3. 已知两只晶体管的电流放大系数 β 分别为 100 和 50，现测得放大电路中这两只管子两个电极的电流如题图 1-8 所示，分别求另一电极的电流，标出其实际方向，并在圆圈中画出管子。

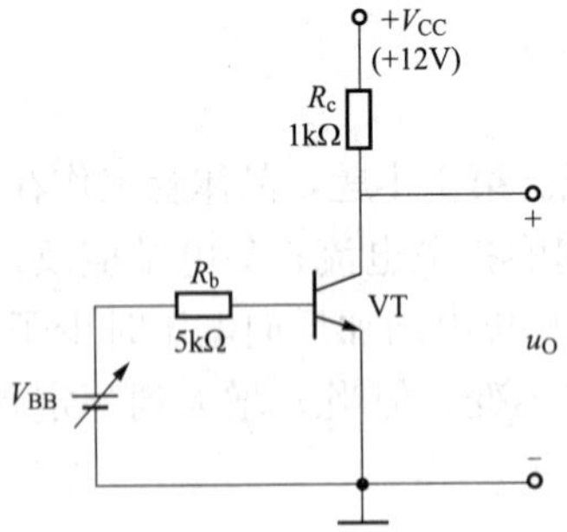

题图 1-7

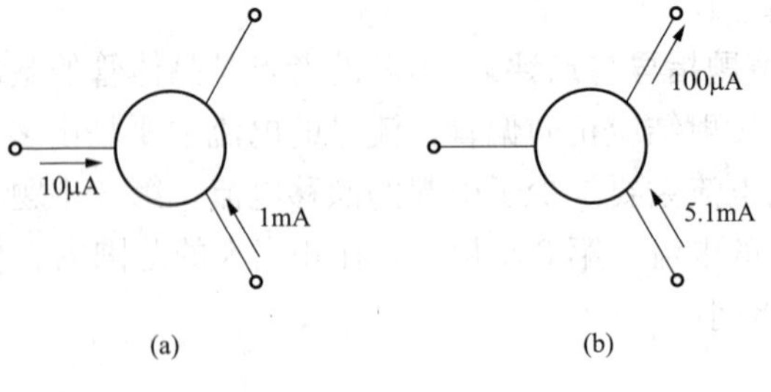

题图 1-8

习题精选

一、填空题

1. 扩散电流是________电流，它由________载流子形成。

2. 杂质半导体有________型和________型之分。

3. PN 结的重要特性是________，它是半导体器件的基础。

4. PN 结的空间电荷区变宽，是由于 PN 结加了________电压；空间电荷区变窄，是由于 PN 结加了________电压。

5. PN 结空间电荷区又称为________，在平衡状态下，电性呈________。空间电荷区内的电场称为________，其方向从________指向________。

6. PN 结正偏时，P 区接电源________极，耗尽层变________，________运动加强。

7. 扩散运动形成的电流是________电流，漂移运动形成的电流是________电流。

8. 在常温下，当温度升高时，杂质半导体中的________浓度明显增加。

9. 硅管的导通压降比锗管________，反向饱和电流比锗管________。

10. 晶体管的输出特性曲线通常分为三个区域，分别是________、________、________。

11. 当温度升高时，晶体管的参数 β ________，I_{CBO}________，导通压降 U_{BE}________。

12. 在晶体管放大电路中，测得晶体管的各极电位如题图 1-9 所示，试判断该晶体管属于________类型的晶体管（国防科技大学 2004 年硕士研究生考试试题）。

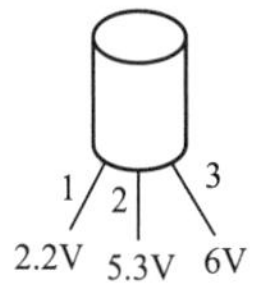

题图 1-9

二、判断题（在括号内填入“√”或“×”来表明判断结果）

1. 杂质半导体的载流子主要靠掺杂得到，其载流子浓度不再受温度影响。（　）

2. 采用半导体工艺在 P 型半导体中掺入足够的 5 价元素，可将其改型为 N 型半导体。（　）

3. 因为 N 型半导体的多子是自由电子，所以它带负电。（　）

4. 未加外加电压时，PN 结的电流从 P 区流向 N 区。（　）

5. P 型半导体带正电，N 型半导体带负电。（　）

6. 当发射结和集电结都外加正偏电压时，晶体管处于饱和状态。（　）

7. 温度升高，晶体管电流放大倍数增大。（　）

8. 通常锗管的反向漏电流比硅管小。（　）

9. 本征半导体温度升高后两种载流子浓度仍相等。（　）

10. 空间电荷区内的漂移电流是少数载流子在内电场的作用下形成的。（　）

11. 晶体管工作在放大状态时，集电极电位最高，发射极电位最低。（　）

三、选择题

1. 晶体管参数为 $P_{CM}=800\text{mW}$，$I_{CM}=100\text{mA}$，$U_{(BR)CEO}=30\text{V}$，在下列几种情况下，属于正常工作的是____。

A. $U_{CE}=15\text{V}$，$I_C=150\text{mA}$　　B. $U_{CE}=20\text{V}$，$I_C=80\text{mA}$

C. $U_{CE}=35\text{V}$，$I_C=80\text{mA}$　　D. $U_{CE}=10\text{V}$，$I_C=50\text{mA}$

2. 在半导体材料中，N 型半导体的自由电子浓度____空穴浓度。

A. 大于　　B. 小于　　C. 等于

3. P 型半导体的多数载流子是带正电的空穴，它____。

A. 带正电　　B. 带负电　　C. 呈中性

4. 当温度降低时，二极管的伏安特性曲线正向特性____。

A. 左移　　B. 右移　　C. 不变

四、分析题

1. 如题图 1－10（a）所示电路中的二极管为理想二极管，已知 $u_i = 5\sin\omega t$ V，试在题图 1－10（b）对应 u_i 画出 u_o 的波形图。

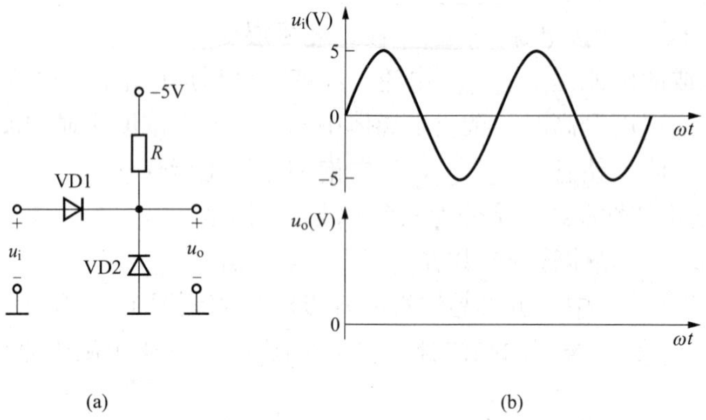

题图 1－10

2. 写出题图 1－11 所示各电路的输出电压值。设二极管导通时的正向压降 U_D＝0.7V。

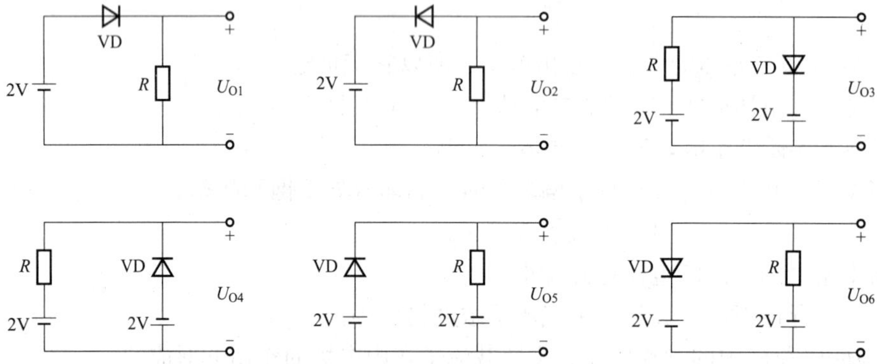

题图 1－11

3. 已知稳压管 VS1、VS2 的稳定电压值分别为 7V 和 9V，正向导通电压为 0.7V。试问：

（1）若将它们串联，可得到几种稳压值？各为多少？

（2）若将它们并联，可得到几种稳压值？各为多少？

4. 两种器件的伏安特性如题图 1－12 所示，试求给定工作点 Q 上各器件的直流电阻 R 和小信号交流动态电阻 r（北京科技大学 2009 年硕士研究生考试试题）。

5. 分别判断题图 1－13 所示各电路中晶体管是否有可能工作在放大状态。

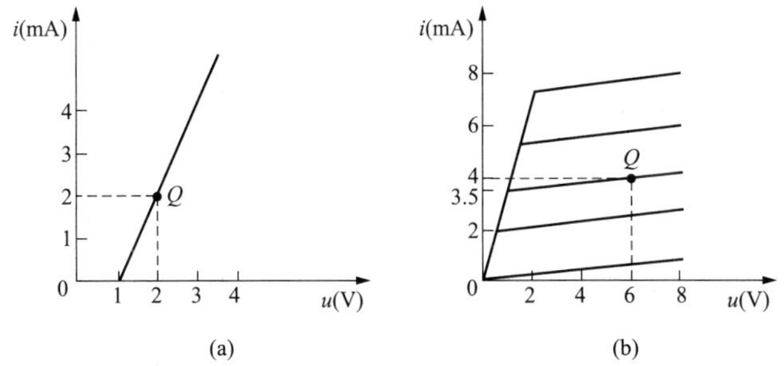
i(mA)
4
3
2
1
0
1 2 3 4
u(V)
Q
(a)
i(mA)
8
6
4
3.5
2
0
2 4 6 8
u(V)
Q
(b)

题图 1-12

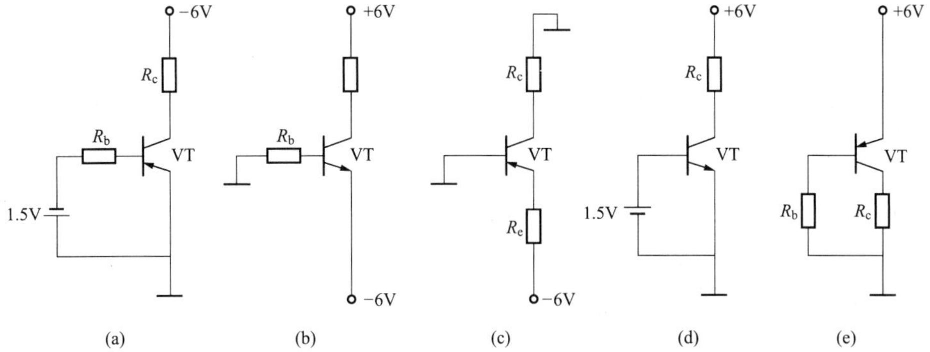
−6V
Rc
Rb
VT
1.5V
(a)
+6V
Rb
VT
−6V
(b)
Rc
VT
Re
−6V
(c)
+6V
Rc
VT
1.5V
(d)
+6V
VT
Rb
Rc
(e)

题图 1-13

第二章 基本放大电路

重点：晶体管三种基本放大电路的电路组成及其电路分析；多级放大电路的动态分析。

难点：晶体管三种基本放大电路的电路组成及其电路分析；多级放大电路的动态分析。

要求：了解放大的概念，掌握放大电路的主要性能指标；掌握其直流通路和交流通路的画法以及电路的分析，包括估算电路的静态工作点、画交流等效电路、求解交流参数（电压放大倍数、输入电阻和输出电阻）；掌握晶体管放大电路的三种基本接法；掌握多级放大电路的动态分析。

课题一 放大电路的基础知识

内容提要

1. 放大电路的主要性能指标

放大电路的具体构成形式多种多样，但就放大的功能而言都可以用一个统一的框图表示，图 2-1 所示为放大电路的结构示意图。

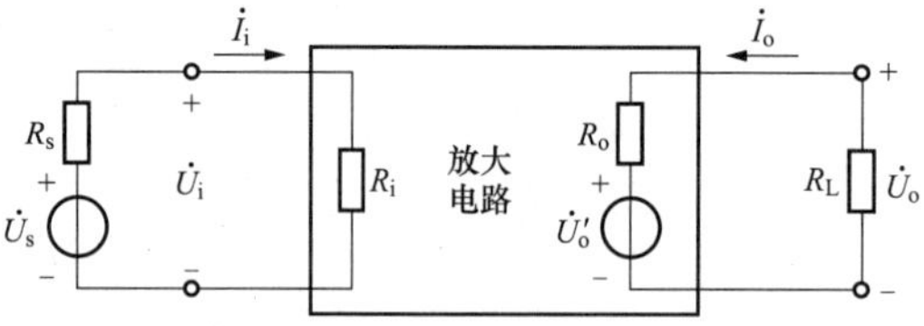

图 2-1 放大电路结构示意图

（1）放大倍数。放大倍数是描述放大电路放大能力的性能指标。

电压放大倍数定义为

$$\dot{A}_{uu}=\dot{A}_u=\frac{\dot{U}_o}{\dot{U}_i} \tag{2-1}$$

电流放大倍数定义为

$$\dot{A}_{ii}=\dot{A}_i=\frac{\dot{I}_o}{\dot{I}_i} \tag{2-2}$$

互阻放大倍数定义为

$$\dot{A}_{ui}=\frac{\dot{U}_o}{\dot{I}_i} \tag{2-3}$$

因为其量纲为电阻，所以称之为互阻放大倍数。

互导放大倍数定义为

$$\dot{A}_{iu}=\frac{\dot{I}_o}{\dot{U}_i} \tag{2-4}$$

因为其量纲为电导，所以称之为互导放大倍数。

（2）输入电阻。输入电阻 R_i 是指从放大电路输入端口看进去的等效电阻，定义为

$$R_i=\frac{U_i}{I_i} \tag{2-5}$$

如图 2－1 所示，放大电路的输入电阻 R_i 相当于信号源的负载。若信号源为电压源，放大电路的输入电阻越大，从信号源得到电压的能力就越强，从信号源索取的电流越小。输入电阻反映放大电路对信号源的影响程度。

(3) 输出电阻。输出电阻 R_o 是从放大电路输出端看进去的等效电阻，放大电路对负载而言相当于信号源，输出电阻就是该信号源（也就是放大电路）的内阻。输出电阻定义为

$$R_o=\frac{U_o}{I_o}\bigg|_{U_S=0\text{或}I_S=0} \tag{2-6}$$

若放大电路空载时测得输出电压为 $\dot{U}'_o$，带负载后的输出电压为 U_o，由图 2－1 可知

$$U_o=\frac{R_L}{R_o+R_L}U'_o \tag{2-7}$$

其中，U'_o 和 U_o 分别是 $\dot{U}'_o$ 和 $\dot{U}_o$ 的有效值，输出电阻为

$$R_o=\left(\frac{U'_o}{U_o}-1\right)R_L \tag{2-8}$$

式（2－8）表明，R_o 越小，负载电阻 R_L 变化时，U_o 的变化越小，或者说负载变化对输出电压的影响越小，放大电路的带负载能力越强。输出电阻 R_o 是衡量一个放大电路带负载能力的性能指标。

2. 放大电路的耦合方式

放大电路中信号源与放大电路以及放大电路与负载的连接方式，称为放大电路的耦合方式。放大电路常用的耦合方式为阻容耦合和直接耦合。

阻容耦合：信号源与放大电路，放大电路与负载电阻均通过电容连接，如图 2－2 所示。其中起连接作用的电容称为耦合电容。

直接耦合：信号源与放大电路，放大电路与负载电阻均直接相连，如图 2－3 所示。

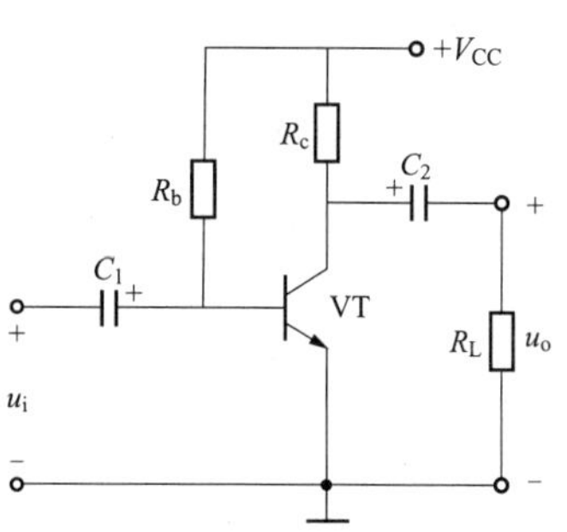

图 2－2　阻容耦合共射放大电路

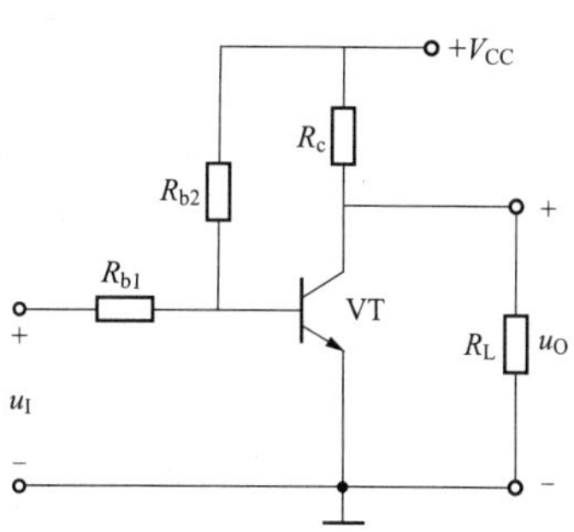

图 2－3　直接耦合共射放大电路

3. 直流通路和交流通路

直流通路和交流通路是叠加定理的重要应用。放大电路中的电量为交直流的混合量，在直流通路中求解直流量，在交流通路中求解交流量，最后将其叠加即为放大电路中的全量（交直流混合量）。

(1) 直流通路。直流通路是在直流电源的作用下直流电流流经的通路，主要用来研究静态工作点。

画放大电路的直流通路时要注意以下几点：

1）电容视为开路；

2）电感线圈视为短路（即忽略线圈电阻）；

3）信号源视为短路，但应保留其内电阻。

（2）交流通路。交流通路是在输入信号作用下交流信号流经的通路，用于研究动态参数。

画放大电路的交流通路时应注意以下几点：

1）容量大的电容（如耦合电容、旁路电容）视为短路；

2）无内阻的直流电源视为短路。

晶体管放大电路的主要作用是不失真地放大交流信号，为此放大电路要有合适的直流通路和交流通路。直流通路用于提供合适的静态工作点，使放大电路具有较大的线性工作范围；交流通路用于传输交流信号。合适的直流通路使晶体管在信号变化范围内始终工作在放大区。

典型例题

【例 2-1】 测量一个放大电路的输出电阻，当输出端开路时，输出电压为 3V；当负载为 2kΩ 时，输出电压为 1V，则该放大器的输出电阻为________。

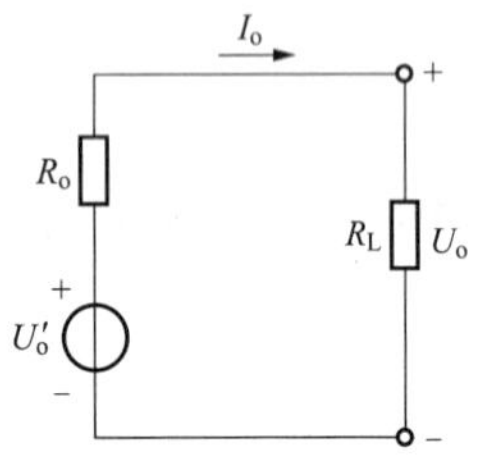

图 2-4 例 2-1 图

解 放大电路开路输出电压与带负载后输出电压的关系如图 2-4 所示。

由式（2-8）得

$$R_o=\left(\frac{U'_o}{U_o}-1\right)R_L=4\text{k}\Omega$$

【解题指导与点评】 本题的考点是放大电路输出电阻的测试方法。在实验室测试放大电路的输出电阻用的就是这个方法，首先测量电路的开路输出电压 U'_o，然后接入负载，测量此时的输出电压 U_o，由式（2-8）算出输出电阻即可。

【例 2-2】 画出图 2-2 所示放大电路的直流通路和交流通路。

解 图 2-2 所示放大电路的直流通路如图 2-5 所示，其中放大电路的耦合电容 C_1、C_2 视为开路，信号源 u_i 视为短路。

图 2-2 所示放大电路的交流通路如图 2-6 所示，其中放大电路的直流电源和耦合电容 C_1、C_2 视为短路。

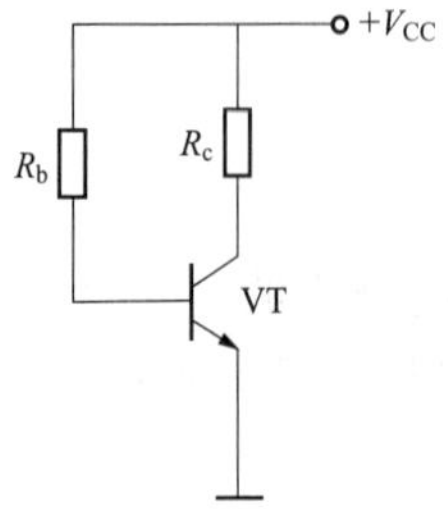

图 2-5 图 2-2 所示放大电路的直流通路

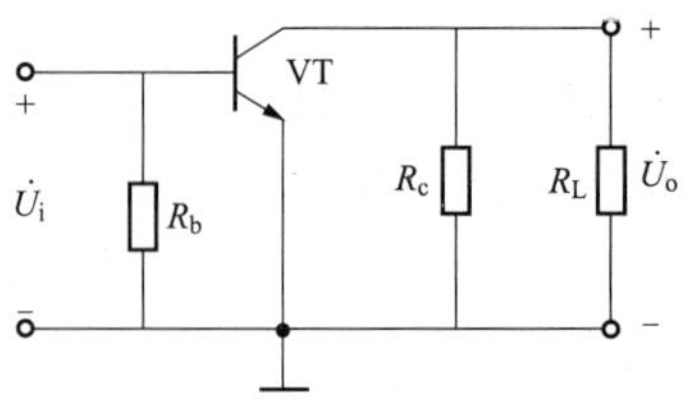

图 2-6 图 2-2 所示放大电路的交流通路

【解题指导与点评】 本题的考点为阻容耦合放大电路直流通路和交流通路的画法。为了方便地利用直流通路和交流通路分析放大电路，通常在画图过程中需要将其作适当的整理。例如，在整理交流通路时将其整理为二端口网络，左边为输入端口，右边为输出端口；整理公共的地线，并将所有的交流接地点连接到该地线上，如图 2-6 所示。

【例 2-3】 画出图 2-3 所示放大电路的直流通路和交流通路。

解 图 2-3 所示直接耦合放大电路中，短路电路中的信号源 u_i 即可得到其直流通路，如图 2-7 所示。图 2-3 所示放大电路的交流通路如图 2-8 所示，其中直流电源被短路。

【解题指导与点评】 本题的考点为直接耦合放大电路直流通路和交流通路的画法。画法同例 2-2。

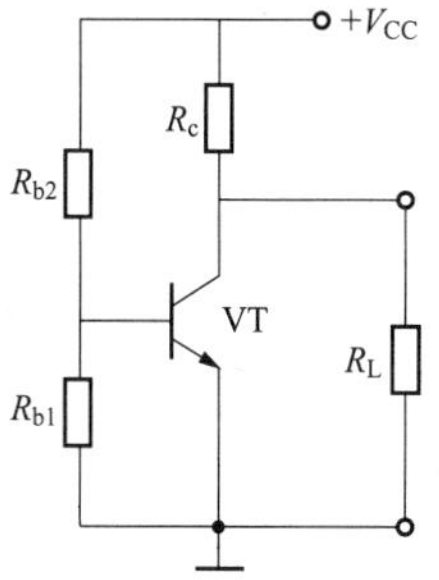

图 2-7　图 2-3 所示放大电路的直流通路

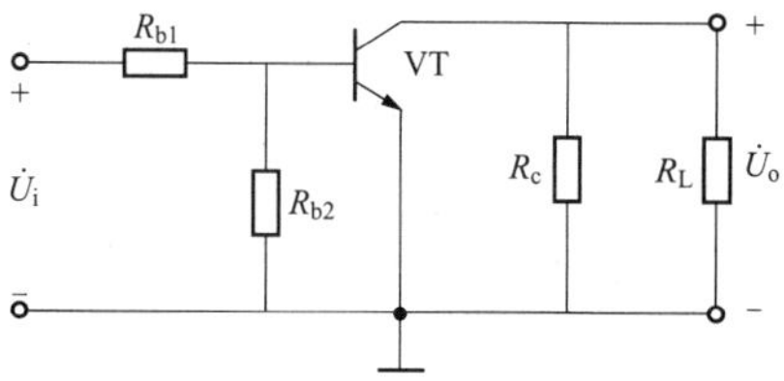

图 2-8　图 2-3 所示放大电路的交流通路

自测题

一、填空题

有两个电压放大倍数相同的放大电路 A 和 B，其输入电阻分别为 R_{iA} 和 R_{iB}。若在它们的输入端分别加同一个具有内阻的信号源，在负载开路的情况下测得放大电路 A 的输出电压小，这说明________。

二、分析解答题

画出题图 2-1 所示各电路的直流通路和交流通路。设所有电容对交流信号均可视为短路。

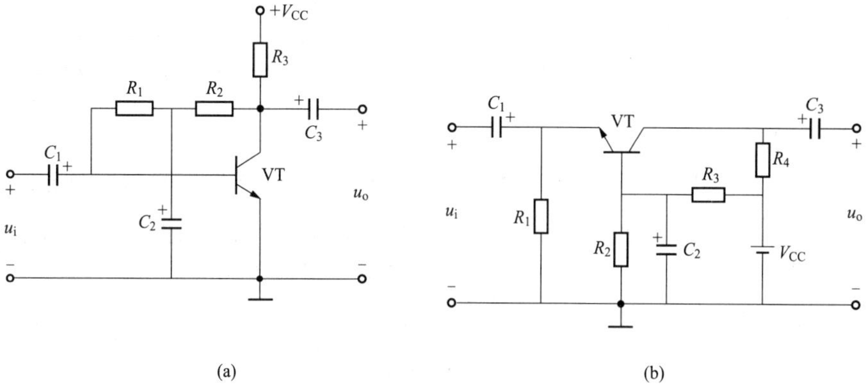

题图 2-1

课题二 等效电路法

内容提要

1. 静态工作点的估算

在直流通路中，晶体管的基极电流 I_B、集电极电流 I_C、发射结电压 U_{BE}、管压降 U_{CE} 称为放大电路的静态工作点（Q 点），常将这四个物理量记作：I_{BQ}、I_{CQ}、U_{BEQ}、U_{CEQ}。

在直流通路中估算 Q 点通常有以下条件：

(1) 认为 U_{BEQ} 为已知量。对于硅管，$|U_{BEQ}|$ 通常取 0.7V；对于锗管，$|U_{BEQ}|$ 通常取 0.2V。

(2) 假设晶体管处于放大状态，则有 $I_{CQ}=\beta I_{BQ}$。下面介绍图 2－2 所示放大电路的静态工作点的估算。

在如图 2－5 所示的直流通路中估算静态工作点，U_{BEQ} 为已知量。

$$I_{BQ}=\frac{V_{CC}-U_{BEQ}}{R_b} \tag{2-9}$$

设晶体管工作在放大状态，则有

$$I_{CQ}=\beta I_{BQ} \tag{2-10}$$

$$U_{CEQ}=V_{CC}-I_{CQ}R_c \tag{2-11}$$

若 $U_{CEQ}>U_{BEQ}$，则晶体管工作在放大状态，放大电路的静态工作点合适。

2. 简化的晶体管微变等效电路

在低频小信号作用下，将晶体管看作一个线性二端口网络，如图 2－9 所示，其简化的晶体管微变等效电路如图 2－10 所示。

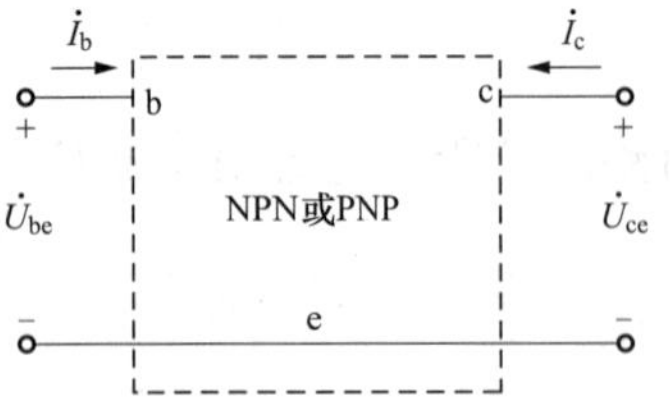

图 2－9 晶体管的共射二端口网络等效电路

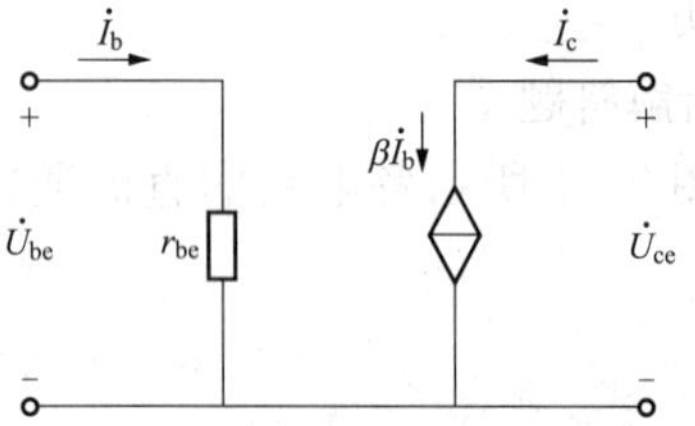

图 2－10 简化的晶体管微变等效电路

值得注意的是：

(1) 图 2－10 所示电路只对交流信号（且为低频小信号）等效，只用于动态分析。

(2) $\beta\dot{I}_b$ 为受控电流源，故 $\dot{I}_b$ 与 $\beta\dot{I}_b$ 应规定相关联的参考方向，图 2－10 所示为常用关联参考方向。该等效电路同时适用于 NPN 型和 PNP 型晶体管。

(3) h 参数与静态工作点有关。其中

$$r_{be}\approx r_{bb'}+(1+\beta)\frac{U_T}{I_{EQ}} \tag{2-12}$$

式（2－12）中，$r_{bb'}$ 为晶体管基极体电阻，低频晶体管 $r_{bb'}$ 通常在 100～300Ω 之间；U_T

为温度电压当量，约为 26 mV；I_{EQ}为发射极静态电流。r_{be}的大小与 Q 点电流有关，I_{EQ}越大，r_{be}越小。

3. 放大电路的交流等效电路

画出晶体管放大电路的交流通路，用简化的晶体管微变等效电路取代交流通路中的晶体管，即可得到放大电路的交流等效电路。图 2－2 所示放大电路的交流等效电路如图 2－11 所示，虚线框中为晶体管的微变等效电路。

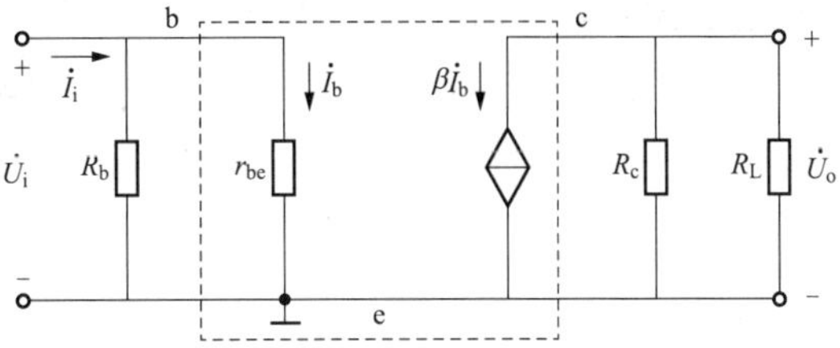

图 2－11 图 2－2 所示放大电路的交流等效电路

4. 交流等效电路的应用

放大电路的交流等效电路已经是我们熟悉的线性电路，可用于计算放大电路的交流参数。

(1) 求解电压放大倍数$\dot{A}_u$。由图 2－11 可知

$$\dot{U}_i = \dot{I}_b r_{be} \tag{2-13}$$

$$\dot{U}_o = -\dot{I}_c(R_c \mathbin{/\!/} R_L) = -\beta \dot{I}_b R'_L \tag{2-14}$$

由电压放大倍数的定义得

$$\dot{A}_u = \frac{\dot{U}_o}{\dot{U}_i} = -\frac{\beta R'_L}{r_{be}} \tag{2-15}$$

值得提醒的是，共射放大电路具有负电压放大倍数，说明其输出电压与输入电压反相。

(2) 求解输入电阻 R_i。输入电阻 R_i是从放大电路的输入端看进去的等效电阻。由图 2－11 可知

$$R_i = \frac{U_i}{I_i} = R_b \mathbin{/\!/} r_{be} \tag{2-16}$$

(3) 求解输出电阻 R_o。在分析放大电路的输出电阻时，可令信号源电压 $U_s=0$，但应保留其内阻 R_s；然后在输出端加正弦波测试信号 U_o，则在输出端得到电流 I_o。

$$R_o = \left.\frac{U_o}{I_o}\right|_{U_s=0}$$

在图 2－11 中令 $U_i=0$，在输出端加电压 U_o，如图 2－12 所示。

值得指出的是，图 2－12 中去掉了负载电阻 R_L，因为 R_L不属于放大电路的输出回路，输出电阻 R_o的计算不应该将 R_L包含在内。信号源无内阻，使$U_i=0$，$I_b=0$，则有$I_c=0$，因此，有

$$R_o = R_c \tag{2-17}$$

综上所述，放大电路的分析应遵循先静态、后动态的原则，步骤如下：

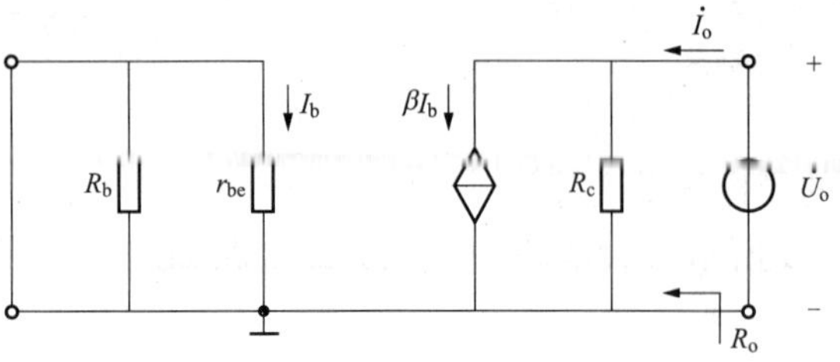

图 2-12　求解图 2-2 所示放大电路的输出电阻

（1）静态分析。

1）画出放大电路的直流通路；

2）在直流通路中，利用估算法求解静态工作点。

（2）动态分析。

1）画出放大电路的交流等效电路，并计算 r_{be}。

2）计算放大电路的交流参数 $\dot{A}_u$、R_i 和 R_o。

典型例题

【例 2-4】 如图 2-13 所示电路，已知 $V_{CC}=12V$，$R_b=510k\Omega$，$R_c=3k\Omega$；晶体管的 $r_{bb'}=150\Omega$，$\beta=80$，$U_{BEQ}=0.7V$；$R_s=2k\Omega$，$R_L=3k\Omega$。

（1）计算放大电路的静态工作点 Q；

（2）画出其交流等效电路；

（3）求解 $\dot{A}_u$、R_i、R_o 和 $\dot{A}_{us}$。

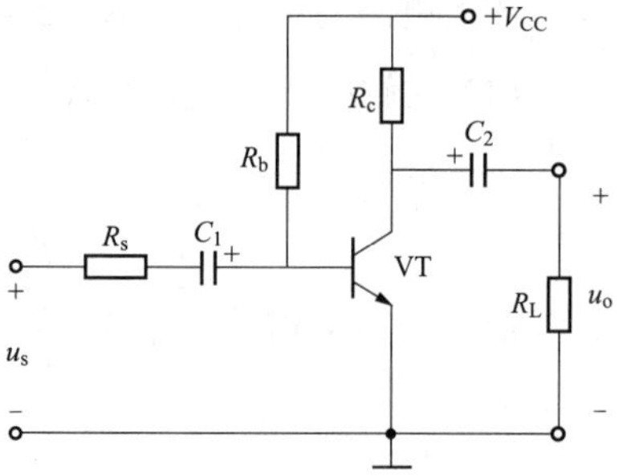

图 2-13　例 2-4 图

解　（1）由电路的直流通路计算静态工作点，并代入数值，得

$$I_{BQ}=\frac{V_{CC}-U_{BEQ}}{R_b}=\frac{12-0.7}{510}\approx 0.0222(mA)=22.2\mu A$$

$$I_{CQ}=\beta I_{BQ}=80\times 0.0222=1.77(mA)$$

$$U_{CEQ}=V_{CC}-I_{CQ}R_c=12-1.77\times 3=6.69(V)$$

由以上计算结果可知，$U_{CEQ}>U_{BEQ}$，说明晶体管工作在放大状态。

（2）画出图 2-13 所示电路的交流等效电路，如图 2-14 所示。

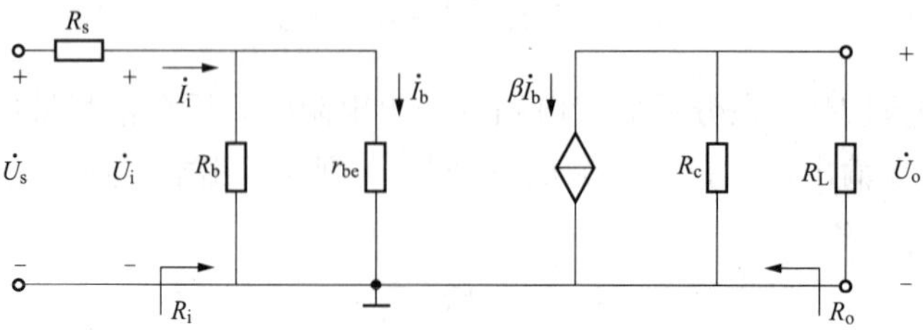

图 2-14　图 2-13 所示电路的交流等效电路

（3）计算电路的 $\dot{A}_u$、R_i、R_o 和 $\dot{A}_{us}$。

$$r_{be}=r_{bb'}+\beta\frac{U_T}{I_{CQ}}=150+80\times\frac{26}{1.77}\approx 1325(\Omega)\approx 1.33k\Omega$$

$$\dot{A}_u=-\frac{\beta(R_c /\!/ R_L)}{r_{be}}=-\frac{80\times\frac{3\times3}{3+3}}{1.33}\approx-90$$

$$R_i=R_b /\!/ r_{be}\approx1.33\text{k}\Omega$$

$$R_o=R_c=3\text{k}\Omega$$

$\dot{A}_{us}$称为源电压放大倍数，其定义为

$$\dot{A}_{us}=\frac{\dot{U}_o}{\dot{U}_s}$$

由图 2－14 可知

$$\dot{A}_{us}=\frac{\dot{U}_o}{\dot{U}_s}=\frac{\dot{U}_o}{\dot{U}_i}\cdot\frac{\dot{U}_i}{\dot{U}_s}=\dot{A}_u\frac{R_i}{R_s+R_i}$$

代入数值可得

$$\dot{A}_{us}=\dot{A}_u\frac{R_i}{R_s+R_i}=(-90)\times\frac{1.33}{2+1.33}\approx-36$$

由以上分析可知，$|\dot{A}_{us}|$总是小于$|\dot{A}_u|$，输入电阻越大，$|\dot{A}_{us}|$越接近$|\dot{A}_u|$。

【解题指导与点评】 本题的考点是利用等效电路法分析晶体管阻容耦合放大电路。解题过程中需要注意：①放大电路的输入电阻R_i不能包含信号源内阻R_s；②输出电阻R_o不能包含负载电阻R_L；③源电压放大倍数$\dot{A}_{us}$的概念，$\dot{A}_{us}$与$\dot{A}_u$的关系及其计算方法。

【例 2－5】 直接耦合共射放大电路如图 2－3 所示，已知$V_{CC}=15$V，$R_{b1}=4.3\text{k}\Omega$，$R_{b2}=82\text{k}\Omega$，$R_c=5.1\text{k}\Omega$，$R_L=5.1\text{k}\Omega$，晶体管的$\beta=120$，$U_{BEQ}=0.7$V，$r_{bb'}=150\Omega$。

(1) 计算放大电路的静态工作点 Q；

(2) 画出其交流等效电路；

(3) 求解$\dot{A}_u$、R_i、R_o。

解：(1) 图 2－3 所示放大电路的直流通路如图 2－15 (a) 所示，则有

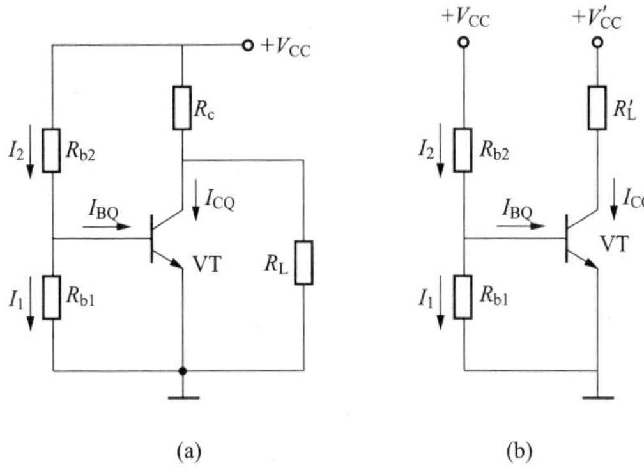

图 2－15　图 2－3 所示电路的直流通路及其等效电路

(a) 直流通路；(b) 直流通路的等效电路

$$I_{BQ}=I_2-I_1=\frac{V_{CC}-U_{BEQ}}{R_{b2}}-\frac{U_{BEQ}}{R_{b1}}=\frac{15-0.7}{82}-\frac{0.7}{4.3}\approx 0.012(\text{mA})$$

$$I_{CQ}=\beta I_{BQ}=1.44\text{mA}$$

根据戴维南定理，将图 2-15（a）所示电路的输出回路等效为图 2-15（b）所示电路。

$$U_{CEQ}=V'_{CC}-I_{CQ}R'_L$$

$$V'_{CC}=\frac{R_L}{R_c+R_L}V_{CC}$$

$$R'_L=R_c\ /\!/\ R_L$$

$$U_{CEQ}=V'_{CC}-I_{CQ}R'_L=\frac{R_L}{R_c+R_L}V_{CC}-I_{CQ}(R_c\ /\!/\ R_L)\approx 3.83\text{V}$$

由以上计算结果可知，$U_{CEQ}>U_{BEQ}$，说明晶体管工作在放大状态。

（2）图 2-3 所示放大电路的交流等效电路如图 2-16 所示。

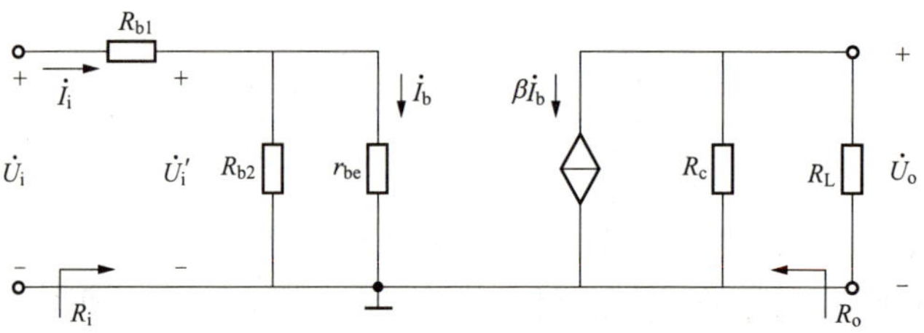

图 2-16　图 2-3 所示电路的交流等效电路

（3）计算交流参数：

$$r_{be}=r_{bb'}+\beta\frac{U_T}{I_{CQ}}=150+120\times\frac{26}{1.44}\approx 2317(\Omega)\approx 2.32\text{k}\Omega$$

$$\dot A_u=\frac{\dot U_o}{\dot U_i}=\frac{\dot U_o}{\dot U_i'}\cdot\frac{\dot U_i'}{\dot U_i}=-\frac{\beta(R_c\ /\!/\ R_L)}{r_{be}}\cdot\frac{R_{b2}\ /\!/\ r_{be}}{R_{b1}+R_{b2}\ /\!/\ r_{be}}\approx -45$$

$$R_i=R_{b1}+R_{b2}\ /\!/\ r_{be}\approx 6.56\text{k}\Omega$$

$$R_o=R_c=5.1\text{k}\Omega$$

【解题指导与点评】 本题的考点是晶体管直接耦合放大电路的分析。电路的静态和动态分析仍采用等效电路法。本题利用了戴维南定理求解直接耦合电路带负载后的 U_{CEQ}。

自测题

一、电路如题图 2-2 所示，晶体管的 $\beta=80$，$r_{bb'}=100\Omega$。（北京科技大学 2011 年硕士研究生考试试题）

（1）计算 $R_L=\infty$ 时的 Q 点、$\dot A_u$、R_i、R_o。

（2）计算 $R_L=5\text{k}\Omega$ 时的 Q 点、$\dot A_u$、R_i、R_o。

（3）说明负载对放大倍数的影响。

二、电路如题图 2-3 所示，其中晶体管的 $\beta=100$，$r_{be}=1\text{k}\Omega$，$U_{BEQ}=0.7\text{V}$。

（1）现已测得静态管压降 $U_{CEQ}=6\text{V}$，估算 R_b；

（2）若测 $\dot{U}_i$ 和 $\dot{U}_o$ 的有效值分别为 1mV 和 100mV，求负载电阻 R_L。

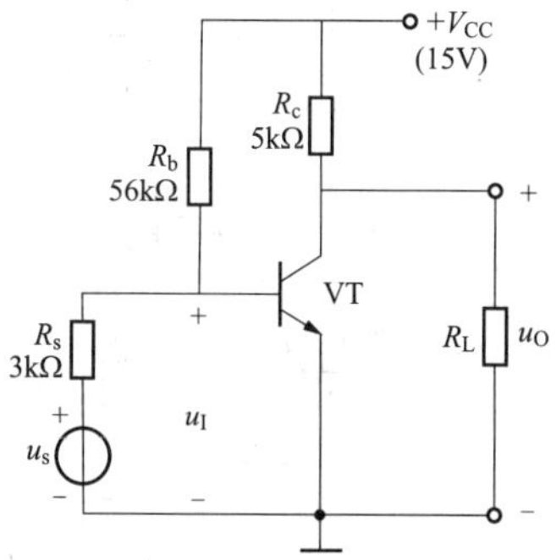

题图 2-2

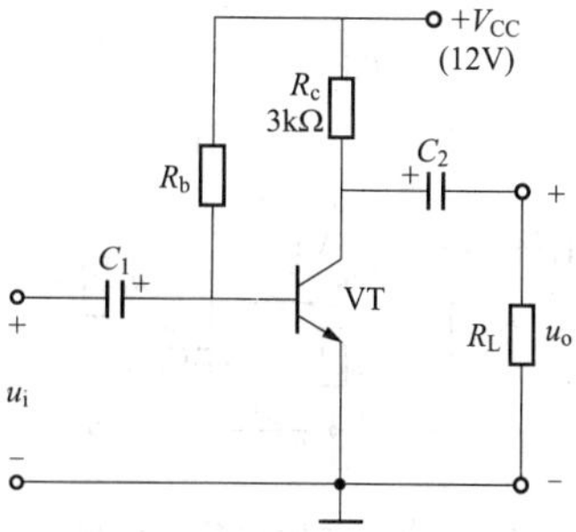

题图 2-3

课题三　晶体管放大电路的三种基本接法

内容提要

1. 晶体管放大电路的三种基本接法

基本放大电路通常是指由一个晶体管构成的单级放大电路。放大电路的输入信号和输出信号，对应有输入回路和输出回路。晶体管单管放大电路有三种不同的接法，如图 2-17 所示。三种接法的电路分别以晶体管的发射极、集电极和基极作为输入回路和输出回路的交流公共端，构成共发射极、共集电极和共基极接法。

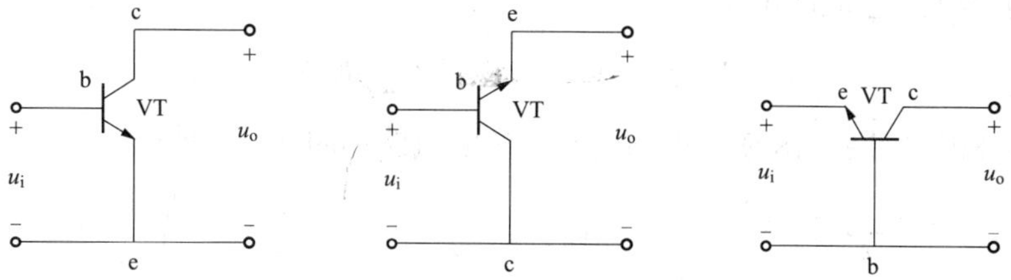

(a)　(b)　(c)

图 2-17　晶体管放大电路的三种基本接法

（a）共发射极接法；（b）共集电极接法；（c）共基极接法

2. 共发射极放大电路

共射放大电路如图 2-2 所示。在图 2-6 的交流通路中，u_i 由基极接入，u_o 由集电极输出，发射极为放大电路输入与输出回路的公共端，故称其为共射放大电路。课题一和课题二中的直接耦合和阻容耦合放大电路就是共射接法。这里将重点介绍另一个典型的共射放大电路——静态工作点稳定电路。该电路利用直流负反馈来稳定静态工作点，如图 2-18所示。

(1) 静态分析。图 2－18 所示电路的直流通路如图 2－19 所示。

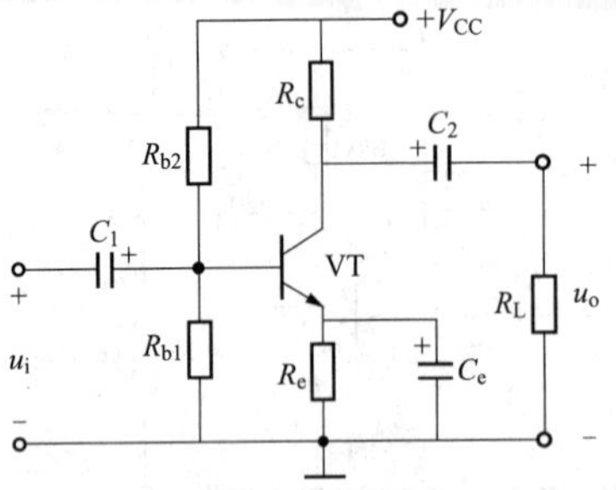

图 2－18　静态工作点稳定电路

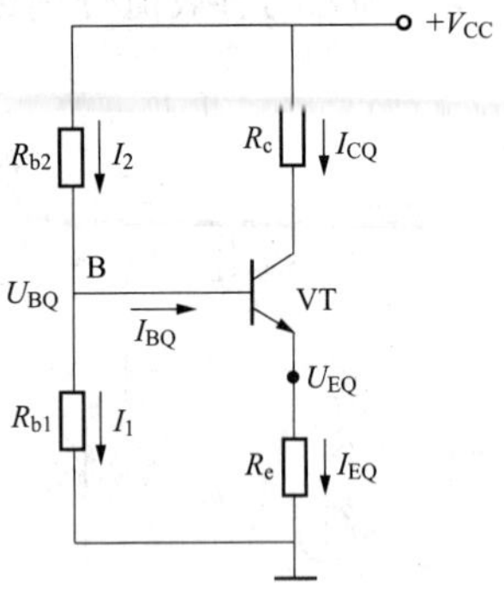

图 2－19　图 2－18 所示电路的直流通路

为稳定静态工作点，应适当选择基极分压电阻 R_{b2} 和 R_{b1} 的值，使其满足 $I_1 \gg I_{BQ}$，则有 $I_1 \approx I_2$。忽略 I_{BQ}，晶体管基极电位为

$$U_{BQ}=\frac{R_{b1}}{R_{b1}+R_{b2}}V_{CC} \tag{2-18}$$

由 U_{BEQ} 为已知量，则集电极电流为

$$I_{CQ}\approx I_{EQ}=\frac{U_{BQ}-U_{BEQ}}{R_e} \tag{2-19}$$

基极电流为

$$I_{BQ}=\frac{I_{CQ}}{\beta} \tag{2-20}$$

集电极与发射极之间的电压为

$$U_{CEQ}\approx V_{CC}-I_{CQ}(R_c+R_e) \tag{2-21}$$

(2) 动态分析。图 2－18 所示电路的交流等效电路如图 2－20 所示。

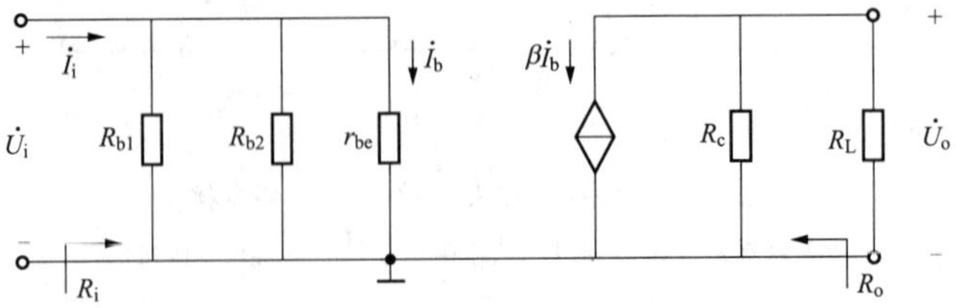

图 2－20　静态工作点稳定电路的交流等效电路

电压放大倍数为

$$\dot{A}_u=\frac{\dot{U}_o}{\dot{U}_i}=\frac{-\beta\dot{I}_b(R_c /\!/ R_L)}{\dot{I}_b r_{be}}=\frac{-\beta(R_c /\!/ R_L)}{r_{be}} \tag{2-22}$$

输入电阻为

$$R_i = R_{b1} // R_{b2} // r_{be} \tag{2-23}$$

输出电阻为

$$R_o = R_c \tag{2-24}$$

(3) 旁路电容的作用。若将如图 2-18 所示电路中的旁路电容 C_e 去掉，可得到如图 2-21 所示电路。因为直流通路不变，所以电路的静态工作点同图 2-18 所示电路。电路的交流等效电路如图 2-22 所示。

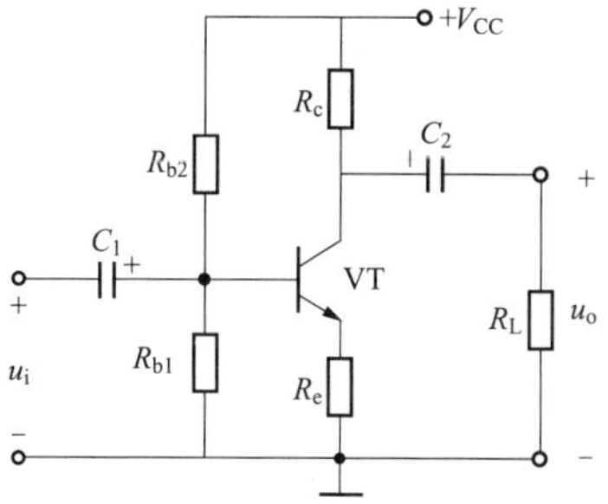

图 2-21 去掉旁路电容的静态工作点稳定电路

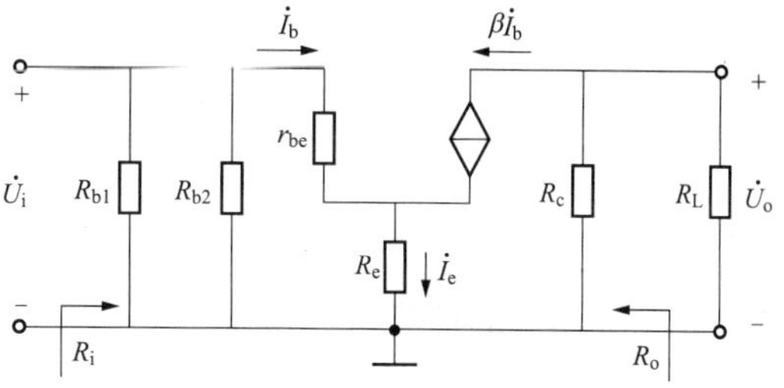

图 2-22 图 2-21 所示电路的交流等效电路

电路的电压放大倍数为

$$\dot{A}_u = \frac{\dot{U}_o}{\dot{U}_i} = \frac{-\beta \dot{I}_b (R_c // R_L)}{\dot{I}_b r_{be} + (1+\beta) \dot{I}_b R_e} = -\frac{\beta (R_c // R_L)}{r_{be} + (1+\beta) R_e} \tag{2-25}$$

与式 (2-22) 相比，式 (2-25) 的分母中多出了 $(1+\beta)R_e$ 这项。说明去掉旁路电容后，发射极电阻 R_e 在稳定静态工作点同时，使电压放大倍数减小了。若 $(1+\beta)R_e \gg r_{be}$，且 $\beta \gg 1$ 时，则有

$$\dot{A}_u \approx -\frac{R_c // R_L}{R_e} \tag{2-26}$$

输入电阻为

$$R_i = R_{b1} // R_{b2} // [r_{be} + (1+\beta) R_e] \tag{2-27}$$

输出电阻为

$$R_o = R_c \tag{2-28}$$

综上所述，静态工作点稳定电路之所以能够稳定静态工作点，是靠发射极电阻的负反馈作用。也就是说静态时发射极电阻在电路中起着很重要的作用，然而若该电阻存在于交流通路，会大大降低电路的放大倍数。旁路电容 C_e 使晶体管的发射极在交流通路中直接接地，保证电路在稳定静态工作点的同时还保持很强的交流信号放大能力。

3. 共集电极放大电路

基本共集放大电路如图 2-23 (a) 所示，其交流通路如图 2-23 (b) 所示。在交流通路中，交流信号从基极输入，发射极输出，集电极交流接地，是输入回路和输出回路的公共端，所以称该电路为共集电极放大电路，简称共集放大电路。

(1) 静态分析。图 2-23 (a) 所示电路的直流通路如图 2-24 所示。

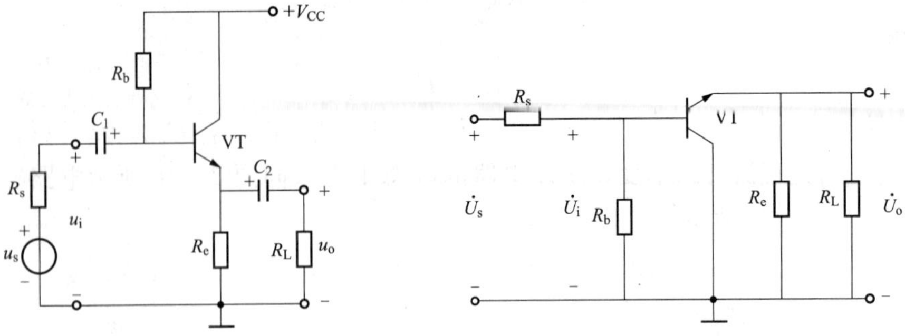

(a) (b)

图 2-23 基本共集放大电路及其交流通路

(a) 电路；(b) 交流通路

由静态工作点的估算法可得

$$V_{CC}=I_{BQ}R_{b}+U_{BEQ}+I_{EQ}R_{e} \tag{2-29}$$

$$I_{BQ}=\frac{V_{CC}-U_{BEQ}}{R_{b}+(1+\beta)R_{e}} \tag{2-30}$$

$$I_{EQ}=(1+\beta)I_{BQ} \tag{2-31}$$

$$U_{CEQ}=V_{CC}-I_{EQ}R_{e} \tag{2-32}$$

（2）动态分析。图 2-23（a）所示电路的交流等效电路如图 2-25 所示。

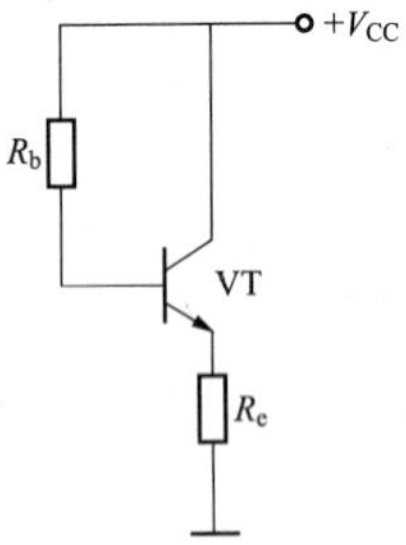

图 2-24 图 2-23（a）所示电路的直流通路

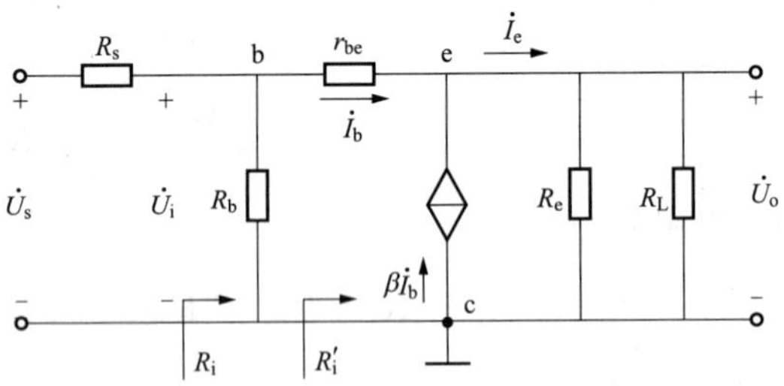

图 2-25 图 2-23（a）所示电路的交流等效电路

1）电压放大倍数为

$$\dot{A}_{u}=\frac{\dot{U}_{o}}{\dot{U}_{i}}=\frac{(1+\beta)\dot{I}_{b}(R_{e}/\!/R_{L})}{\dot{I}_{b}r_{be}+(1+\beta)\dot{I}_{b}(R_{e}/\!/R_{L})}=\frac{(1+\beta)(R_{e}/\!/R_{L})}{r_{be}+(1+\beta)(R_{e}/\!/R_{L})} \tag{2-33}$$

由上式可知，共集放大电路的电压放大倍数$\dot{A}_u$ 大于 0 且小于 1，即$\dot{U}_o$ 与$\dot{U}_i$ 同相且 $U_o<U_i$，说明电路没有电压放大能力。当 $(1+\beta)(R_e/\!/R_L)\gg r_{be}$时，$|\dot{A}_u|\approx 1$，$\dot{U}_o\approx\dot{U}_i$，因此也称共集放大电路为射极跟随器。

需要说明的是，虽然共集放大电路$|\dot{A}_u|<1$，没有电压放大能力，但其输出电流 I_e远大于输入电流 I_b，所以电路仍有功率放大能力。

2）输入电阻为

$$R_i = R_b \mathbin{//} R_i' = R_b \mathbin{//} [r_{be} + (1+\beta)(R_e \mathbin{//} R_L)] \tag{2-34}$$

与共射放大电路的输入电阻相比，共集放大电路的输入电阻要大得多，这是共集放大电路的特点之一。由上式可以看出，共集放大电路的输入电阻与其所带的负载 R_L 有关。

3）输出电阻。由输出电阻的定义，画出求解输出电阻的等效电路，如图 2－26 所示。

$$R_o = R_e \mathbin{//} R_o'$$

$$R_o' = \frac{\dot{U}_o}{\dot{I}_e} = \frac{\dot{I}_b(r_{be} + R_b \mathbin{//} R_s)}{(1+\beta)\dot{I}_b} = \frac{r_{be} + R_b \mathbin{//} R_s}{1+\beta}$$

$$R_o = R_e \mathbin{//} \frac{r_{be} + R_b \mathbin{//} R_s}{1+\beta} \tag{2-35}$$

由于共集电极的输出电阻由 R_e 与很小的 R_o' 并联得到，因而其输出电阻很小，带负载能力强，这是共集放大电路的又一重要特征。由上式可以看出，共集放大电路的输出电阻与信号源内阻 R_s 有关。

综上所述，共集放大电路是一个具有高输入电阻、低输出电阻、电压放大倍数近似为 1 的放大电路。在多级放大电路中，共集放大电路可用于输入级、输出级和缓冲级。

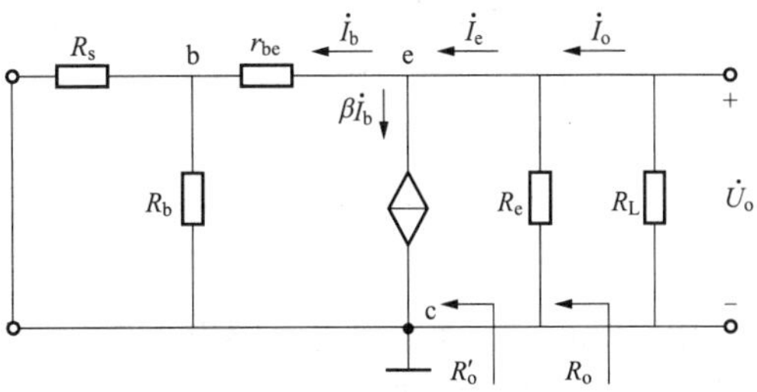

图 2－26　基本共集放大电路求解输出电阻的等效电路

4. 共基极放大电路

基本共基放大电路如图 2－27（a）所示，其交流通路如图 2－27（b）所示。在交流通路中，输入信号由发射极输入，集电极输出，基极为输入回路和输出回路的公共端。因此，称之为共基极放大电路，简称共基放大电路。

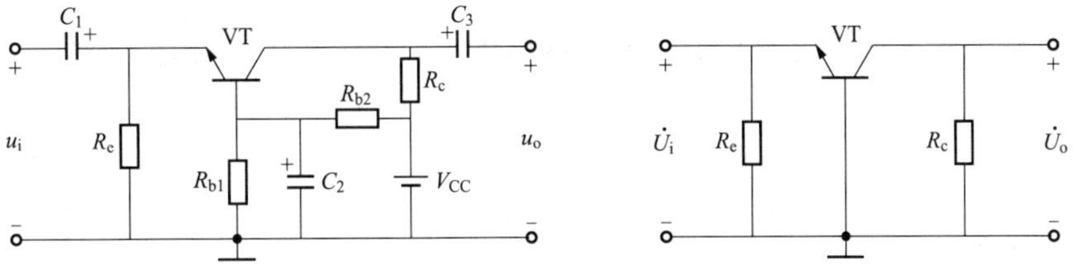

(a)　(b)

图 2－27　基本共基放大电路及其交流通路

（a）基本共基放大电路；（b）交流通路

（1）静态分析。图 2－27（a）所示共基放大电路的直流通路如图 2－28（a）所示。图中 R_{b1}、R_{b2}、R_c 和 R_e 构成分压式静态工作点稳定电路，为放大电路设置合适的 Q 点。该直流通路与图 2－19 所示的静态工作点稳定电路的直流通路相同，其 Q 点估算过程也相同，不再赘述。

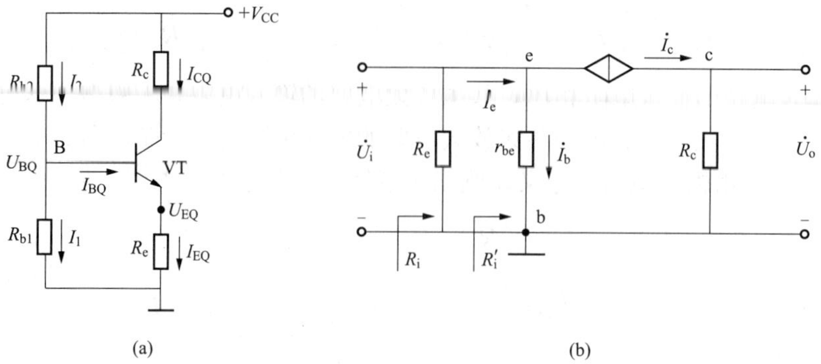

图 2－28　基本共基放大电路的直流通路及其交流等效电路

(a) 直流通路；(b) 交流等效电路

(2) 动态分析。图 2－27 (a) 所示共基放大电路的交流等效电路如图 2－28 (b) 所示。

1) 电压放大倍数。依据电压放大倍数的定义，由图 2－28 (b) 可得

$$\dot{A}_u=\frac{\beta\dot{I}_bR_c}{\dot{I}_br_{be}}=\frac{\beta R_c}{r_{be}} \tag{2-36}$$

由上式可知，共基放大电路有电压放大能力，且$\dot{U}_o$与$\dot{U}_i$同相位。

2) 输入电阻。根据输入电阻的定义，由图 2－28 (b) 可知

$$R_i=R_e\ /\!/\ R_i'$$

$$R_i'=\frac{\dot{U}_i}{\dot{I}_e}=\frac{\dot{I}_br_{be}}{(1+\beta)\dot{I}_b}=\frac{r_{be}}{1+\beta}$$

$$R_i=R_e\ /\!/\ \frac{r_{be}}{1+\beta} \tag{2-37}$$

由上式可知，与其他接法的基本放大电路相比，共基放大电路的输入电阻较小。

3) 输出电阻。由输出电阻的定义，在图 2－28 (b) 中，从输出端口看进去的等效电阻

$$R_o=R_c \tag{2-38}$$

由上式可知，共基放大电路的输出电阻与共射放大电路相当。

5. 放大电路三种基本接法的比较

放大电路三种基本接法的主要特点和应用可大致归纳如下：

(1) 共射放大电路同时具有较大的电压和电流放大倍数，输入和输出电阻适中，通频带较窄。常用于低频电压放大单元，是最常用的一种放大电路。

(2) 共集放大电路只能放大电流不能放大电压，是三种基本接法中输入电阻最大、输出电阻最小的电路。常用于多级放大电路的输入级、输出级或缓冲级。

(3) 共基放大电路只能放大电压不能放大电流，输入电阻小，输出电阻与共射放大电路

相当。从前面讨论的参数看不出它的突出优点，实际上共基放大电路的通频带很宽，是三种接法中高频特性最好的电路，常用作宽频带放大电路。

放大电路的三种基本接法的典型电路及其性能特点（动态分析）见表 2－1。

表 2－1　　放大电路三种基本接法的性能特点比较

	基本共射放大电路	基本共集放大电路	基本共基放大电路
电路形式	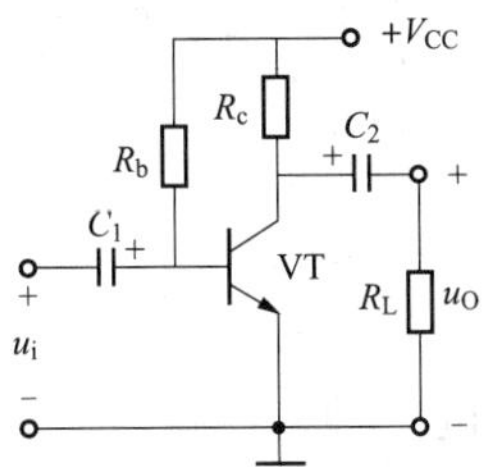	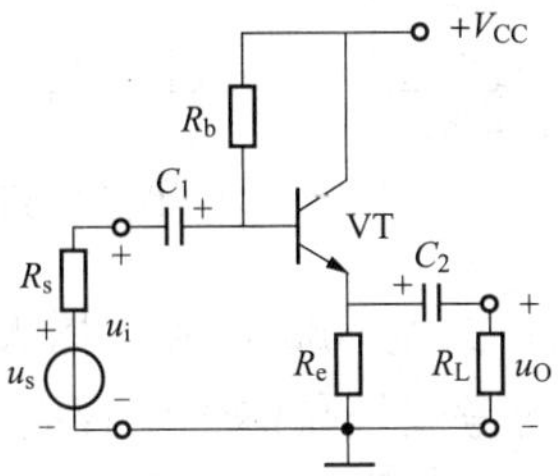	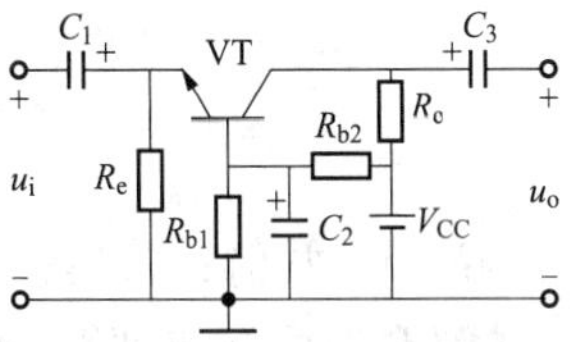
交流等效电路	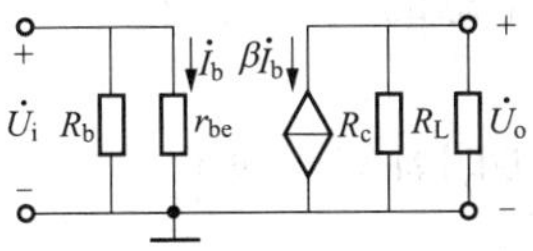	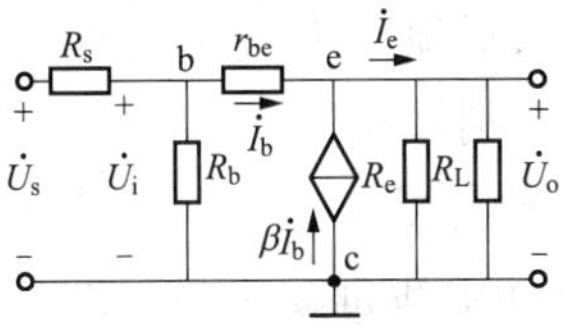	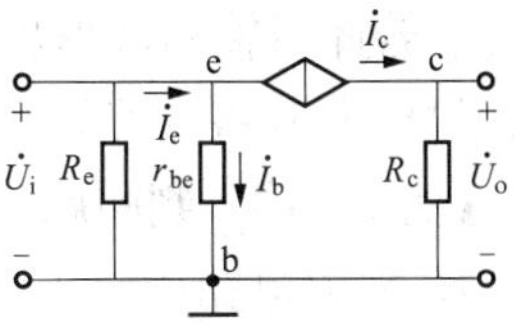
$\dot{A}_u$	$-\dfrac{\beta(R_c/\!/R_L)}{r_{be}}$	$\dfrac{(1+\beta)(R_e/\!/R_L)}{r_{be}+(1+\beta)(R_e/\!/R_L)}$	$\dfrac{\beta R_c}{r_{be}}$
R_i	$R_b/\!/r_{be}$	$R_b/\!/[r_{be}+(1+\beta)(R_e/\!/R_L)]$	$R_e/\!/\dfrac{r_{be}}{1+\beta}$
R_o	R_c	$R_e/\!/\dfrac{R_b/\!/R_s+r_{be}}{1+\beta}$	R_c

典型例题

【例 2－6】 填空题

1. 对于共射、共集和共基三种基本组态的放大电路，若希望电压放大倍数大，可选用________组态；若希望带负载能力强，应选用________组态；若希望从信号源索取的电流小，应选用________组态；若希望高频特性好，应选用________（国防科技大学 2004 年硕士研究生考试试题）。

2. 某放大电路如图 2－29 所示，输入电压为正弦信号，用示波器观察输出电压失真，问此时产生的失真为________失真，如果保证输入电压不变，应________电源电压 V_{CC} 来消除失真。

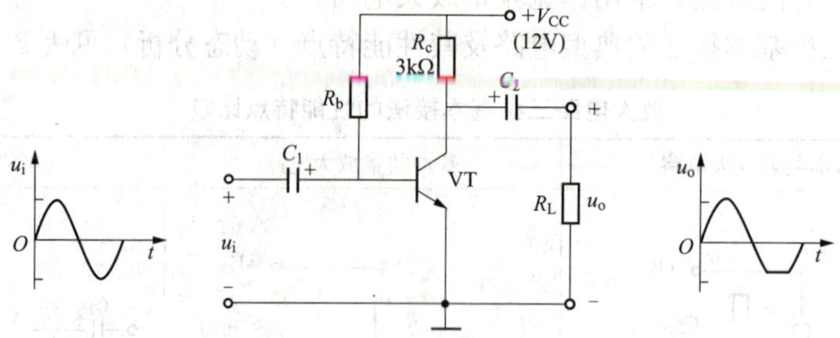

图 2-29 例 2-6 图

解 1. 共射；共集；共集；共基。2. 饱和，增大。

【解题指导与点评】 本题的考点是晶体管单管放大电路的三种基本接法。第 1 小题，共射放大电路的电压放大能力最大；共集放大电路的输入电阻最大，因而从信号源索取的电流小，输出电阻最小，因而带负载能力最强。共基放大电路有最宽的通频带，因而其高频特性最好。第 2 小题中由 NPN 型晶体管构成的共射放大电路的输出电压出现底部平顶，为饱和失真。若此时输出波形出现顶部平顶则为截止失真。需要注意的是，若由 PNP 型晶体管组成共射放大电路，其对应关系则刚好相反。

【例 2-7】 判断题（在括号内填入"√"或"×"来表明判断结果）

1. 放大电路中输出的电流和电压都是由有源元件提供的。 （ ）

2. 由于放大的对象是变化量，因此当输入信号为直流信号时，任何放大电路的输出都毫无变化。 （ ）

解 1. × 2. ×

【解题指导与点评】 本题的考点是放大的概念。第 1 小题，放大电路的输出功率（输出电压和输出电流）来自直流电源，有源元件在电路中起到能量控制作用，实现输入信号对输出信号的线性控制。第 2 小题，所谓变化是相对放大电路的静态来说的，当输入直流信号时，直接耦合放大电路将输出一个直流的电压和电流变化。

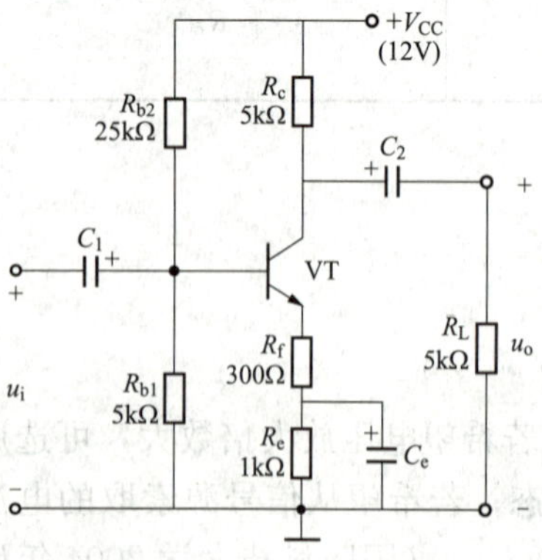

图 2-30 例 2-8 图

【例 2-8】 电路如图 2-30 所示，晶体管的 $\beta=100$，$r_{bb'}=100\Omega$，$U_{BEQ}=0.7V$。

（1）求电路的 Q 点、$\dot{A}_u$、R_i 和 R_o；

（2）若电容 C_e 开路，则将引起电路的哪些动态参数发生变化？如何变化？

解 （1）静态分析：

$$U_{BQ}\approx\frac{R_{b1}}{R_{b1}+R_{b2}}\cdot V_{CC}=2V$$

$$I_{EQ}=\frac{U_{BQ}-U_{BEQ}}{R_f+R_e}\approx 1mA$$

$$I_{BQ}=\frac{I_{EQ}}{1+\beta}\approx 10\mu A$$

$$U_{CEQ}\approx V_{CC}-I_{EQ}(R_c+R_f+R_e)=5.7V$$

动态分析：

其交流等效电路如图 2-31 所示。

$$r_{be}=r_{bb'}+(1+\beta)\frac{26\text{mV}}{I_{EQ}}\approx 2.73\text{k}\Omega$$

$$\dot{A}_u=-\frac{\beta(R_c /\!/ R_L)}{r_{be}+(1+\beta)R_f}\approx -7.6$$

$$R_i=R_{b1} /\!/ R_{b2} /\!/ R_i'=R_{b1} /\!/ R_{b2} /\!/ [r_{be}+(1+\beta)R_f]\approx 3.7\text{k}\Omega$$

$$R_o=R_c=5\text{k}\Omega$$

(2) 若 C_e 开路，R_i 增大，$R_i\approx 4.1\text{k}\Omega$；

$|\dot{A}_u|$ 减小，$\dot{A}_u\approx -\dfrac{R_L'}{R_f+R_e}\approx -1.92$。

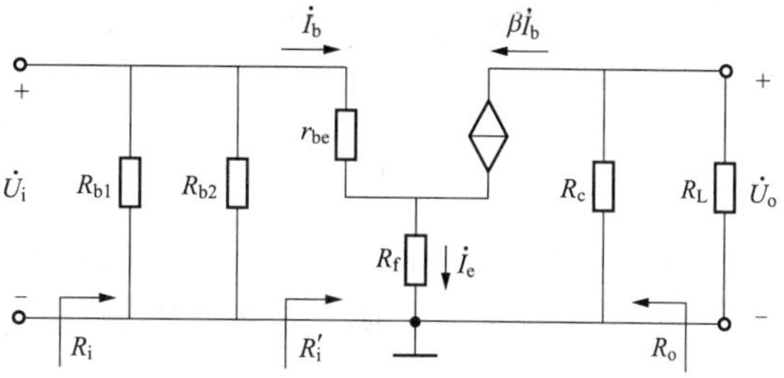

图 2-31　图 2-30 所示电路的交流等效电路

【解题指导与点评】 本题的考点是静态工作点稳定电路的分析。该例题提示以下几点：①该电路为共射放大电路，具有负电压放大倍数；②为了改善放大电路的性能，有时共射放大电路的发射极带有电阻，需要掌握这种共射放大电路的解题方法；③注意发射极电阻对共射放大电路交流性能的影响。

【例 2-9】 电路如图 2-32 所示，$\beta=50$，$r_{be}=1\text{k}\Omega$，$U_{BEQ}=0.7\text{V}$。

(1) 估算其静态工作点；

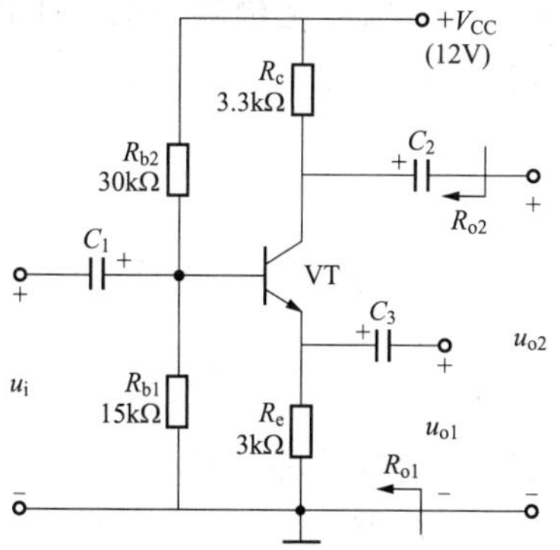

图 2-32　例 2-9 图

(2) 分别计算电路的电压放大倍数 $\dot{A}_{u1}=\dot{U}_{o1}/\dot{U}_i$ 和 $\dot{A}_{u2}=\dot{U}_{o2}/\dot{U}_i$。

(3) 求电路的输入电阻 R_i。

(4) 分别计算电路的输出电阻 R_{o1} 和 R_{o2}。

解　(1) 在其直流通路中估算静态工作点。

$$U_{BQ}\approx\frac{R_{b1}}{R_{b1}+R_{b2}}\cdot V_{CC}=4\text{V}$$

$$I_{EQ}\approx\frac{U_{BQ}-U_{BEQ}}{R_e}=1.1\text{mA}$$

$$I_{BQ}=\frac{I_{EQ}}{1+\beta}\approx 22\mu\text{A}$$

$$U_{CEQ}\approx V_{CC}-I_{EQ}(R_c+R_e)=5.1\text{V}$$

(2) 计算电路的电压放大倍数 $\dot{A}_{u1}=\dot{U}_{o1}/\dot{U}_i$。此时放大电路为共集电极放大电路，其交流等效电路如图 2-33 所示。

$$\dot{A}_{u1}=\dot{U}_{o1}/\dot{U}_i=\frac{(1+\beta)R_e}{r_{be}+(1+\beta)R_e}\approx 0.99$$

计算电路的电压放大倍数 $\dot{A}_{u2}=\dot{U}_{o2}/\dot{U}_i$。此时电路为共发射极放大电路，其交流等效电路如图 2-34 所示。

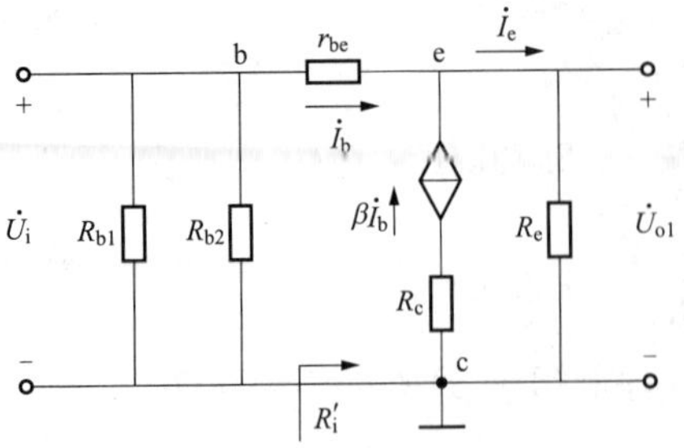

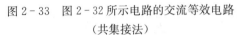

图 2－33 图 2－32 所示电路的交流等效电路（共集接法）

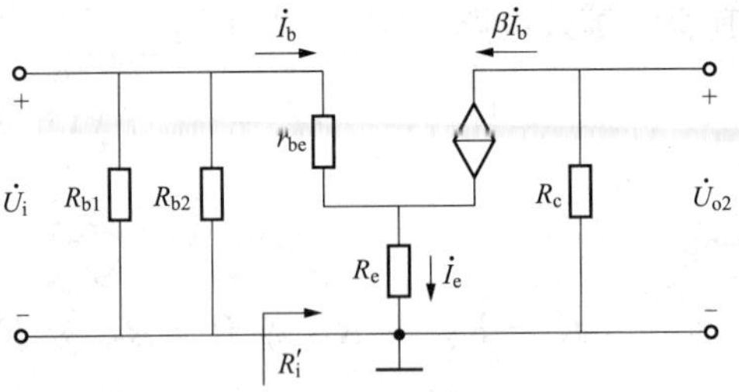

图 2－34 图 2－32 所示电路的交流等效电路（共射接法）

$$\dot{A}_{u2}=\dot{U}_{o2}/\dot{U}_{i}=-\frac{\beta R_{c}}{r_{be}+(1+\beta)R_{e}}\approx-1.1$$

（3）以上两电路的输入电阻相同，如图 2－33 和 2－34 所示。

$$R_{i}=R_{b1}\mathbin{/\!/}R_{b2}\mathbin{/\!/}R'_{i}=R_{b1}\mathbin{/\!/}R_{b2}\mathbin{/\!/}[r_{be}+(1+\beta)R_{e}]\approx 9.4\text{k}\Omega$$

（4）由图 2－33 可知

$$R_{o1}=R_{e}\mathbin{/\!/}\frac{r_{be}}{1+\beta}\approx 20\Omega$$

由图 2－34 可知

$$R_{o2}=R_{c}=3.3\text{k}\Omega$$

【解题指导点评】 本题的考点是共射与共集放大电路的电路结构及其参数分析。该例题的关键是如何分辨共集和共射两种放大电路。当 u_i 由基极接入，u_o 由集电极输出时，电路为共射放大电路；当 u_i 由基极接入，u_o 由发射极输出时，电路为共集放大电路。

自测题

一、填空题

1. 晶体管放大电路的三种基本接法是________、________和________。

2. 共射、共集和共基三种基本放大电路中，输出信号与输入信号反相的是________电路，输入电阻最大的是________电路，输出电阻最小的是________电路。

3. 放大电路的静态工作点设置过低容易产生________失真。为减小失真，应________基极偏置电阻 R_b。

4. 共集电极放大电路具有电压放大倍数________，输入电阻________，输出电阻________等特点，所以常用作输入级、输出级和缓冲级。

5. 在晶体管三种基本放大电路中输出电阻最小的电路是________；既能放大电流，又能放大电压的电路是________；通频带最宽的是________。

6. 晶体管的电流放大倍数是频率的函数，随着频率的升高而________，共基放大电路的高频特性比共射放大电路________。

7. NPN 管共射放大电路的集电极输出电压 u_o 产生如题图 2－4 所示失真，该电路产生了________失真，为了消除该失真，工作点应________（上移/下移）。

8. 在题图 2－5 所示的放大电路中，把一个直流电压表接在集电极和发射极之间，当 $u_s=0$ 时，电压表的读数为 U_{CEQ}。在输入信号为 1kHz 的正弦电压时，比较下面三种情况下电压表的读数 U_{CE} 和 U_{CEQ} 之间的大小关系（大于、小于、等于）（北京科技大学 2009 年硕士研究生考试试题）。

1）输出电压不失真时，则 U_{CE}________ U_{CEQ}；

2）输出电压出现饱和失真时，则 U_{CE}________ U_{CEQ}；

3）输出电压出现截止失真时，则 U_{CE}________ U_{CEQ}。

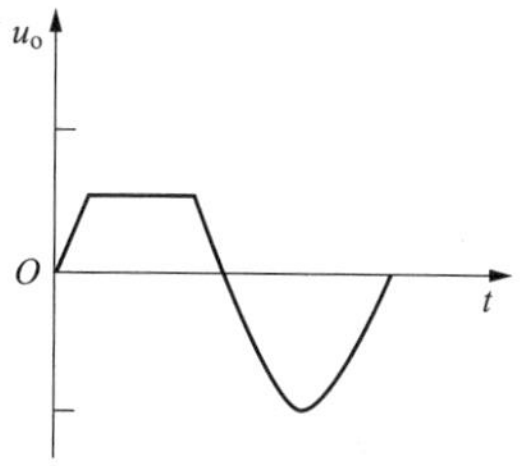

题图 2－4

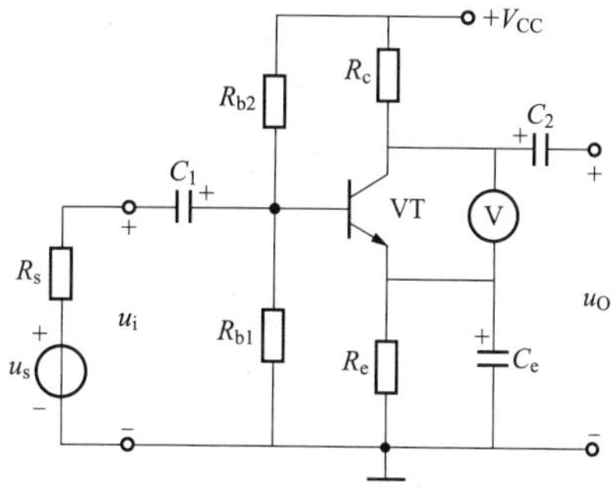

题图 2－5

二、判断题（在括号内填入“√”或“×”来表明判断结果）

1. 只有电路既放大电流又放大电压，才称其有放大作用。（　　）
2. 晶体管放大需要的外部条件是发射结正偏、集电结反偏。（　　）
3. 晶体管有放大区和饱和区两个工作区。（　　）
4. 电路中各电量的交流成分是交流信号源提供的。（　　）
5. 放大电路必须加上合适的直流电源才能正常工作。（　　）
6. 只要是共射放大电路，输出电压的底部失真都是饱和失真。（　　）
7. 利用两只 NPN 型晶体管构成的复合管只能等效为 NPN 型。（　　）
8. 放大电路的输出信号产生非线性失真是由于晶体管的非线性引起的。（　　）
9. 任何单管放大电路的输出电阻均与负载电阻无关。（　　）

三、选择题

1. 在 NPN 型晶体管组成的单管共射放大电路中，如果静态工作点设置过高会产生____。

A. 截止失真　　B. 饱和失真　　C. 双向失真　　D. 线性失真

2. 放大电路的输入电阻大，表明其放大微弱信号的能力____。

A. 强　　B. 弱　　C. 一般　　D. 无法确定

3. 射极跟随器具有____特点。

A. 电流放大倍数高

B. 电压放大倍数高

C. 电压放大倍数近似等于 1，且输入电阻大，输出电阻小

D. 无法确定

四、分析解答题

1. 分别改正题图 2－6 所示各电路中的错误，使它们有可能放大正弦波信号。要求保留

电路原来的共射接法和耦合方式。

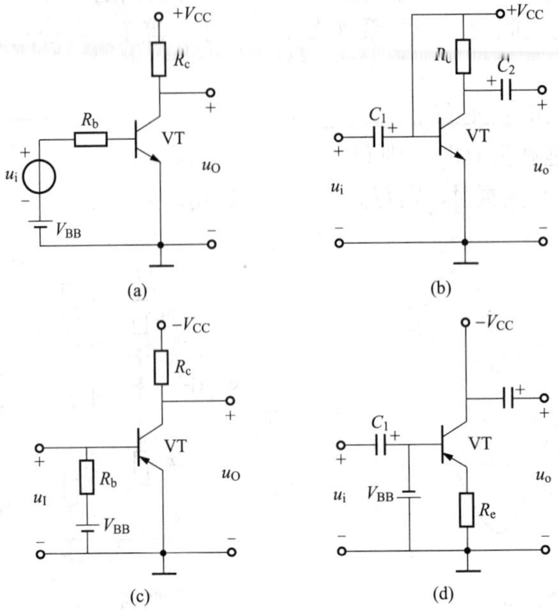

题图 2-6

2. 如题图 2-7 所示放大电路，已知 $V_{CC}=12V$，晶体管的电流放大倍数 $\beta=100$，导通时 $U_{BEQ}=0.7V$，饱和时 $U_{CES}=0.3V$，$r_{bb'}=200\Omega$（华北电力大学 2003 年硕士研究生考试试题）。

(1) 计算 $R_P=0$ 时电路的静态工作点；

(2) 为使电路工作在放大区，则 R_P 的取值范围应为多少？

(3) 画出其交流等效电路；

(4) 求 $I_{CQ}=1mA$ 时的 $\dot{A}_u$、R_i 和 R_o。

3. 放大电路如题图 2-8 所示，已知 β、U_{BEQ} 和 r_{be}。

(1) 计算电路的静态工作点；

(2) 画出电路的交流等效电路；

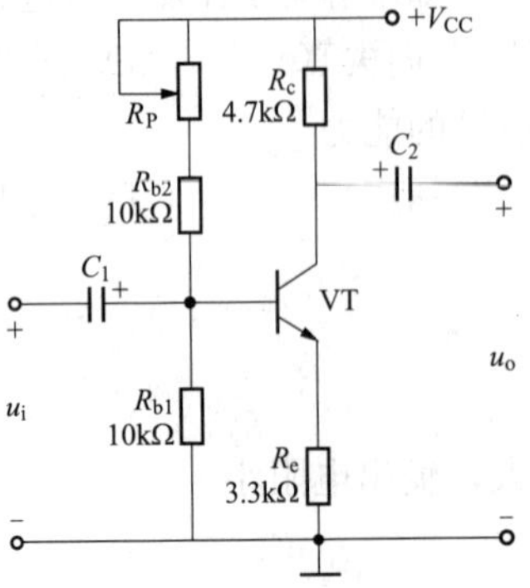

题图 2-7

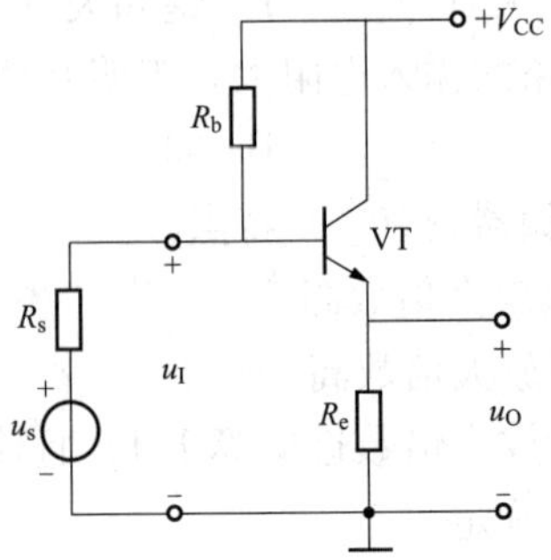

题图 2-8

(3) 求$\dot{A}_u$、R_i和R_o。

课题四　多级放大电路

内容提要

1. 多级放大电路的耦合方式

多级放大电路内部各级之间的连接方式称为耦合方式。多级放大电路最常用的耦合方式有阻容耦合和直接耦合。如图 2-35、图 2-36 所示分别为阻容耦合和直接耦合两级放大电路。

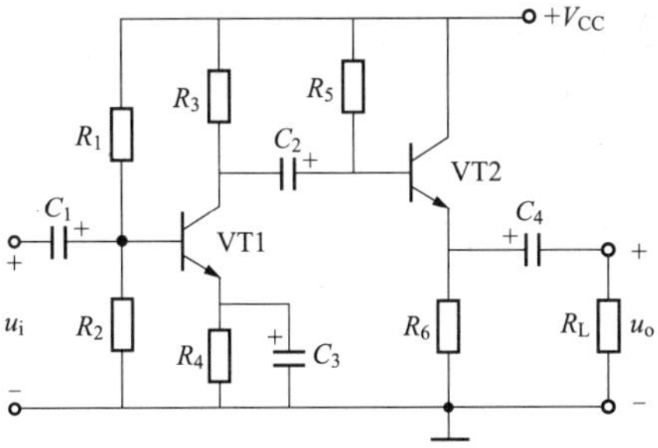

图 2-35　阻容耦合两级放大电路

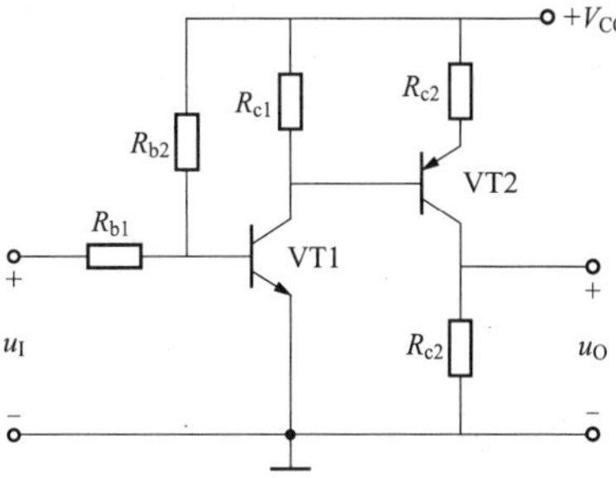

图 2-36　直接耦合两级放大电路

2. 多级放大电路的分析

(1) 静态分析。直接耦合多级放大电路的静态工作点相互关联，分析过程比较复杂，这里不再赘述。

由于耦合电容的隔直作用，阻容耦合多级放大电路各级的静态工作点互不影响，互相独立。静态分析与单级放大电路的静态分析相同。

(2) 动态分析。多级放大电路的框图如图 2-37 所示。

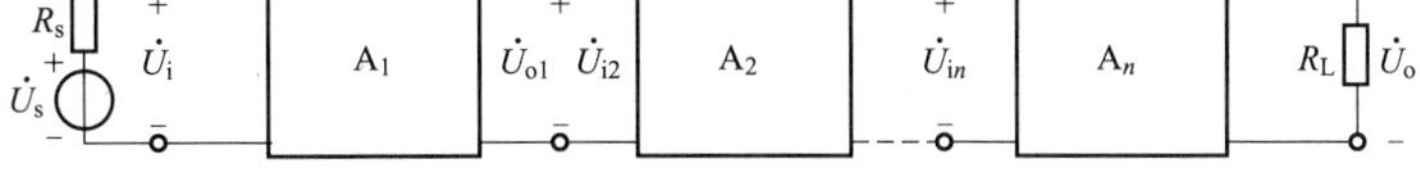

图 2-37　多级放大电路的框图

1) 电压放大倍数。多级放大电路的电压放大倍数为

$$\dot{A}_u=\frac{\dot{U}_o}{\dot{U}_i}=\frac{\dot{U}_{o1}}{\dot{U}_i}\cdot\frac{\dot{U}_{o2}}{\dot{U}_{i2}}\cdots\frac{\dot{U}_o}{\dot{U}_{in}}=\dot{A}_{u1}\cdot\dot{A}_{u2}\cdots\dot{A}_{un} \qquad (2-39)$$

式 (2-39) 表明，多级放大电路的电压放大倍数等于组成它的各级放大电路电压放大倍数的乘积。值得注意的是，在多级放大电路中，后级电路的输入电阻相当于前级的负载，

除最后一级外，计算其余各级放大电路电压放大倍数时均应以后一级的输入电阻作为负载。以两级放大电路为例，如图 2-38（a）所示。

2）输入电阻。多级放大电路的输入电阻即为第一级放大电路的输入电阻 R_{i1}，即

$$R_i = R_{i1} \tag{2-40}$$

应当注意的是，求输入电阻时应将第二级放大电路的输入电阻 R_{i2} 作为第一级放大电路的负载，如图 2-38（a）所示。

3）输出电阻。多级放大电路的输出电阻即为最后一级的输出电阻 R_{on}。即

$$R_o = R_{on} \tag{2-41}$$

应当注意的是，在求输出电阻时应将前一级的输出电阻 $R_{o(n-1)}$ 作为最后一级放大电路的信号源内阻。以两级放大电路为例，如图 2-38（b）所示。

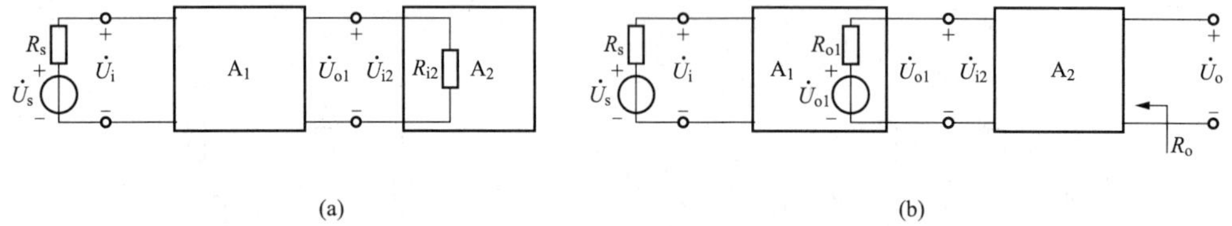

图 2-38 两级放大电路的框图

典型例题

【例 2-10】 阻容耦合两级放大电路如图 2-35 所示。

(1) 求各级放大电路的静态工作点。

(2) 画出其交流等效电路。

(3) 求解电压放大倍数、输入电阻和输出电阻。

解 (1) 第一级放大电路为静态工作点稳定电路，在其直流通路中利用估算法，则有

$$U_{BQ1} = \frac{R_2}{R_1 + R_2} V_{CC}$$

$$I_{CQ1} \approx I_{EQ1} = \frac{U_{BQ1} - U_{BEQ1}}{R_4}$$

$$I_{BQ1} = \frac{I_{EQ1}}{1 + \beta_1}$$

$$U_{CEQ1} \approx V_{CC} - I_{EQ1}(R_3 + R_4)$$

第二级放大电路为共集电极放大电路，在其直流通路中，可求得

$$I_{BQ2} = \frac{V_{CC} - U_{BEQ2}}{R_5 + (1 + \beta_2) R_6}$$

$$I_{EQ2} = (1 + \beta_2) I_{BQ2}$$

$$U_{CEQ2} = V_{CC} - I_{EQ2} R_6$$

（2）画出图 2－35 所示两级放大电路的交流等效电路，如图 2－39 所示。

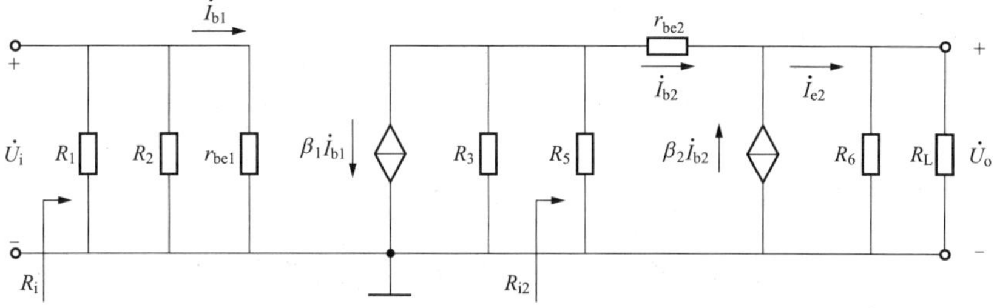

图 2－39　图 2－36 所示电路的交流等效电路

（3）为了求出第一级放大电路的电压放大倍数，应先求出其负载电阻，即第二级放大电路的输入电阻 R_{i2}，由图 2－39 可知，第二级放大电路的输入电阻为

$$R_{i2}=R_5 \mathbin{/\!/} [r_{be2}+(1+\beta_2)(R_6 \mathbin{/\!/} R_L)]$$

第一级放大电路的电压放大倍数为

$$\dot{A}_{u1}=-\frac{\beta_1(R_3 \mathbin{/\!/} R_{i2})}{r_{be1}}$$

第二级放大电路的电压放大倍数为

$$\dot{A}_{u2}=\frac{(1+\beta_2)(R_6 \mathbin{/\!/} R_L)}{r_{be2}+(1+\beta_2)(R_6 \mathbin{/\!/} R_L)}$$

多级放大电路的电压放大倍数等于单级放大电路的电压放大倍数相乘，则有

$$\dot{A}_u=\dot{A}_{u1}\cdot\dot{A}_{u2}$$

多级放大电阻的输入电阻即为第一级放大电路的输入电阻：

$$R_i=R_{i1}=R_1 \mathbin{/\!/} R_2 \mathbin{/\!/} r_{be1}$$

多级放大电路的输出电阻即第二级放大电路的输出电阻 R_{o2}：

$$R_o=R_{o2}=R_6 \mathbin{/\!/} \frac{r_{be2}+R_3 \mathbin{/\!/} R_5}{1+\beta_2}$$

【解题指导与点评】 本题的考点是阻容耦合两级放大电路的静态和动态分析方法。该例题提示以下几点：①该电路为阻容耦合两级放大电路；阻容耦合静态工作点相互独立，因此要求掌握其静态工作点的求解；②掌握两级放大电路交流参数的求解过程；③共集电极放大电路的输出电阻与其信号内阻（第一级放大电路的输出电阻 R_3）有关。

【例 2－11】 直接耦合两级放大电路如图 2－36 所示。假定电路的静态工作点合适。

（1）画出其交流等效电路；

（2）求解其电压放大倍数、输入电阻和输出电阻。

解　（1）图 2－36 所示放大电路的交流等效电路如图 2－40 所示。

（2）两级放大电路均为共射放大电路。

第二级放大电路的输入电阻

$$R_{i2}=r_{be2}+(1+\beta_2)R_{e2}$$

第一级放大电路的电压放大倍数为

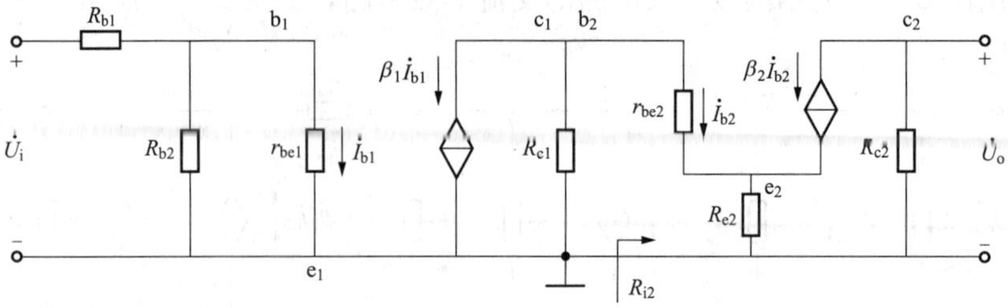

图 2-40　图 2-36 所示放大电路的交流等效电路

$$\dot{A}_{u1}=-\frac{\beta_1(R_{c1}\ /\!/\ R_{i2})}{r_{be1}}\cdot\frac{R_{b2}\ /\!/\ r_{be1}}{R_{b1}+R_{b2}\ /\!/\ r_{be1}}$$

第二级放大电路的电压放大倍数为

$$\dot{A}_{u2}=-\frac{\beta_2R_{c2}}{r_{be2}+(1+\beta_2)R_{e2}}$$

放大电路的电压放大倍数为

$$\dot{A}_u=\dot{A}_{u1}\cdot\dot{A}_{u2}$$

输入电阻为

$$R_i=R_{i1}=R_{b1}+R_{b2}\ /\!/\ r_{be1}$$

输出电阻为

$$R_o=R_{o2}=R_{c2}$$

【解题指导与点评】 本题的考点是直接耦合两级放大电路的动态分析。该例题提示以下几点：①直接耦合多级放大电路的静态工作点各级之间相互影响，因此对其静态工作点的计算不作要求；②该电路为常见的 NPN 型和 PNP 型晶体管配合使用的两级放大电路，在交流等效电路中 NPN 型晶体管和 PNP 型晶体管用相同的等效电路。

【例 2-12】 有三种放大电路备用，其输入电阻、空载电压放大倍数和输出电阻如下：

(1) 电路一：高输入阻抗型　$R_{i1}=1\text{M}\Omega$、$\dot{A}_{u1}=10$、$R_{o1}=10\text{k}\Omega$。

(2) 电路二：高增益型　$R_{i2}=10\text{k}\Omega$、$\dot{A}_{u2}=100$、$R_{o2}=1\text{k}\Omega$。

(3) 电路三：低输出阻抗型　$R_{i3}=10\text{k}\Omega$、$\dot{A}_{u3}=1$、$R_{o3}=20\Omega$。

用这三种放大电路，设计一个能在 100Ω 负载上提供至少 0.5W 功率的放大电路。已知信号源开路输出电压为 30mV（有效值）、内阻 0.5MΩ。画出电路组成框图，计算电路的电压放大倍数和输出功率（华北电力大学 2007 年硕士研究生考试试题）。

解　电路设计框图如图 2-41 所示。

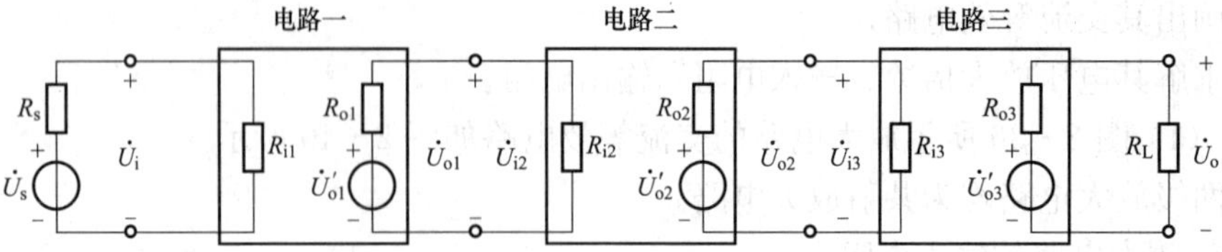

图 2-41　电路设计框图

$$\dot{U}_{i}=\frac{R_{i1}}{R_{s}+R_{i1}}\dot{U}_{s}=\frac{1}{1+0.5}\times 30=20(\mathrm{mV})$$

第一级放大电路带负载后的电压放大倍数为

$$\dot{A}_{u1L}=\dot{A}_{u1}\cdot\frac{R_{i2}}{R_{o1}+R_{i2}}=10\times\frac{10}{10+10}=5$$

第二级放大电路带负载后的电压放大倍数为

$$\dot{A}_{u2L}=\dot{A}_{u2}\cdot\frac{R_{i3}}{R_{o2}+R_{i3}}=100\times\frac{10}{10+1}\approx 91$$

第三级放大电路带负载后的电压放大倍数为

$$\dot{A}_{u3L}=\dot{A}_{u3}\cdot\frac{R_{L}}{R_{o3}+R_{L}}=1\times\frac{100}{100+20}\approx 0.8$$

该三级放大电路电压放大倍数 A_u 为

$$\dot{A}_{u}=\dot{A}_{u1L}\cdot\dot{A}_{u2L}\cdot\dot{A}_{u3L}\approx 5\times 91\times 0.8=364$$

$$\dot{U}_{o}=\dot{A}_{u}\cdot\dot{U}_{i}\approx 364\times 20=7280(\mathrm{mV})=7.28\mathrm{V}$$

输出功率为

$$P_{o}=\frac{U_{o}^{2}}{R_{L}}=\frac{7.28^{2}}{100}\approx 0.52(\mathrm{W})>0.5\mathrm{W}$$

【解题指导与点评】 本题的考点是多级放大电路的设计和计算。该例题提示以下几点：①为提高多级放大电路的放大能力和带负载能力，输入级采用高输入电阻放大电路，中间级采用高增益放大电路，输出级采用低输出电阻放大电路；②放大电路的输入电压$\dot{U}_i$与信号源开路电压$\dot{U}_s$的关系，如图 2－41 所示；③除最后一级外，计算其余各级的放大倍数时均应以后一级的输入电阻作为负载。

自测题

一、填空题

1. 两个 β 相同的晶体管组成复合管后，其电流放大系数约为________。

2. 由偶数级共射电路组成的多级放大电路中，输入和输出电压的相位________，由奇数级共射电路组成的多级放大电路中，输入和输出电压的相位________。

3. 多级放大电路是由单级放大电路级联得到的，分析时可化为单级放大电路的问题，但要考虑前后级之间的相互影响。在多级放大电路中，后级的输入电阻是前级的________，而前级的输出电阻可以看作是后级的________。

4. 两个相同的单级共射放大电路，空载时电压放大倍数均为－30，现将它们级联后组成两级放大电路，则该两级放大电路的电压放大倍数________（大于、小于或等于）900。

5. 多级直接耦合放大电路中，影响零点漂移最严重的是________级。

二、分析解答题

1. 阻容耦合两级放大电路如题图 2－9 所示，已知 U_{BEQ1}、U_{BEQ2}、β_1、β_2、r_{be1}、r_{be2}。

(1) 指出第一、第二级放大电路的电路形式。

(2) 计算各级放大电路的静态工作点。

（3）画出该电路的交流等效电路。

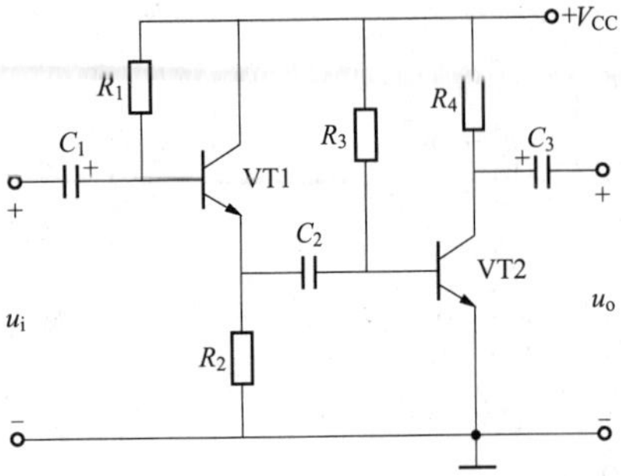

题图 2 - 9

（4）计算该电路的交流参数$\dot{A}_u$、R_i 和 R_o。

2. 基本放大电路如题图 2 - 10（a）（b）所示，图（a）虚线框内为电路Ⅰ，图（b）虚线框内为电路Ⅱ。由电路Ⅰ、Ⅱ组成的多级放大电路如题图 2 - 10（c）、（d）、（e）所示，它们均正常工作。试说明题图 2 - 10（c）、（d）、（e）所示电路中，①哪些电路的输入电阻比较大；②哪些电路的输出电阻比较小；③哪个电路的$|\dot{A}_{us}|=\left|\dfrac{\dot{U}_o}{\dot{U}_s}\right|$最大。

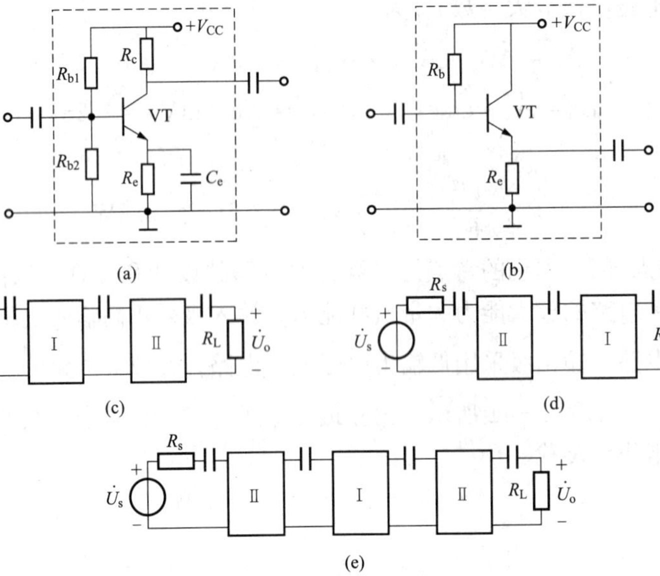

题图 2 - 10

习题精选

一、填空题

1. 若发现基本共射放大电路出现饱和失真，则为消除失真，可将 R_c________。

2. 在 NPN 型晶体管组成的共射放大电路中，输出电压出现顶部平顶为________失真，出现底部平顶为________失真。

3. 电路如题图 2 - 11 所示，晶体管的 $\beta=50$，$U_{BEQ}=0.7V$，$V_{CC}=12V$，$R_b=45k\Omega$，$R_c=3k\Omega$。

1）电路处于________状态。（截止、放大、饱和）

2）要使放大电路工作在放大区，需要________ R_b。（增大、减小）

3）要使 $U_{CEQ}=6V$，$R_b=$________ kΩ。

4）此时，电路空载时测得输出电压 $U_o'=0.6V$，若放大电路加上与 R_c相同的负载电阻

R_L，则输出电压 U_o=________ V。

4. 在晶体管多级放大电路中，已知 $A_{u1}=20$，$A_{u2}=-10$，$A_{u3}=1$，则可知其接法分别为：A_{u1}是________放大电路，A_{u2}是________放大电路，A_{u3}是________放大电路。

5. 一个学生用交流电压表测得某放大电路的开路输出电压为 4.8V，接上 20kΩ 的负载电阻后测得输出电压值为 4V。设电压表的内阻为无穷大，该放大电路的输出电阻为________。

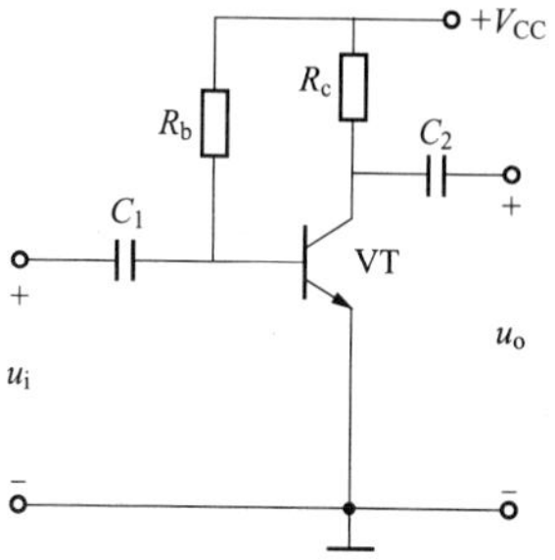

题图 2 - 11

二、分析解答题

1. 静态工作点稳定电路如题图 2 - 12 所示，$\beta=50$，$r_{be}=1k\Omega$，$U_{BEQ}=0.7V$。

(1) 估算其静态工作点；

(2) 画出其交流等效电路；

(2) 计算其$\dot{A}_u$、R_i、R_o；

(4) 若 C_e开路，计算其$\dot{A}_u$、R_i、R_o，并说明放大电路的交流参数有哪些变化。

2. 电路如题图 2 - 13 所示，晶体管的 $\beta=80$，$r_{be}=1k\Omega$。

(1) 求出 Q 点；

(2) 分别求出 $R_L=\infty$和 $R_L=3k\Omega$ 时电路的$\dot{A}_u$ 和 R_i；

(3) 求出 R_o。

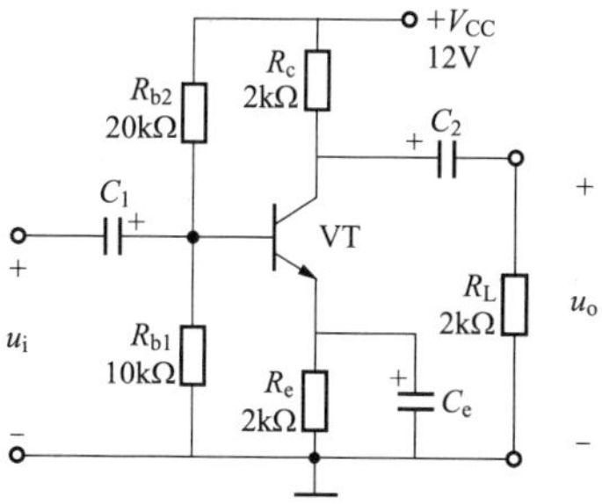

题图 2 - 12

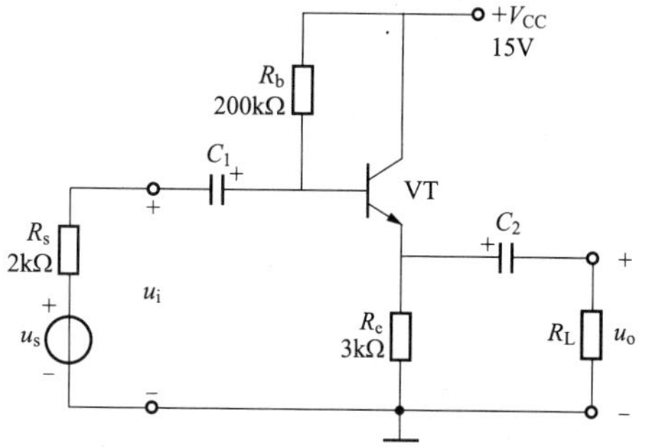

题图 2 - 13

3. 直接耦合两级放大电路如题图 2 - 14 所示。已知 β_1、β_2、r_{be1}、r_{be2} 以及二极管的交流等效电阻 r_d。

(1) 指出第一、第二级放大电路的电路形式；

(2) 画出该电路的交流等效电路；

(3) 计算该电路的交流参数$\dot{A}_u$、R_i 和 R_o。

4. 共射放大电路如题图 2 - 15 所示，已知 $\beta=50$，$r_{bb'}=100\Omega$，$|U_{BEQ}|=0.7V$。

(1) 估算 I_{CQ}和 U_{CEQ}；

(2) 求$\dot{A}_u$、R_i 和 R_o；

(3) 若将图中所示 R_e增大，分析对$\dot{A}_u$、R_i 和 R_o 的影响；

(4) 若 C_e开路，估算$\dot{A}_u$。

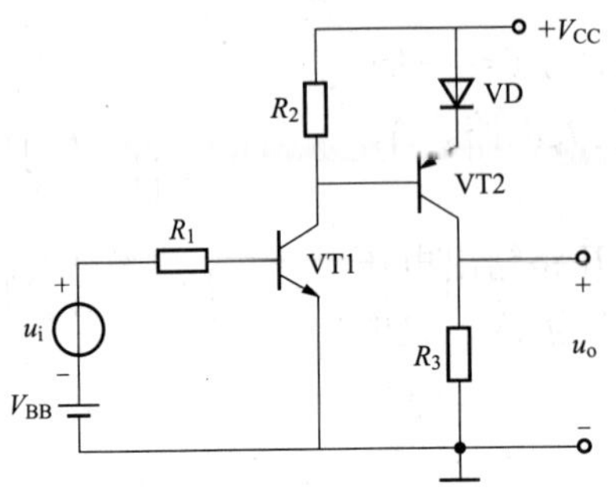
+VCC
VD
R2
VT2
R1
VT1
+
ui
−
VBB
+
uo
R3
−

题图 2-14

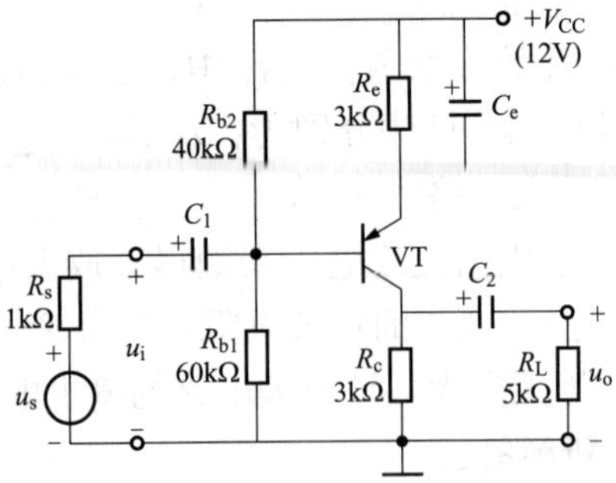
+VCC
(12V)
Rb2
40kΩ
Re
3kΩ
Ce
C1
VT
C2
Rs
1kΩ
+
us
−
ui
Rb1
60kΩ
Rc
3kΩ
RL
5kΩ
uo

题图 2-15

第三章　放大电路的频率响应

重点：频率响应的基本概念，包括波特图、高通电路、低通电路、上限截止频率、下限截止频率；单管放大电路的频率响应的计算公式及其波特图的画法。

难点：单管放大电路频率响应的分析过程；单管放大电路频率响应波特图的画法。

要求：熟练掌握频率响应的基本概念，包括波特图、高通电路、低通电路、上限截止频率、下限截止频率；熟练掌握单管放大电路频率响应的计算公式及其波特图的画法，要求根据电压放大倍数的计算公式能够画出电路的波特图，根据给定的波特图能够写出电压放大倍数的计算公式。了解多级放大电路的频率响应的计算公式及其波特图的画法。

课题一　频率响应的基本概念

内容提要

1. 频率响应

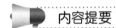

放大电路的频率响应指的是输入信号幅值不变的情况下放大倍数与信号频率之间的函数关系。放大倍数的幅值与频率之间的关系称为幅频特性，相角和频率的关系称为相频特性。

某共射放大电路的幅频特性和相频特性如图 3－1 所示。在中频范围内，中频电压放大倍数为$\dot{A}_{um}$，而且基本不随频率发生变化，中频时的相角 φ 等于－180°（共射放大电路的电压放大倍数为负值，代表输出信号与输入信号反相）。当频率降低或升高时，在电抗元件的作用下电压放大倍数的幅值都将减小，而且会产生超前或滞后的相移。

2. 下限截止频率和上限截止频率

图 3－1 中 f_L 为下限截止频率，f_H 为上限截止频率，是放大倍数下降到中频放大倍数的 0.707 倍时对应的频率，也就是放大倍数下降 3dB 时对应的频率。f_{bw}为该电路的通频带，若信号带宽大于放大电路的通频带，则电路会产生频率失真。

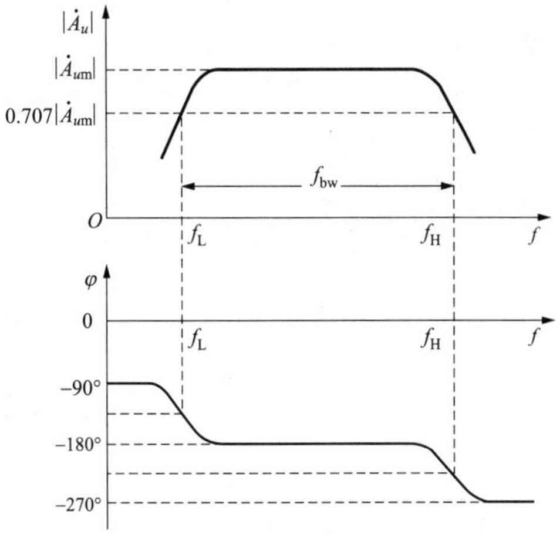

图 3－1　某共射放大电路的幅频特性和相频特性

3. 波特图

波特图是用来表示放大电路频率特性的图形，包括幅频特性和相频特性两部分。波特图的横坐标均为频率 f，采用 $\lg f$ 对数刻度。幅频特性纵坐标为 $20\lg|\dot{A}_u|$，单位为分贝(dB)。相频特性纵坐标仍用相角 φ 表示，单位

为度（°）。

4. RC 高通电路

高通电路指的是高频信号正常通过，低频信号会受到衰减的电路。RC 高通电路及其波特图如图 3-2 所示，图中 $f_L=\dfrac{1}{2\pi RC}$，电路的电压放大倍数表达式为

$$\dot{A}_u=\frac{\dot{U}_o}{\dot{U}_i}=\frac{1}{1+\dfrac{f_L}{jf}}=\frac{j\dfrac{f}{f_L}}{1+j\dfrac{f}{f_L}} \tag{3-1}$$

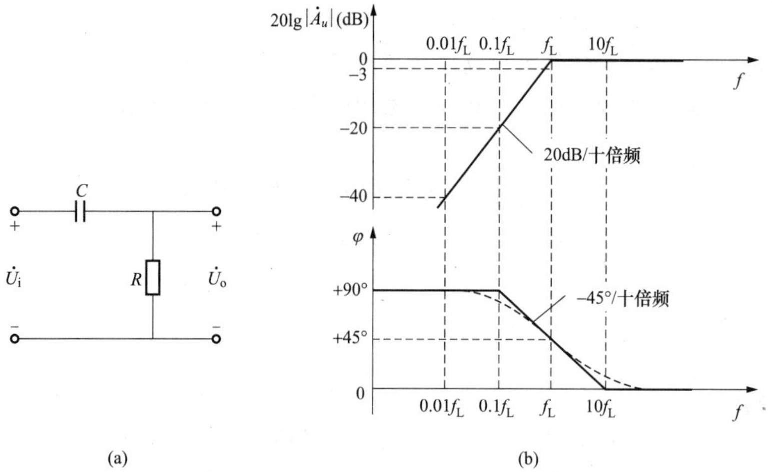

图 3-2 RC 高通电路及其波特图

（a）RC 高通电路；（b）RC 高通电路的波特图

从图 3-2 可以看出：

（1）幅频特性以 f_L 为拐点；相频特性以 $0.1f_L$ 和 $10f_L$ 为拐点。

（2）当 $f=f_L$ 时电路的放大倍数下降为中频时的 0.707 倍，即下降 3dB，并且产生超前 45°的相移。

（3）电路具有高通特性，高频信号能够正常通过电路，低频信号过电路时受到衰减，且产生 0°～90°超前的相移。

5. RC 低通电路

低通电路指的是低频信号正常通过，高频信号会受到衰减的电路。RC 低通电路及其波特图如图 3-3 所示，图中 $f_H=\dfrac{1}{2\pi RC}$，电路的电压放大倍数表达式为

$$\dot{A}_u=\frac{\dot{U}_o}{\dot{U}_i}=\frac{1}{1+j\dfrac{f}{f_H}} \tag{3-2}$$

从图 3-3 可以看出：

（1）幅频特性以 f_H 为拐点；相频特性以 $0.1f_H$ 和 $10f_H$ 为拐点。

（2）当 $f=f_H$ 时电路的放大倍数下降为中频时的 0.707 倍，即下降 3dB，并且产生滞

后 45°的相移。

（3）电路具有低通特性，低频信号能够正常通过电路，高频信号过电路时受到衰减，且产生 0°～－90°滞后的相移。

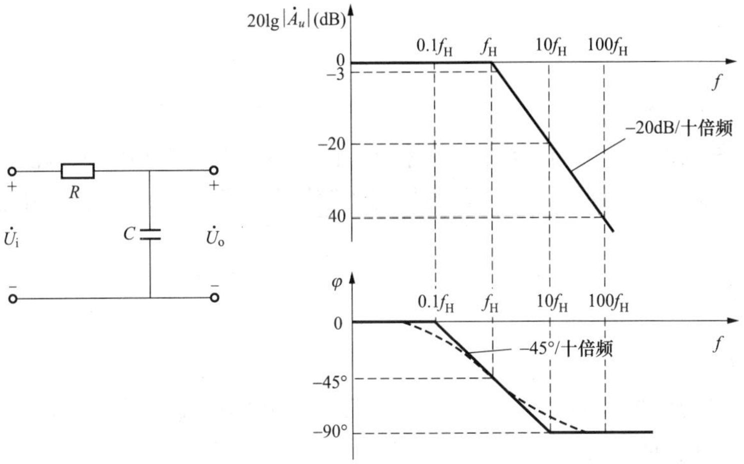

(a)　　(b)

图 3－3　RC 低通电路及其波特图

（a）RC 低通电路；（b）RC 低通电路的波特图

6. 晶体管的混合 π 等效模型

分析放大电路的频率响应时应使用晶体管的混合 π 等效模型替代晶体管，在该模型中电阻 $r_{b'e}$上并联了一个电容 C'_{π}，该电容容值较小，称为晶体管的极间电容，该电容在高频段将使电路的放大倍数减小并产生相移。简化的混合 π 等效模型如图 3－4 所示。

7. 放大电路中的两种电容对放大倍数的影响

放大电路有两种电容会对放大电路的放大倍数产生影响，一种是容值较大的耦合和旁路电容，另外一种是容值较小的晶体管内部等效出来的极间电容。

（1）中频段：耦合和旁路电容相当于短路，极间电容相当于开路，二者对放大倍数没有影响。

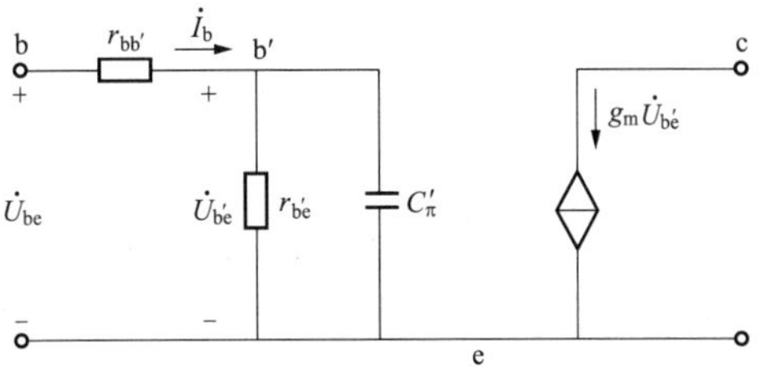

图 3－4　简化的混合 π 等效模型

（2）低频段：耦合电容和旁路电容使放大倍数产生衰减和相移，极间电容仍视为开路。

（3）高频段：耦合电容和旁路电容仍视为短路，极间电容使放大倍数产生衰减和相移。

典型例题

【例 3－1】　填空题

1. 当信号频率等于 f_L 或 f_H 时，放大电路的放大倍数约下降________ dB，即放大倍数下降为中频时的________倍。

2. 研究放大电路的频率响应时应采用晶体管的________模型。

3. 在低频信号作用下，________电容会使放大电路的放大倍数下降，且产生超前相移；在高频信号作用下，________电容会使放大电路的放大倍数下降，且产生滞后相移。

解 1. 3，0.707。

2. 混合 π 等效。

3. 耦合和旁路；极间。

【解题指导与点评】 本题的考点是频率响应的基本概念，此填空题的答案在课题一的内容提要部分均可以查到。课题一所涉及题目均比较简单，记住相关概念即可轻松完成。

自测题

一、填空题

1. 放大电路的幅频特性是指________随信号频率而改变；放大电路的相频特性是指________随信号频率而改变。

2. 放大电路的放大倍数下降到中频放大倍数的 0.707 倍时所对应的低端频率和高端频率，分别称为放大电路的________频率和________频率，二者之间的频率范围称为放大电路的________。

二、选择题

1. 某放大器的中频电压增益为 40dB，则在上限频率截止 f_H 处的电压放大倍数约为____ dB。

A. 43　　B. 100　　C. 37

2. 题图 3-1 所示电路为____滤波电路。

A. 高通　　B. 低通　　C. 带通

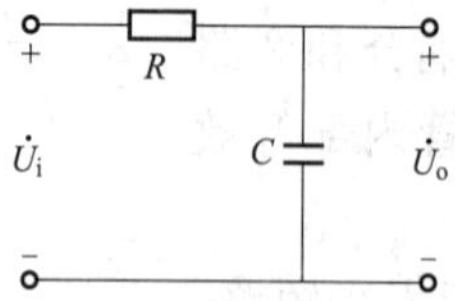

题图 3-1

课题二 单管放大电路的频率响应

内容提要

1. 单管共射放大电路的全频带电压放大倍数表达式

具有电容的单管共射放大电路如图 3-5 所示。电路中实际共有两个电容，一个是看得见的耦合电容 C，另一个是看不见的晶体管等效极间电容 C'_π。中频段，二者均不起作用；低频段，耦合电容 C 令放大倍数衰减并产生超前的相移；高频段，极间电容 C'_{π} 令放大倍数衰减并产生滞后的相移。

图 3－5 所示电路的全频带电压放大倍数表达式为

$$\dot{A}_u=\dot{A}_{um}\cdot\frac{1}{\left(1+\frac{f_L}{jf}\right)\left(1+j\frac{f}{f_H}\right)}$$

$$=\dot{A}_{um}\cdot\frac{j\frac{f}{f_L}}{\left(1+j\frac{f}{f_L}\right)\left(1+j\frac{f}{f_H}\right)}\qquad(3-3)$$

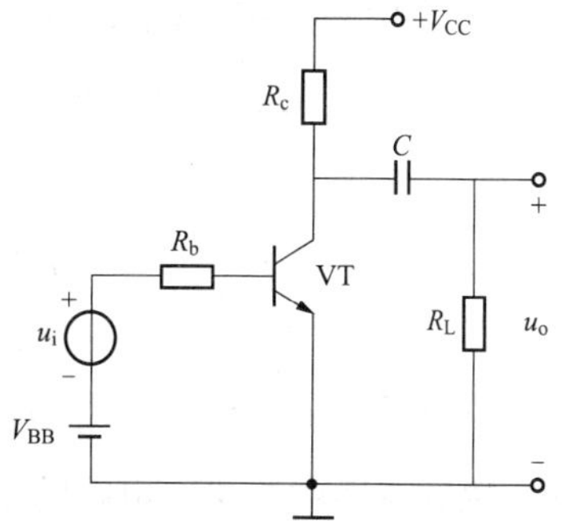

图 3－5　单管共射放大电路

2. 单管共射放大电路的波特图

与式（3－3）相对应的波特图如图 3－6 所示。

从图 3－6 可以看出单管放大电路的频率响应低频段相当于高通电路，而高频段相当于低通电路。幅频特性由三段折线组成，以下限截止频率 f_L 和上限截止频率 f_H 为拐点，低频段和高频段斜线的斜率分别为 ±20dB/十倍频。相频特性由五段折线组成，以 $0.1f_L$、$10f_L$、$0.1f_H$ 和 $10f_H$ 为拐点，低频段和高频段中斜线的斜率均为－45°/十倍频。

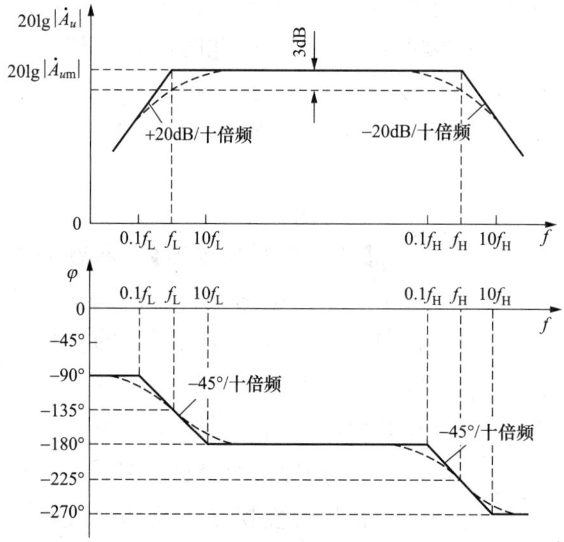

图 3－6　单管共射放大电路的波特图

需要注意的是：

(1) 幅频特性的中频段在 f_L 和 f_H 之间为一条高度等于 $20\lg|\dot{A}_{um}|$ 的直线。

(2) 相频特性的中频段由于共射电路的反相作用，从 $10f_L$ 到 $0.1f_H$ 为一条 $\varphi=-180°$ 的水平直线。低频段相当于高通电路，相位超前，当 $f=f_L$ 时，相位比中频时超前 45°（即此时 $\varphi=-135°$）；高频段相当于低通电路，相位滞后，当 $f=f_H$ 时，相位比中频时滞后 45°（即此时 $\varphi=-225°$）。

(3) 若电路为共集或共基放大电路，其输入和输出信号相位相同，则中频段 $\varphi=0°$；当 $f=f_L$ 时，$\varphi=+45°$；当 $f=f_H$ 时，$\varphi=-45°$。

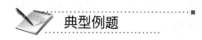

典型例题

【例 3－2】 已知电路的电压放大倍数

$$\dot{A}_u=\frac{-jf}{\left(1+j\frac{f}{100}\right)\left(1+j\frac{f}{10^6}\right)}$$

试写出该电路的$\dot{A}_{um}$、f_L、f_H，并画出波特图。

解 将$\dot{A}_u$的公式进行变换并且与内容提要中的式（3－3）对比，可知

$$\dot{A}_u=\frac{-jf}{\left(1+j\dfrac{f}{100}\right)\left(1+j\dfrac{f}{10^6}\right)}=\frac{-100j\dfrac{f}{100}}{\left(1+j\dfrac{f}{100}\right)\left(1+j\dfrac{f}{10^6}\right)}=\dot{A}_{um}\cdot\frac{j\dfrac{f}{f_L}}{\left(1+j\dfrac{f}{f_L}\right)\left(1+j\dfrac{f}{f_H}\right)}$$

可以看出 $\dot{A}_{um}=-100$，$f_L=100\text{Hz}$，$f_H=10^6\text{Hz}$。

幅频特性的画法：电路的中频电压增益 $20\lg|\dot{A}_{um}|=40\text{dB}$，先在两个拐点 f_L 与 f_H 之间画一条纵坐标为 40dB 的直线，低频段画一条斜率为 20dB/十倍频的直线，高频段画一条斜率为－20dB/十倍频的直线即可。需要注意的是，当 $f=0.1f_L$ 时纵坐标值为 20dB，比中频电压增益小 20dB；当 $f=10f_H$ 时纵坐标值为 20dB，也比中频电压增益小 20dB。

相频特性的画法：相频特性由五段折线，四个拐点组成，这四个拐点对应的频率分别为 $0.1f_L$、$10f_L$、$0.1f_H$、$10f_H$，即频率 f 为 10、10^3、10^5、10^7Hz 处。由于放大倍数为负倍数，所以相频特性的中频段从 10^3Hz 到 10^5Hz 是一条 $\varphi=-180°$ 的水平直线；低频段从坐标原点到第一个拐点 10Hz 相位比中频时超前 90°，即此时是一条 $\varphi=-90°$ 的水平直线；高频段频率大于第四拐点 10^7Hz 时相位比中频时滞后 90°，即此时的相频特性是一条 $\varphi=-270°$ 的水平直线；将第一拐点 10Hz 到第二拐点 10^3Hz 连起来成为一条斜率为－45°/十倍频的直线；将第三拐点 10^5Hz 到第四拐点 10^7Hz 连起来成为一条斜率为－45°/十倍频的直线。

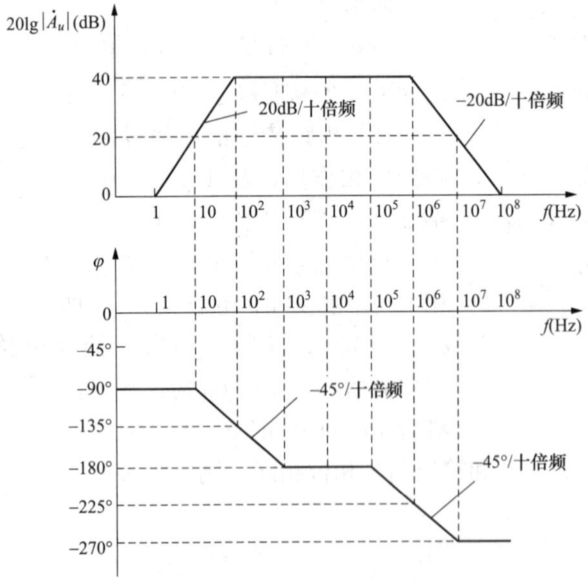

图 3－7　例 3－2 波特图

波特图如图 3－7 所示。

【解题指导与点评】 本题的考点是单管放大电路波特图的画法。首先将题目中给出的放大倍数的计算公式变形为标准格式，再与式（3－3）对比获得画波特图的重要参数$\dot{A}_{um}$、f_L和 f_H。画波特图时只需要先将幅频特性和相频特性拐点以及其他关键频率点对应的纵坐标确定下来并在图中以点标明，再将标好的各个点连起来即可。尤其需要注意的是，画波特图时必须标注图中斜线的斜率。

【例 3－3】 已知单管共射电路的波特图如图 3－8 所示，试写出该电路电压放大倍数的表达式。

解 观察波特图可知，中频段对应的电压增益 $20\lg|\dot{A}_{um}|=40\text{dB}$，因为题目中说明是单管共射电路，所以中频放大倍数为负值，那么中频放大倍数$\dot{A}_{um}=-100$；幅频特性低频段有两个拐点，说明电路有两个耦合或旁路电容，二者产生的下限截止频率不同，分别为 $f_{L1}=1\text{Hz}$，$f_{L2}=10\text{Hz}$；幅频特性的高频段有一个拐点，拐点处的频率为上限截止频率，即

$f_H=10^4$ Hz。因为低频段有两个下限截止频率，所以电路的电压放大倍数表达式与式（3－3）略有不同，为

$$\dot{A}_u=\frac{-100}{\left(1+\frac{1}{\mathrm{j}f}\right)\left(1+\frac{10}{\mathrm{j}f}\right)\left(1+\mathrm{j}\frac{f}{10^4}\right)} \text{ 或 } \dot{A}_u=\frac{10f^2}{(1+\mathrm{j}f)\left(1+\mathrm{j}\frac{f}{10}\right)\left(1+\mathrm{j}\frac{f}{10^4}\right)}$$

【解题指导与点评】 本题的考点是单管放大电路的波特图与参数$\dot{A}_{um}$、f_L 和 f_H 的关系。首先应根据波特图中频段对应的对数幅频特性值确定电路的中频电压放大倍数$\dot{A}_{um}$，然后再根据拐点对应的频率值确定电路的下限截止频率 f_L和上限截止频率 f_H，最后写出电路的电压放大倍数表达式。

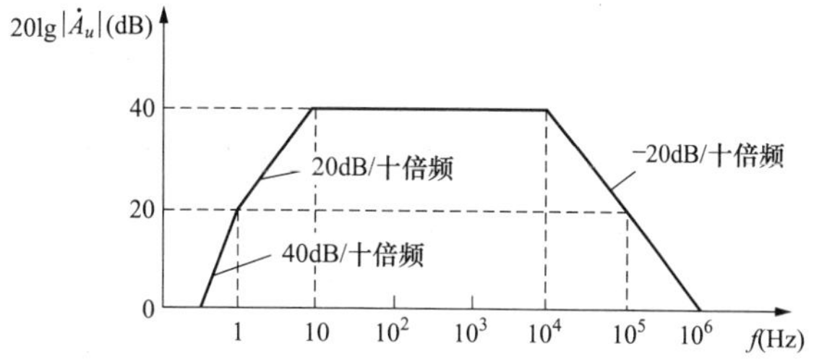

图 3－8 例 3－3 图

【例 3－4】 已知某放大电路的中频电压放大倍数 $|\dot{A}_{um}|=50$，其相频特性波特图如图 3－9 所示。

（1）写出电压放大倍数$\dot{A}_u$ 的表达式；

（2）画出放大电路的幅频特性波特图。

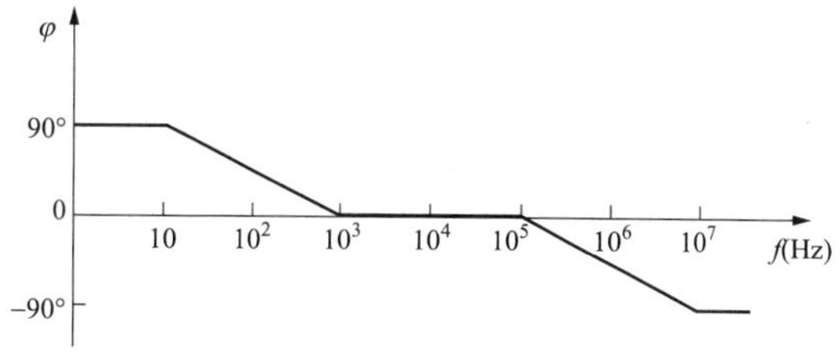

图 3－9 例 3－4 相频特性图

解 （1）从图中可以看出相频特性中频段的相位为 0，说明电路的中频电压放大倍数为正倍数，即$\dot{A}_{um}=50$。从内容提要 2 可知，相频特性由五段折线，四个拐点组成，这四个拐点对应的频率分别为 $0.1f_L$、$10f_L$、$0.1f_H$、$10f_H$，即频率 f 为 10、10^3、10^5、10^7 Hz 处。由此判断出下限截止频率 $f_L=10^2$ Hz，上限截止频率 $f_H=10^6$ Hz。由式（3－3）可知电路的电压放大倍数表达式为

$$\dot{A}_u=\frac{50\mathrm{j}\frac{f}{10^2}}{\left(1+\mathrm{j}\frac{f}{10^2}\right)\left(1+\mathrm{j}\frac{f}{10^6}\right)}=\frac{0.5\mathrm{j}f}{\left(1+\mathrm{j}\frac{f}{10^2}\right)\left(1+\mathrm{j}\frac{f}{10^6}\right)}$$

（2）因为$\dot{A}_{um}=50$，所以幅频特性中频段纵坐标为 $20\lg|\dot{A}_{um}|\approx34$dB，由此画出幅频特性波特图如图 3－10 所示。

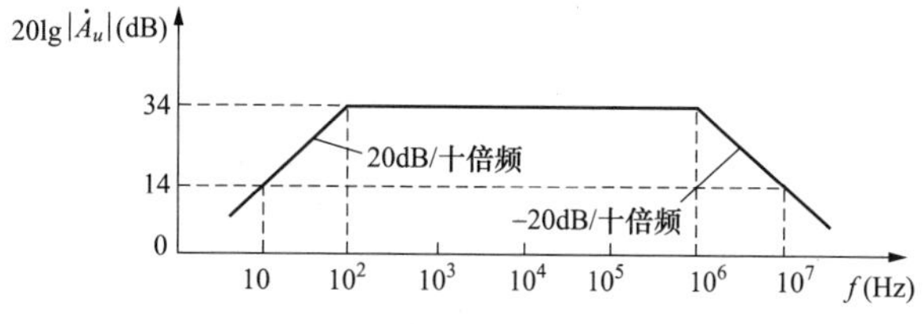

图 3－10 例 3－4 幅频特性图

【解题指导与点评】 本题的考点是放大电路的波特图与放大倍数的对应关系。本题的解题关键是根据给出的相频特性波特图确定关键参数$\dot{A}_{um}$、f_L 和 f_H。有了这些关键参数，就可以根据式（3－3）写出电路的电压放大倍数的表达式并且画出电路的幅频特性波特图。

自测题

一、填表

$\lvert\dot{A}_u\rvert$	0.01	0.1	0.707	10	100	1000
$20\lg\lvert\dot{A}_u\rvert$ (dB)						

二、填空题

1. 从单管共射放大电路的波特图可以看出，放大电路在低频段相当于________电路，在高频段相当于________电路。

2. 直接耦合电路在高频时，其放大倍数与中频时相比会________。

3. 单管共射放大电路的放大倍数在中频时的相角为________，当 $f=f_L$ 时，相角为________，当 $f=f_H$ 时，相角为________；单管共集放大电路的放大倍数在中频时的相角为________，当 $f=f_L$ 时，相角为________，当 $f=f_H$ 时，相角为________。

4. 已知电路的电压放大倍数

$$\dot{A}_u=\frac{-30\mathrm{j}f}{\left(1+\mathrm{j}\frac{f}{10}\right)\left(1+\mathrm{j}\frac{f}{10^4}\right)}$$

则该电路的$\dot{A}_{um}=$________，$f_L=$________ Hz、$f_H=$________ Hz，电路有________个耦合或旁路电容。

三、分析计算题

1. 已知单管共射放大电路的幅频特性如题图 3－2 所示。

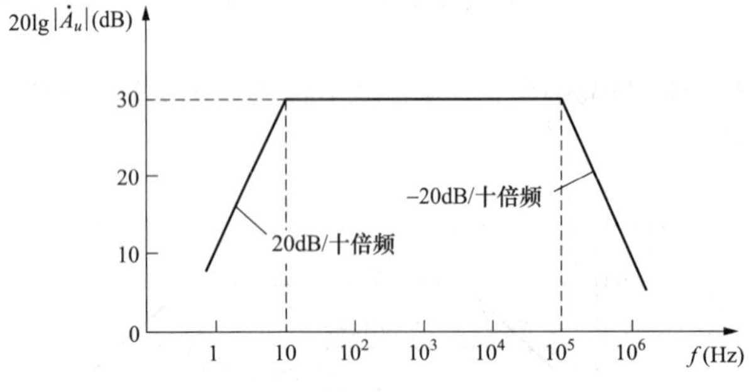

题图 3－2

（1）求解电路的$\dot{A}_{um}$、f_L 和 f_H；

（2）画出电路的相频特性。

2. 已知电路的电压放大倍数

$$\dot{A}_u=\frac{-100}{\left(1+\frac{10}{\mathrm{j}f}\right)\left(1+\frac{100}{\mathrm{j}f}\right)\left(1+\mathrm{j}\frac{f}{10^5}\right)}$$

试写出该电路的$\dot{A}_{um}$、f_L 和 f_H，并画出电路的波特图。

课题三　多级放大电路的频率响应

内容提要

1. 多级放大电路的幅频特性和相频特性

设多级放大电路中每一级的电压放大倍数分别为$\dot{A}_{u1}$，$\dot{A}_{u2}$，…，$\dot{A}_{un}$，则总的电压放大倍数

$$\dot{A}_u=\dot{A}_{u1}\cdot\dot{A}_{u2}\cdot\cdots\cdot\dot{A}_{un} \tag{3-4}$$

多级放大电路的对数幅频特性等于各级幅频特性的代数和，而总的相移也等于各级放大电路的相移之和。因此只要把各级的波特图画在一起，然后把对应于同一频率的纵坐标值叠加起来，就可以绘制出多级放大电路的波特图了。

需要注意的是，多级放大电路总的上限截止频率比任何一级的上限截止频率都要低，总的下限截止频率比任何一级的下限截止频率都要高，也就是说多级放大电路总的通频带比组成它的任何一级电路的通频带都要窄。

2. 多级放大电路的截止频率的估算

多级放大电路的上限截止频率与各单级放大电路上限截止频率之间存在以下关系

$$\frac{1}{f_H}\approx1.1\sqrt{\frac{1}{f_{H1}^2}+\frac{1}{f_{H2}^2}+\cdots+\frac{1}{f_{Hn}^2}} \tag{3-5}$$

多级放大电路的下限截止频率与各单级放大电路下限截止频率之间存在以下关系

$$f_L\approx1.1\sqrt{f_{L1}^2+f_{L2}^2+\cdots+f_{Ln}^2} \tag{3-6}$$

在多级放大电路中，若某级放大电路的下限截止频率远高于其他各级的下限截止频率，可以认为总的下限截止频率近似等于该级的下限截止频率；若某级的上限截止频率远低于其他各级的上限截止频率，可以认为整个电路的上限截止频率近似等于该级的上限截止频率。

典型例题

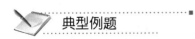

【例 3-5】　若三级放大电路中各级的中频电压增益分别为 20、30dB 和 10dB，则该电路总的中频电压增益为多少分贝？该电路的中频电压放大倍数等于多少？

解　三级放大电路总的电压增益为各级电压增益之积，但是多级放大电路的对数幅频特

性等于各级幅频特性的代数和。题目中给出的是对数分贝值，因此总的中频电压增益 $20\lg|\dot{A}_{um}|=60\text{dB}$。由于题目中未给出各级电路的接法，无法判断中频放大倍数的符号，该电路的中频电压放大倍数 $\dot{A}_{um}=\pm1000$。

【解题指导与点评】 本题的考点是多级放大电路的幅频特性和各级幅频特性的关系。只要清楚多级放大电路的对数幅频特性为各级幅频特性的代数和，就可以很容易地计算出电路总的中频电压增益及中频电压放大倍数。

【例 3-6】 已知电路的电压放大倍数为

$$\dot{A}_u=\frac{100\mathrm{j}f}{\left(1+\mathrm{j}\frac{f}{10}\right)\left(1+\mathrm{j}\frac{f}{10^5}\right)\left(1+\mathrm{j}\frac{f}{10^6}\right)}$$

(1) 该电路为几级放大电路?

(2) 试写出电路的 $\dot{A}_{um}$、f_L、f_H;

(3) 画出电路的幅频特性波特图。

解 (1) 观察电压放大倍数公式的分母，可知该电路在高频段有两个不同的上限截止频率，分别是 10^5 Hz 和 10^6 Hz，说明电路中有两个极间电容，也就是有两个晶体管，因此该电路为两级放大电路。

(2) 将题目中给出的计算公式变形，并和具有一个下限截止频率和两个不同的上限截止频率的电路的电压放大倍数计算公式进行对比，得

$$\dot{A}_u=\frac{100\mathrm{j}f}{\left(1+\mathrm{j}\frac{f}{10}\right)\left(1+\mathrm{j}\frac{f}{10^5}\right)\left(1+\mathrm{j}\frac{f}{10^6}\right)}$$

$$=\frac{1000\mathrm{j}\frac{f}{10}}{\left(1+\mathrm{j}\frac{f}{10}\right)\left(1+\mathrm{j}\frac{f}{10^5}\right)\left(1+\mathrm{j}\frac{f}{10^6}\right)}$$

$$=\dot{A}_{um}\cdot\frac{\mathrm{j}\frac{f}{f_L}}{\left(1+\mathrm{j}\frac{f}{f_L}\right)\left(1+\mathrm{j}\frac{f}{f_{H1}}\right)\left(1+\mathrm{j}\frac{f}{f_{H2}}\right)}$$

中频放大倍数 $\dot{A}_{um}=1000$，$f_L=10\text{Hz}$，$f_{H1}=10^5\text{Hz}$，$f_{H2}=10^6\text{Hz}$，因为 $f_{H2}\gg f_{H1}$，所以放大电路总的上限截止频率 f_H 近似为较小的频率值 f_{H1}，即 $f_H=10^5\text{Hz}$。

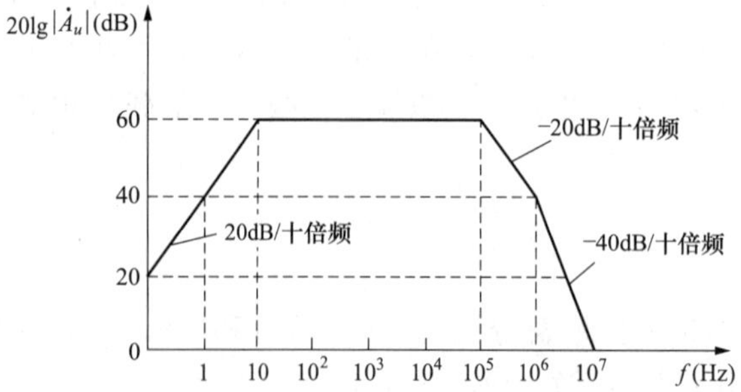

图 3-11 例 3-6 图

(3) 由以上分析可知，对数幅频特性纵坐标 $20\lg|\dot{A}_{um}|=60\text{dB}$，先在两个拐点 f_L (10Hz) 与 f_H (10^5Hz) 之间画一条纵坐标为 60dB 的直线作为中频段，低频段画一条斜率为 20dB/十倍频的直线，高频段有两个拐点，所以在 f_{H1} (10^5Hz) 和 f_{H2} (10^6Hz) 之间为一条斜率为 -20dB/十倍频的直线，而

当频率大于 f_{H2}（10^6 Hz）时，直线的斜率变为−40dB/十倍频。幅频特性波特图如图 3-11 所示。

【解题指导与点评】 本题的考点是多级放大电路波特图的画法。做这类题目时，首先根据所给放大倍数计算公式的分母判断电路中下限截止频率和上限截止频率的个数，其中下限截止频率的个数决定的是电路中耦合或旁路电容的个数，而上限截止频率的个数决定了极间电容的个数，也就决定了该多级放大电路由几级构成。和单管放大电路一样，画多级放大电路的波特图之前也要将题目中给出的放大倍数的计算公式变形为标准格式，将其与具有相应上限截止频率和下限截止频率的公式对比，得到电路的主要参数 $\dot{A}_{um}$、f_L、f_H，再根据这些参数画出波特图即可。

自测题

一、填空题

1. 已知多级放大电路的中频电压增益为 60dB，中频时的相移为 0°，则该电路的中频放大倍数为________；若输入正弦信号，其有效值为 5mV，则输出信号有效值为________ V。

2. 已知某放大电路的波特图如题图 3-3 所示，请解答（2011 年中山大学硕士研究生考试试题）。

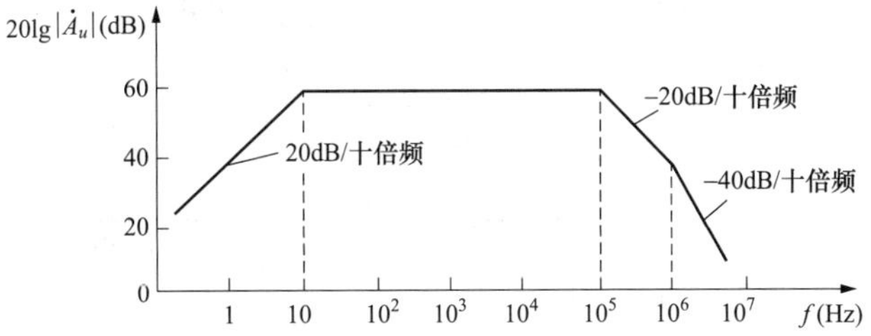

题图 3-3

（1）电路的中频电压增益 $20\lg|\dot{A}_{um}|=$________ dB，$\dot{A}_{um}=$________；

（2）电路的下限截止频率 $f_L\approx$________ Hz，上限截止频率 $f_H\approx$________ Hz；

（3）电路的电压放大倍数计算公式 $\dot{A}_u=$________。

二、分析计算题

某放大电路的放大倍数为

$$\dot{A}_u=\frac{1000}{\left(1+\mathrm{j}\,\dfrac{f}{10^3}\right)\left(1+\mathrm{j}\,\dfrac{f}{10^5}\right)}$$

（1）说明放大电路的级数和耦合方式；

（2）求解电路的中频电压放大倍数 $\dot{A}_{um}$ 和上限截止频率 f_H；

（3）画出电路的波特图。

习题精选

一、填空题

1. 放大电路的通频带 $f_{bw}=$________。多级放大电路的通频带比其中各个单级放大电路的通频带都________。

2. 已知某一放大器的频率特性表达式为$\dot{A}_u=\dfrac{-500}{1+j\dfrac{f}{10^5}}$，则该放大器的中频电压增益$\dot{A}_{um}=$________，上限截止频率 $f_H=$________ Hz。

3. 若信号带宽大于放大电路的通频带，电路会产生________失真。

4. 已知某电路的波特图如题图 3－4 所示，试分析：

(1) 此电路为________通电路；

(2) 电路的截止频率为________MHz；

(3) 写出电路的频率响应表达式。

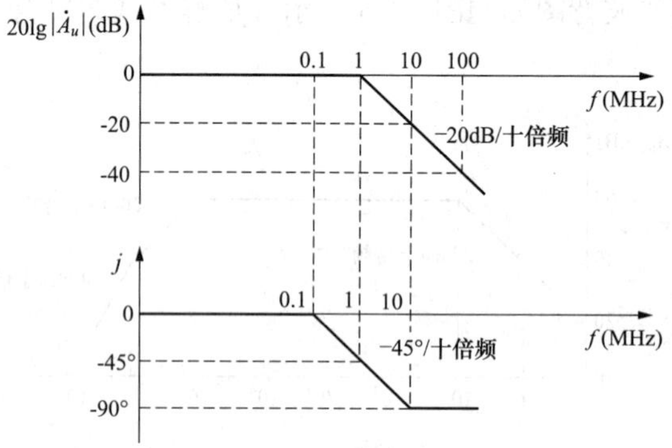

题图 3－4

二、选择题

1. 在实验室里测试放大电路的上、下限截止频率的条件是____。

A. 输入信号的幅值不变，改变频率

B. 输入信号的频率不变，改变幅值

C. 输入信号的幅值和频率同时变化

2. 多级放大电路放大倍数的波特图是____。

A. 各级波特图的叠加

B. 各级波特图的乘积

C. 各级波特图中通频带最窄的那个

三、分析计算题

1. 已知某共射放大电路的波特图如题图 3－5 所示，试写出$\dot{A}_u$ 的表达式。

2. 假设某单管共射电路放大倍数的对数幅频特性如题图 3－6 所示（北京科技大学 2012 年硕士研究生考试试题）。

（1）求出该放大电路的中频放大倍数$\dot{A}_{um}$、下限截止频率 f_L 和上限截止频率 f_H；
（2）说明该放大电路的耦合方式；
（3）画出相应的对数相频特性。

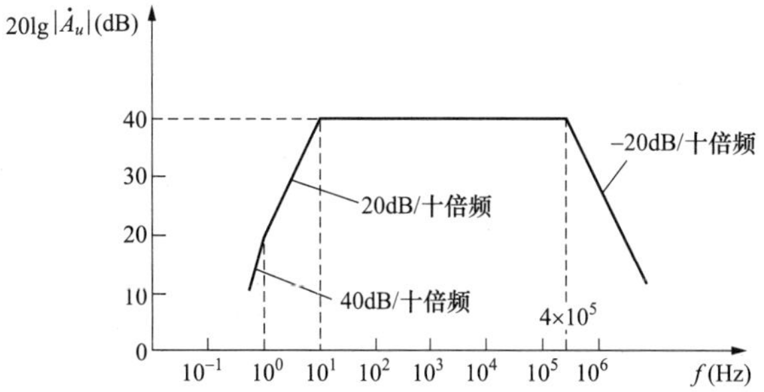

题图 3－5

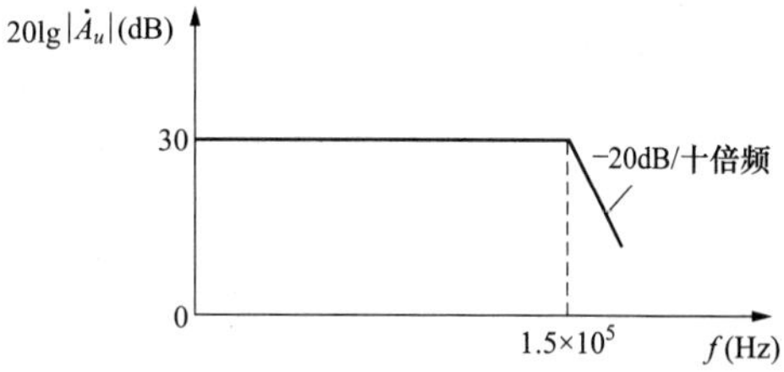

题图 3－6

3. 已知一个两级放大电路各级电压放大倍数分别为

$$\dot{A}_{u1}=\frac{\dot{U}_{o1}}{\dot{U}_i}=\frac{-25jf}{\left(1+j\dfrac{f}{4}\right)\left(1+j\dfrac{f}{10^5}\right)},\quad \dot{A}_{u2}=\frac{\dot{U}_o}{\dot{U}_{i2}}=\frac{-2jf}{\left(1+j\dfrac{f}{50}\right)\left(1+j\dfrac{f}{10^5}\right)}$$

按要求回答问题（军械工程学院 2012 年硕士研究生考试试题）。
（1）写出该放大电路的电压放大倍数的表达式；
（2）该电路的 f_L 和 f_H 各为多少？
（3）画出该电路的波特图。

第四章　集成运算放大电路及其应用

重点：差模信号与共模信号的概念，差分放大电路的静态和动态参数的分析，由集成运算放大电路组成的基本运算电路的分析。

难点：差分放大电路的静态参数和动态参数的分析，积分电路输出波形的分析。

要求：熟练掌握共模信号和差模信号的概念；了解集成运算放大器的特点和组成；掌握理想运算放大器处于线性区的特点；熟练掌握各种差分放大电路的静态和动态参数的分析方法；熟练掌握比例运算电路、求和运算电路、加减运算电路的组成和运算关系，能够按要求设计基本运算电路；熟练掌握积分运算电路的组成和运算关系，能够根据积分运算电路的输入波形画出输出波形。

课题一　差分放大电路

内容提要

1. 基本概念

(1) 差分放大电路的特点

差分放大电路用于放大两个输入信号之差，是一种直接耦合放大电路，具有良好的电路对称性，能够有效地抑制温度漂移，常应用于集成运算放大电路作为输入级。

(2) 共模信号与差模信号

共模信号：u_{I1}与u_{I2}大小相等、极性相同。差分放大电路对共模信号有抑制作用，因此共模信号对差分放大电路是无用信号。共模输入信号定义为两个输入信号的平均值，即

$$u_{Ic}=\frac{u_{I1}+u_{I2}}{2} \tag{4-1}$$

差模信号：u_{I1}与u_{I2}大小相等、极性相反。差分放大电路对差模信号有放大作用，因此差模信号对差分放大电路是有用信号。差模输入信号定义为两个输入信号的差值，即

$$u_{Id}=u_{I1}-u_{I2} \tag{4-2}$$

2. 差分放大电路的分析方法

差分放大电路的分析包括静态分析和动态分析。静态分析通常要求计算VT1和VT2的集电极电流I_{C1}、I_{C2}和集电极电位U_{C1}、U_{C2}；动态分析要求会计算差模放大倍数A_d、输入电阻R_i和输出电阻R_o。

静态分析方法：将交流输入信号短路并接地，找到VT1或VT2所在的输入回路，计算出电路的I_{C1}和I_{C2}，再根据输出回路确定电路的U_{C1}和U_{C2}。

动态分析方法：画出差分放大电路的差模交流等效电路，计算电路的差模放大倍数A_d、R_i和R_o。

3. 长尾式差分放大电路

长尾式差分放大电路由两个参数、结构完全相同的共射放大电路组成，基极电阻均为 R_b，集电极电阻均为 R_c，且两个晶体管的发射极接入公共电阻 R_e，电路如图 4-1 所示。

(1) 静态分析。当输入电压 u_{I1} 与 u_{I2} 均为零时，电路处于静态。

晶体管的集电极电流为

$$I_{C1}=I_{C2}=I_C\approx I_E=\frac{V_{EE}-U_{BE}}{2R_e} \quad (4-3)$$

晶体管基极、发射极和集电极的电位分别为

$$U_{B1}=U_{B2}=-I_{B1}R_b\approx 0 \quad (4-4)$$

$$U_{E1}=U_{E2}=-U_{BE} \quad (4-5)$$

$$U_{C1}=U_{C2}=V_{CC}-I_CR_c \quad (4-6)$$

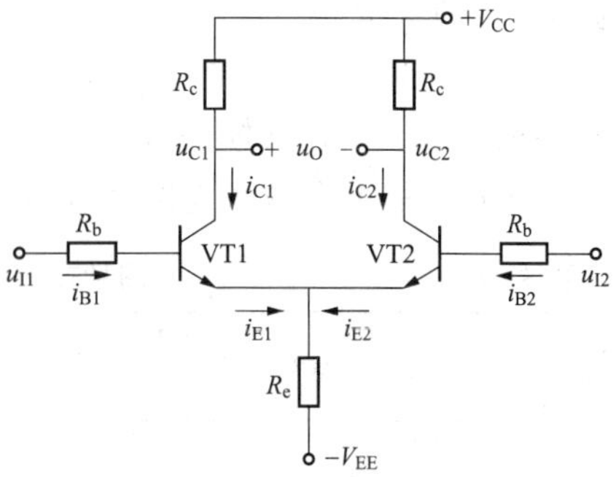

图 4-1　长尾式差分放大电路

需要注意的是，当该电路的输出端接入负载电阻 R_L 时，因为 $U_{C1}=U_{C2}$，所以负载电阻上无电流流过，以上所有静态参数均不变。

(2) 动态分析。若电路接入共模信号 $u_{I1}=u_{I2}=u_{IC}$，则电路的共模放大倍数

$$A_c=\frac{\Delta u_{Oc}}{\Delta u_{Ic}}=\frac{\Delta u_{C1}-\Delta u_{C2}}{\Delta u_{Ic}}=0 \quad (4-7)$$

式 (4-7) 说明，在电路参数对称的理想情况下，该电路可以将共模信号完全抑制，使 $A_c=0$。

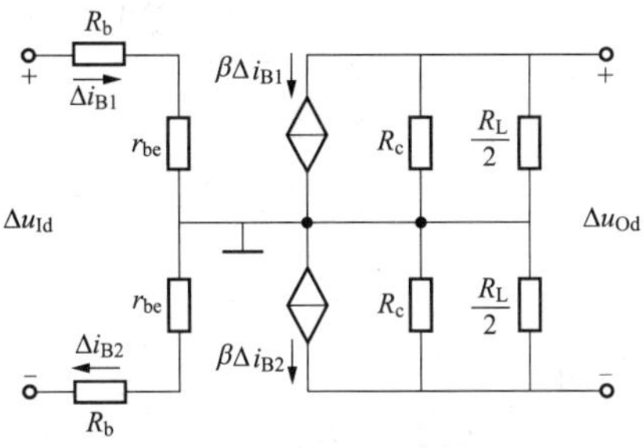

图 4-2　长尾式差分放大电路的差模交流等效电路

若电路加入差模信号 u_{Id}，并且在输出端加入负载电阻 R_L，电路的交流等效电路如图 4-2 所示。

在差模有用信号作用下，电路的差模放大倍数、输入电阻和输出电阻为

$$A_d=\frac{\Delta u_{Od}}{\Delta u_{Id}}=-\frac{\beta\left(R_c\,//\,\frac{R_L}{2}\right)}{R_b+r_{be}} \quad (4-8)$$

$$R_i=2(R_b+r_{be}) \quad (4-9)$$

$$R_o=2R_c \quad (4-10)$$

4. 差分放大电路的四种接法

差分放大电路分为四种接法，分别是：双端输入、双端输出，单端输入、双端输出，双端输入、单端输出，单端输入、单端输出。需要注意的是，若两个输入端悬空，则该电路为双端输入；若两个输入端一端接地，则为单端输入。若输出信号取自两个晶体管的集电极（输出信号悬空），则该电路为双端输出；若输出信号只取自 VT1 或 VT2 的集电极（输出信号一端接地），则为单端输出。长尾式差分放大电路是典型的双端输入、双端输出电路。

5. 差分放大电路的动态参数分析要点

(1) 共模放大倍数 A_c 与输出端接法有关，双端输出电路的 $A_c=0$；单端输出电路若发射极电阻 R_e取值很大或两管发射极接入恒流源电路，则该电路的 $A_c\approx 0$。

(2) 差模放大倍数 A_d 的正负与输出端接法有关。双端输出电路输出信号与输入信号反

相，A_d 为负值；从 VT1 管集电极取输出电压的单端输出电路的 A_d 为负值；从 VT2 管集电极取输出电压的单端输出电路的 A_d 则为正值。

(3) 输出电阻与输出方式有关，双端输出电路的输出电阻 R_o 一般为 $2R_c$，而单端输出电路 R_o 一般为 R_c。

(4) 在 VT1 管基极接入输入信号的单端输入电路与双端输入电路的动态参数相同，只是单端输入电路存在共模信号。

四种接法的差分放大电路及其参数分析见表 4-1。

表 4-1　四种接法的差分放大电路及其参数分析

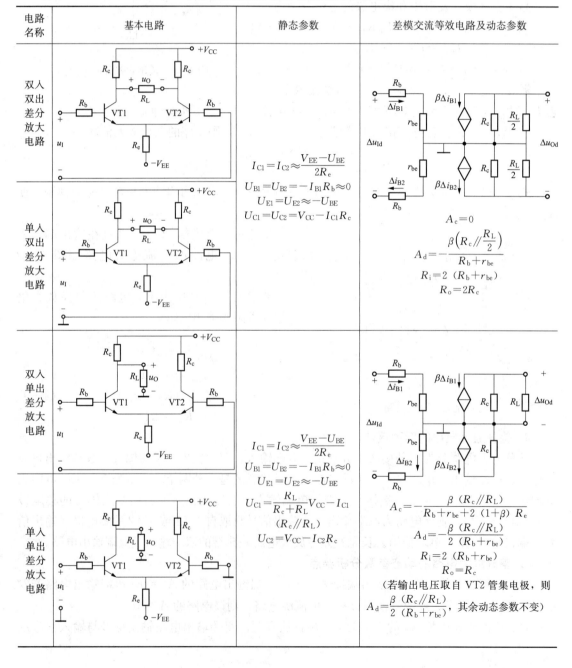

电路名称	基本电路	静态参数	差模交流等效电路及动态参数
双入双出差分放大电路	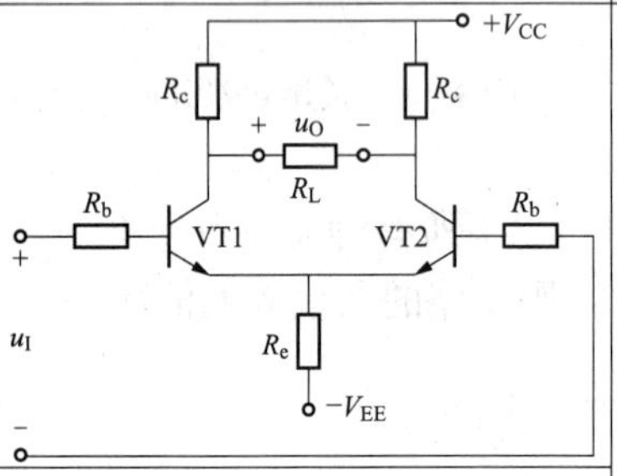	$I_{C1}=I_{C2}\approx\frac{V_{EE}-U_{BE}}{2R_e}$ $U_{B1}=U_{B2}=-I_{B1}R_b\approx0$ $U_{E1}=U_{E2}\approx-U_{BE}$ $U_{C1}=U_{C2}=V_{CC}-I_{C1}R_c$	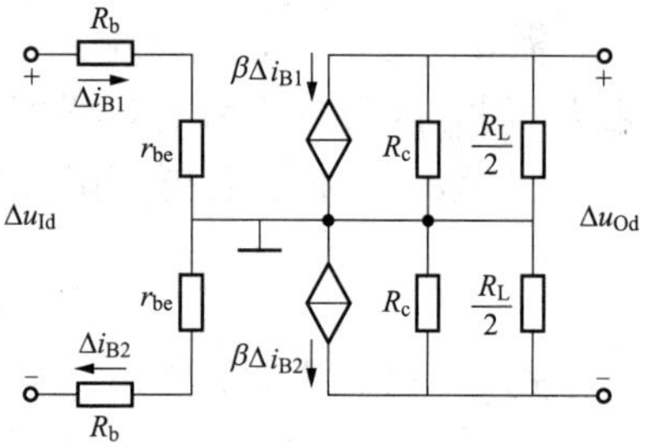 $A_c=0$ $A_d=-\frac{\beta\left(R_c//\frac{R_L}{2}\right)}{R_b+r_{be}}$ $R_i=2\ (R_b+r_{be})$ $R_o=2R_c$
单入双出差分放大电路	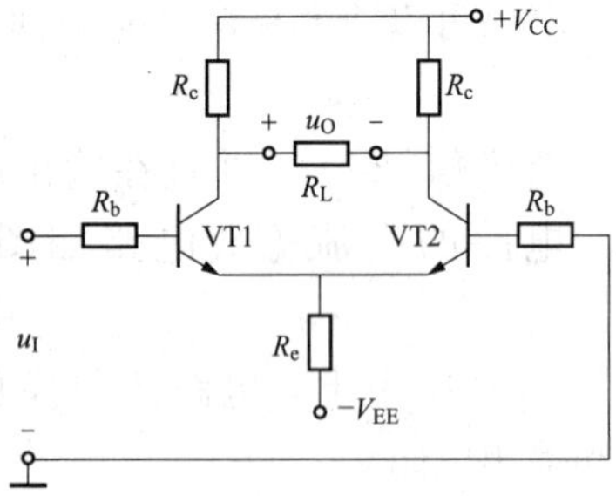		
双入单出差分放大电路	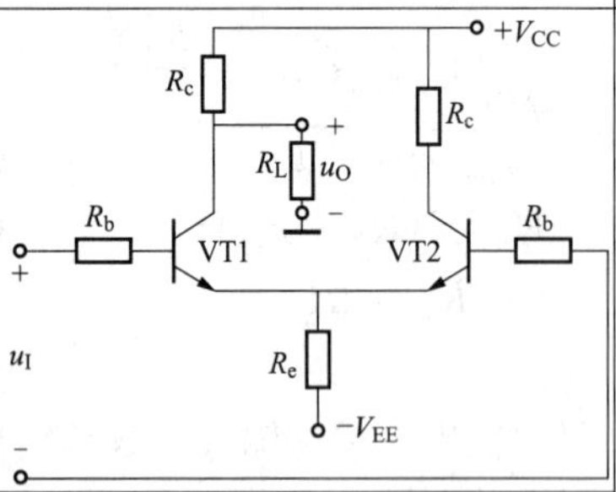	$I_{C1}=I_{C2}\approx\frac{V_{EE}-U_{BE}}{2R_e}$ $U_{B1}=U_{B2}=-I_{B1}R_b\approx0$ $U_{E1}=U_{E2}\approx-U_{BE}$ $U_{C1}=\frac{R_L}{R_c+R_L}V_{CC}-I_{C1}$ $(R_c//R_L)$ $U_{C2}=V_{CC}-I_{C2}R_c$	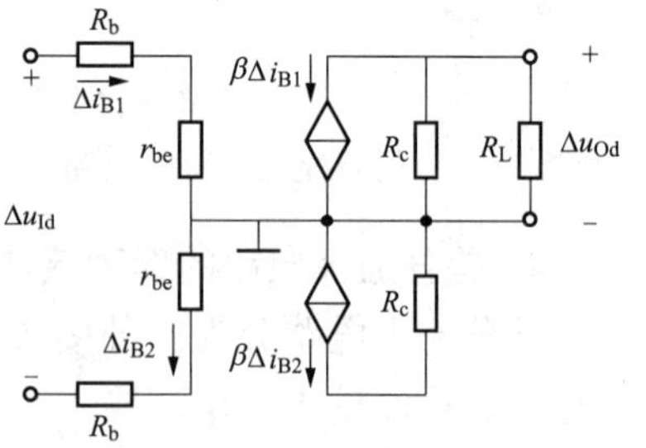 $A_c=-\frac{\beta\ (R_c//R_L)}{R_b+r_{be}+2\ (1+\beta)\ R_e}$ $A_d=-\frac{\beta\ (R_c//R_L)}{2\ (R_b+r_{be})}$ $R_i=2\ (R_b+r_{be})$ $R_o=R_c$ (若输出电压取自 VT2 管集电极，则 $A_d=\frac{\beta\ (R_c//R_L)}{2\ (R_b+r_{be})}$，其余动态参数不变)
单入单出差分放大电路	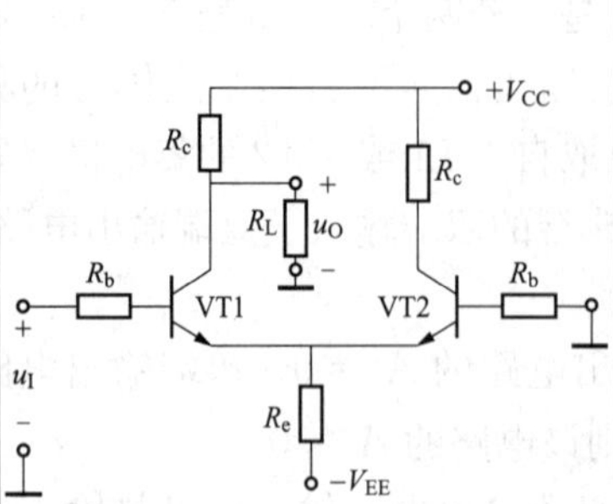		

6. 两种带调零电位器的差分放大电路

差分放大电路的参数很难做到理想对称，所以经常在电路中加入调零电位器 R_P 实现调零（即保证 $u_{I1}=u_{I2}=0$ 时电路的静态输出电压 $U_O=0$）。需要注意的是，电路中加入 R_P 之后对电路参数会有一定的影响。两种加入 R_P 的差分放大电路及其参数分析见表 4－2。

表 4－2　两种加入 R_P 的差分放大电路及其参数分析

序号	基本电路	静态参数	R_P 滑动端在中点时的交流等效电路及动态参数
1	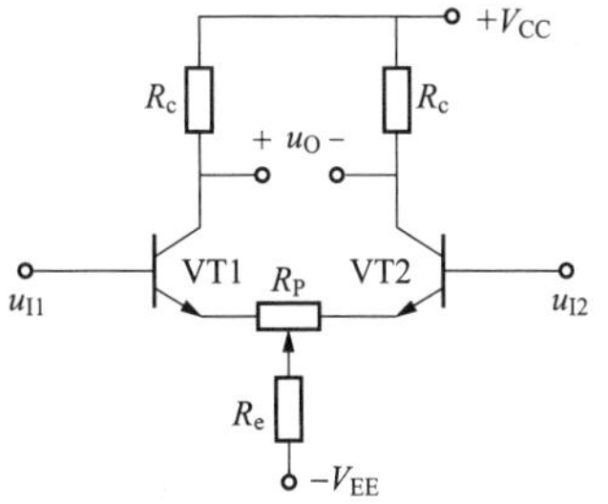	$I_{C1}=I_{C2}=\dfrac{V_{EE}-U_{BE}}{2R_e+\dfrac{R_P}{2}}$ $U_{B1}=U_{B2}=0$ $U_{E1}=U_{E2}=-U_{BE}$ $U_{C1}=U_{C2}=V_{CC}-I_{C1}R_c$	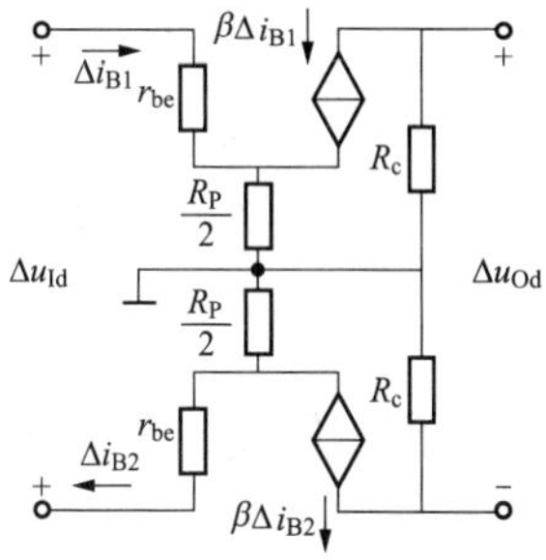 $A_d=-\dfrac{\beta R_c}{r_{be}+(1+\beta)\dfrac{R_P}{2}}$ $R_i=2r_{be}+(1+\beta)R_P$ $R_o=2R_c$
2	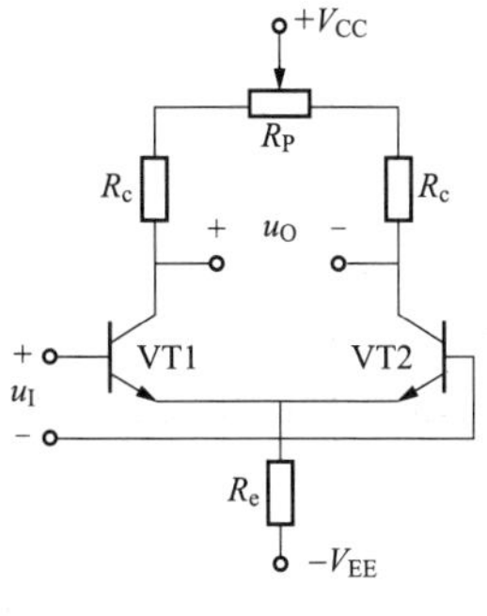	$I_{C1}=I_{C2}=\dfrac{V_{EE}-U_{BE}}{2R_e}$ $U_{B1}=U_{B2}=0$ $U_{E1}=U_{E2}=-U_{BE}$ $U_{C1}=U_{C2}=V_{CC}-I_{C1}\left(R_c+\dfrac{R_P}{2}\right)$	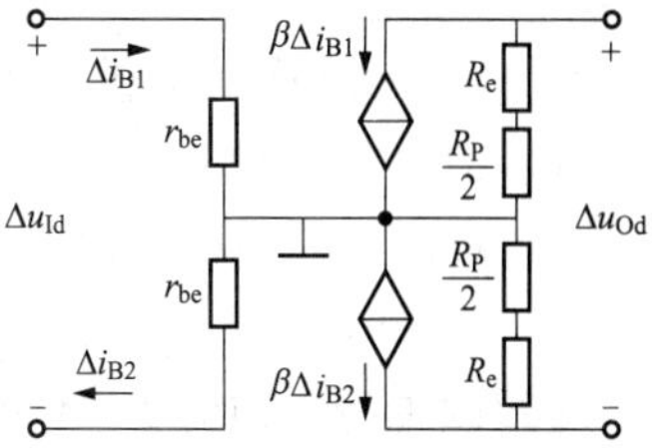 $A_d=-\dfrac{\beta\left(R_c+\dfrac{R_P}{2}\right)}{r_{be}}$ $R_i=2r_{be}$ $R_o=2R_c+R_P$

7. 恒流源式差分放大电路

恒流源式差分放大电路采用等效电阻很大的恒流源代替 R_e，既能有效地抑制温漂，提高电路的共模抑制比，又不需要过大的负电源 V_{EE}。同时，恒流源还能为晶体管 VT1 和 VT2 提供静态电流。

恒流源式差分放大电路的分析方法与普通的差分放大电路有一些不同。静态分析时应从恒流源着手，首先确定恒流源为电路提供的恒定电流（即电路中 VT1 和 VT2 的发射极电流之和），然后再计算晶体管的集电极电流（VT1 和 VT2 的 I_{C1} 和 I_{C2} 近似为该恒定电流除以 2）。恒流源的共模负反馈电阻为无穷大，即使是单端输出的恒流源式差分放大电路的共模放大倍数也可近似为零。差模信号作用时，恒流源仍视为交流短路，此时电路的差模放大倍数、输入电阻、输出电阻与普通差分放大电路相同。

恒流源式差分放大电路如图 4-3 所示。

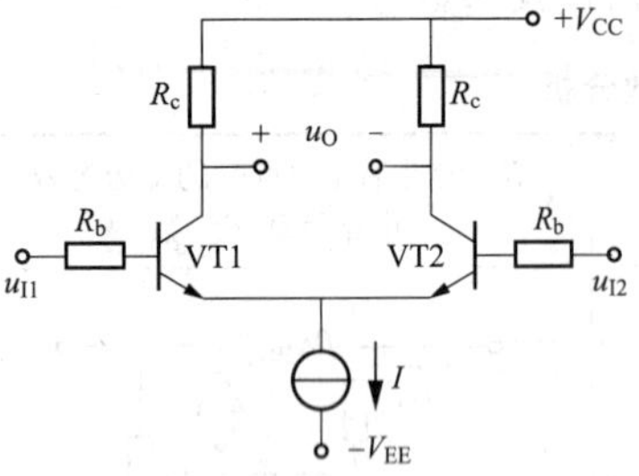

图 4-3 恒流源式差分放大电路

静态参数分析如下：

$$I_{C1}=I_{C2}=I_C\approx I_E=\frac{I}{2} \tag{4-11}$$

$$U_{C1}=U_{C2}=V_{CC}-I_CR_c \tag{4-12}$$

动态参数分析如下：

$$A_d=-\frac{\beta R_c}{R_b+r_{be}} \tag{4-13}$$

$$R_i=2(R_b+r_{be}) \tag{4-14}$$

$$R_o=2R_c \tag{4-15}$$

典型例题

【例 4-1】 填空题

1. 为了减小温度漂移，集成运算放大电路的输入级大多采用________电路。

2. 差分放大电路具有电路结构________的特点，能放大________信号，抑制________信号。

3. 在双端输入、双端输出差分放大电路中，若两个输入端的电压 $u_{I1}=u_{I2}$，则输出电压 $u_O=$________。若 $u_{I1}=+50\text{mV}$，$u_{I2}=+10\text{mV}$，则该差分放大电路的共模输入信号 $u_{Ic}=$________ mV，差模输入电压 $u_{Id}=$________ mV。

解 1. 差分放大。

2. 对称，差模，共模。

3. 0，30，40。

【解题指导与点评】 本题的考点是差分放大电路的特点和差模信号、共模信号的基本概念。这些基本概念在课题一的内容提要部分均有详述。第 3 小题中的共模输入信号和差模输入信号根据式（4-1）和式（4-2）可以轻松地计算出来。

【例 4-2】 差分放大电路如图 4-4 所示，已知电路参数理想对称，且 $U_{BE1}=U_{BE2}=U_{BE}$，$\beta_1=\beta_2=\beta$，$r_{be1}=r_{be2}=r_{be}$，R_P 的滑动端处于中点。

(1) 写出晶体管的静态参数 I_{C1}、I_{C2}、U_{C1}、U_{C2} 的表达式；

(2) 写出 R_P 的滑动端在中点时 A_d、R_i 和 R_o 的表达式。

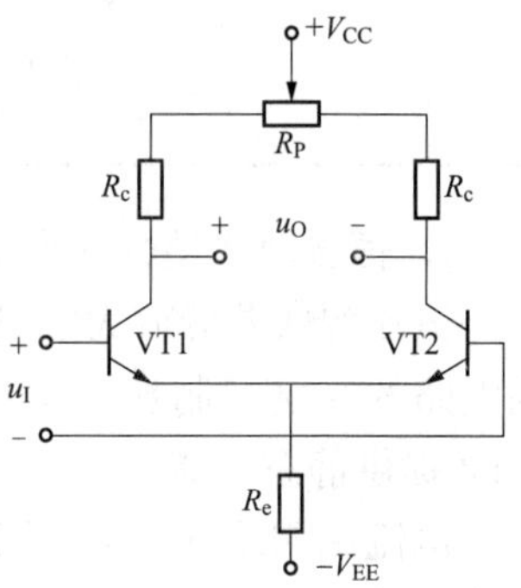

图 4-4 例 4-2 图

解 (1) 当输入电压的正负两端短路并接地时电路处于静态。因为 R_e 上流过的电流为两个晶体管发射极电流之和，所以 VT1 和 VT2 所在的输入回路电压关系为

$$V_{EE}=U_{BE}+2I_ER_e$$

静态分析时一般认为晶体管的集电极电流和发射极电流近似相等，所以晶体管的集电极电流为

$$I_{C1}=I_{C2}=I_C\approx I_E=\frac{V_{EE}-U_{BE}}{2R_e}$$

而晶体管的集电极电位为

$$U_{C1}=U_{C2}=V_{CC}-I_C(R_c+\frac{R_P}{2})$$

(2) R_P 的滑动端在中点时 A_d、R_i 和 R_o 的表达式为

$$A_d=-\frac{\beta\left(R_c+\frac{R_P}{2}\right)}{r_{be}}$$

$$R_i=2r_{be}$$

$$R_o=2R_c+R_P$$

【解题指导与点评】 本题的考点是带有调零电位器的差分放大电路的静态和动态分析。该电路实际上就是由去掉基极电阻和负载电阻的长尾式差分放大电路加上调零电位器 R_P 组成的。只是 R_P 的加入使得电路的静态输出回路和交流输出回路发生了变化，所以静态参数 U_{C1}、U_{C2} 以及差模放大倍数 A_d、输出电阻 R_o 也有了相应的变化，在对该电路进行静态和动态分析时尤其需要注意这些变化。

【例 4-3】 电路如图 4-5 所示，晶体管的 $U_{BE}=0.7V$，$\beta=50$，$r_{bb'}=100\Omega$。

(1) 计算静态时 VT1 管和 VT2 管的集电极电流和集电极电位；

(2) 计算电路的 A_d、R_i 和 R_o；

(3) 若输入端加入的是直流电压，且 $U_I=10mV$，则此时直流输出电压 U_O 等于多少？

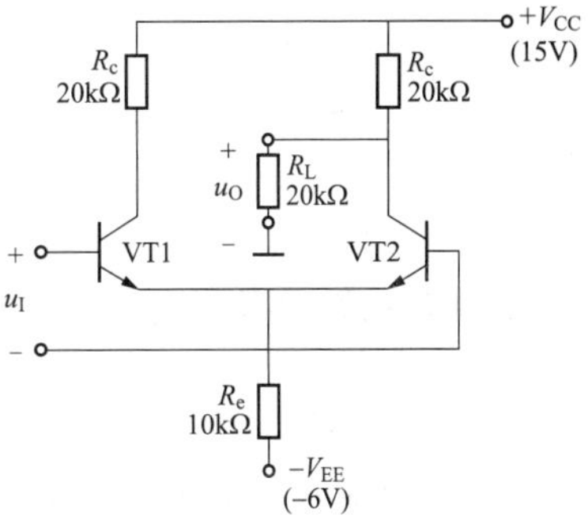

图 4-5　例 4-3 图

解　(1) 晶体管的集电极电流与双端输出电路相同，即

$$I_{C1}=I_{C2}=I_C\approx I_E=\frac{V_{EE}-U_{BE}}{2R_e}=0.265mA$$

VT1 管的集电极电位为

$$U_{C1}=V_{CC}-I_CR_c=9.7V$$

VT2 管的集电极电位为

$$U_{C2}=\frac{R_L}{R_c+R_L}V_{CC}-I_C(R_c\,/\!/\,R_L)=4.85V$$

(2) 电路的 r_{be}、A_d、R_i 和 R_o 计算如下：

$$r_{be}=r_{bb'}+(1+\beta)\frac{U_T}{I_E}=5.1k\Omega$$

$$A_d=\frac{\beta(R_c\,/\!/\,R_L)}{2r_{be}}=49$$

$$R_i=2r_{be}=10.2k\Omega$$

$$R_o = R_c = 20\text{k}\Omega$$

(3) 当输入直流电压时，直流输出电压 U_O 等于静态输出电压 U_{C2} 加上直流输入电压 U_I 引起的输出变化量 A_dU_I，即

$$U_O = U_{C2} + A_dU_I = 4.85 + 49 \times 0.01 = 5.34(\text{V})$$

【解题指导与点评】 本题的考点是双端输入、单端输出差分放大电路的分析。该电路的分析并不复杂，其静态和动态参数参见表 4-1。由于该电路并未接入 R_b，因此在套用表 4-1 中给出的双端输入、单端输出差分放大电路计算公式时需要去掉和 R_b 相关的项。第 (3) 小题对差分放大电路来说是比较有代表性的题目，因为差分放大电路是直接耦合电路，能够放大直流信号，所以此时的输出电压不单纯是静态输出电压，而是该电压与直流输入电压引起的输出电压的变化量之和。

【例 4-4】 差分放大电路如图 4-6 所示，VT1、VT2 特性一致，电流放大系数 β、U_{BEQ}，微变参数 r_{be} 已知（燕山大学 2012 年硕士研究生入学考试试题）。

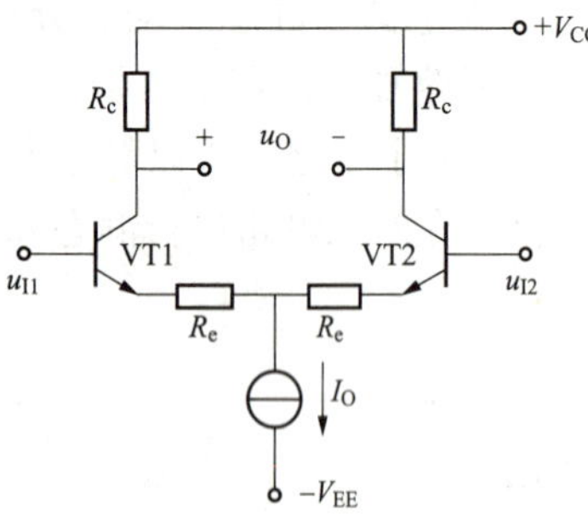

图 4-6 例 4-4 图

(1) 求静态工作点 I_{CQ}、U_{CEQ}；

(2) 计算差模放大倍数 A_d；

(3) 求差模输入电阻 R_{id} 和输出电阻 R_{od}。

解 (1) 静态工作点为

$$I_{CQ} \approx I_{EQ} = \frac{I_O}{2}$$

$$U_{CEQ} = U_{CQ} - U_{EQ} = V_{CC} - I_{CQ}R_c + U_{BEQ}$$

(2) 差模放大倍数为

$$A_d = -\frac{\beta R_c}{r_{be} + (1+\beta)R_e}$$

(3) 差模输入电阻和输出电阻为

$$R_{id} = 2[r_{be} + (1+\beta)R_e]$$

$$R_{od} = 2R_c$$

【解题指导与点评】 本题的考点是双端输入、双端输出恒流源式差分放大电路的分析。需要注意的是，恒流源式差分放大电路的静态集电极电流的计算总是从分析恒流源开始的。另外，该电路在两个晶体管的发射极接入了电阻 R_e，这两个电阻的引入将降低电路的差模放大倍数，增大差模输入电阻。

【例 4-5】 电路如图 4-7 所示，所有晶体管均为硅管，β 均为 60，$r_{bb'} = 100\Omega$。

(1) 试求静态时 VT1 和 VT2 的发射极电流；

(2) 若静态 $U_O = 0\text{V}$，则 $R_{c2} = ?$

(3) 求电路的电压放大倍数、输入电阻和输出电阻。

解 (1) VT3 的集电极电流

$$I_{C3} \approx \frac{U_S - U_{BEQ3}}{R_{e3}} = 0.3\text{mA}$$

静态时 VT1 和 VT2 的发射极电流

$$I_{E1} = I_{E2} = \frac{I_{C3}}{2} = 0.15\text{mA}$$

(2) 当 $u_I=0$ 时 $U_O=0$，VT4 的集电极电流 $I_{C4}=V_{EE}/R_{c4}=0.6\text{mA}$，发射极电流 $I_{C4}\approx I_{E4}$，VT2 的集电极电流 $I_{C2}\approx I_{E2}$，R_{c2}的电流及其阻值分别为

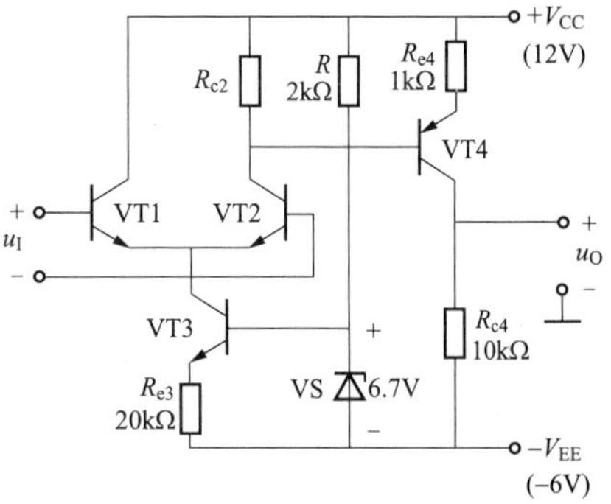

图 4－7　例 4－5 图

$$I_{Rc2}=I_{C2}-I_{B4}=I_{C2}-\frac{I_{C4}}{\beta}=0.14\text{mA}$$

$$R_{c2}=\frac{U_{Rc2}}{I_{Rc2}}=\frac{I_{E4}R_{e4}+|U_{BEQ4}|}{I_{Rc2}}\approx 9.29\text{k}\Omega$$

(3) 电压放大倍数、输入电阻和输出电阻计算如下：

$$r_{be2}=r_{bb'}+(1+\beta)\frac{U_T}{I_{E2}}\approx 10.7\text{k}\Omega$$

$$r_{be4}=r_{bb'}+(1+\beta)\frac{U_T}{I_{E4}}\approx 2.74\text{k}\Omega$$

$$\dot{A}_{u1}=\frac{\beta\{R_{c2}\ /\!/\ [r_{be4}+(1+\beta)R_{e4}]\}}{2r_{be2}}\approx 22.7$$

$$\dot{A}_{u2}=-\frac{\beta R_{c4}}{r_{be4}+(1+\beta)R_{e4}}\approx -9.4$$

$$\dot{A}_u=\dot{A}_{u1}\cdot\dot{A}_{u2}\approx -213.4$$

$$R_i=2r_{be2}=21.4\text{k}\Omega$$

$$R_o=R_{c4}=10\text{k}\Omega$$

【解题指导与点评】 本题的考点是恒流源式差分放大电路和多级放大电路的分析。本题综合性比较强，解题难度比较大。第（1）小题中 VT1 和 VT2 静态发射极电流的计算从恒流源入手即可，恒流源式差分放大电路的恒流源电流等于 VT1 和 VT2 静态发射极电流之和；第（2）小题比较复杂，必须准确计算 R_{c2}上的电压和电流才能算出 R_{c2}的阻值；第（3）小题需要考虑前后级的影响，按照多级放大电路的动态分析方法计算放大倍数、输入电阻和输出电阻。

自测题

一、填空题

1. 差分放大电路的差模信号是两个输入信号的________；而共模信号是两个输入信号的________。

2. 用恒流源取代差分放大电路中的发射极电阻将________电路抑制共模信号的能力。

3. 差分放大电路由双端输入变为单端输入，其差模放大倍数将________。

4. 电路如题图 4－1 所示，已知 VT1 和 VT2 的 β 均为 40，$r_{be}=1\text{k}\Omega$，$V_{CC}=15\text{V}$，$I=2\text{mA}$，则 VT2 集电极对地电位 $U_{CQ2}=$________V，电路的差模放大倍数 $A_d=$________，输入电阻 $R_i=$________kΩ，输出电阻 $R_o=$________kΩ。

二、分析计算题

1. 电路如题图 4－2 所示，晶体管的 $\beta=50$，$r_{bb'}=100\Omega$（军械工程学院 2011 年硕士研

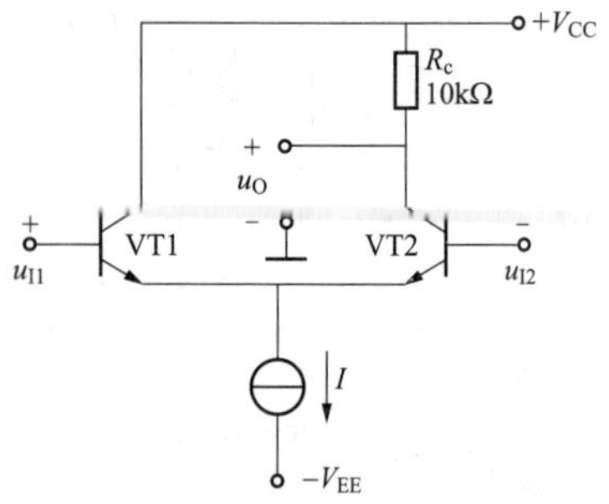

题图 4－1

究生入学考试试题)。

(1) 计算静态时 VT1 和 VT2 的集电极电流和集电极对地电压；

(2) 用直流表测得 $U_O=2V$，求 U_I；若 $U_I=10mV$，则 U_O 为多少?

2. 电路如题图 4－3 所示，电路参数理想对称，晶体管参数 $\beta_1=\beta_2=\beta$，$r_{be1}=r_{be2}=r_{be}$，$U_{BE1}=U_{BE2}=U_{BE}$。

(1) 计算静态时电路的 I_{C1}、I_{C2}、U_{C1}、U_{C2}；

(2) 写出电路的 A_d、R_i 和 R_o 表达式。

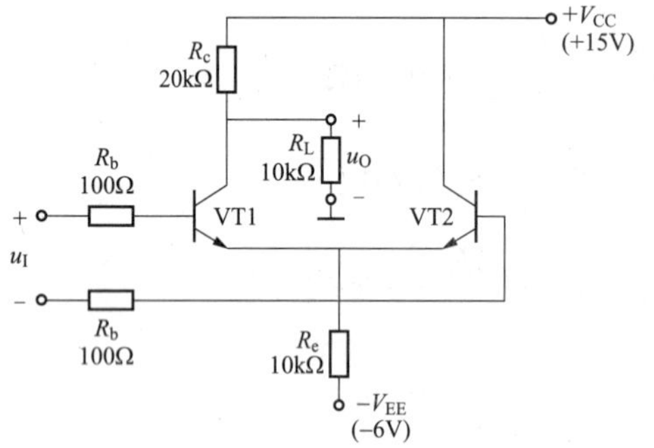

题图 4－2

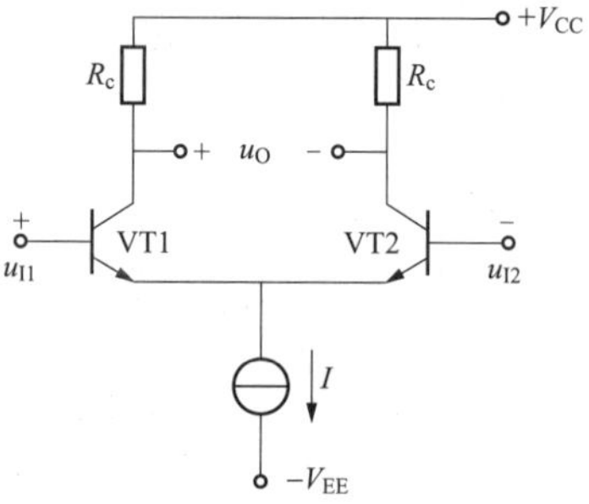

题图 4－3

课题二　集成运算放大电路的基础知识

内容提要

1. 集成运算放大电路的特点和组成

(1) 集成运算放大电路的特点。集成运算放大电路一般是高增益的多级放大电路；采用直接耦合的方式，便于集成；体积小、质量轻、电路复杂。

(2) 集成运算放大电路的组成。集成运算放大电路通常由输入级、中间级、输出级和偏置电路组成。输入级是高性能的、能有效抑制温漂的差分放大电路；中间级是电压放大能力强的共射放大电路；输出级一般采用带负载能力强的互补功率放大电路；偏置电路则采用各种电流源电路为电路提供静态电流。

2. 集成运算放大电路的符号

集成运算放大电路（简称集成运放）的符号如图 4－8 所示。集成运算放大器有两个输入端，分别是同相输入端和反相输入端，其电位分别用 u_P 和 u_N 表示。u_P 与输出信号 u_O 相位相同，而 u_N 与 u_O 相位相反。

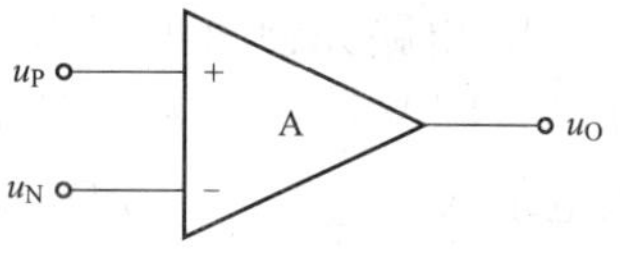

图 4－8　集成运算放大器的符号

3. 理想运算放大器的性能指标

为了便于分析集成运算放大器构成的各种应用电路，一般将集成运算放大器视为理想运算放大器。理想运算放大器的性能指标为：开环差模电压增益 $A_{od}=\infty$；差模输入电阻$R_{id}=\infty$；输出电阻 $R_o=0$；共模抑制比 $K_{CMR}=\infty$。

4. 集成运算放大电路的线性工作区

集成运放工作在线性区的标志是集成运放引入负反馈。此时集成运放的特点是：

(1)"虚短"，即 $u_P=u_N$；

(2)"虚断"，即 $i_P=i_N=0$。

在运算电路中，所有集成运放都工作在线性区，均有"虚短"和"虚断"的特点。"虚短"和"虚断"是非常重要的概念，也是分析运算电路的运算关系的基本出发点。在分析由集成运放组成的各种运算电路时，经常需要运用这两个概念推导出电路的输出信号和输入信号的运算关系。因此，对这两个概念不仅要理解其实质，更重要的是正确与熟练地应用。

自测题

一、填空题

1. 通用型集成运放一般由________、________、________和________组成。

2. 集成运放有两个工作区，分别是________工作区和________工作区。运算电路中集成运算放大器工作在________工作区。

3. 集成运放工作在线性区的特点是"________"和"________"。

二、选择题

1. 集成运算放大电路采用直接耦合方式是因为________。

A. 可获得更大的放大倍数　　B. 可减小温漂

C. 集成工艺难以制作大容量电容

2. 集成制造工艺使得同类半导体管的________。

A. 参数一致性好　　B. 参数不受温度影响

C. 参数准确

3. 为增大电路的电压放大倍数，集成运算放大电路的中间级多采用________。

A. 共射放大电路　　B. 共集放大电路

C. 共基放大电路

课题三　集成运放的线性应用电路

内容提要

1. 基本运算电路的分析方法

基本运算电路的分析主要是对运算关系的分析，分析方法归纳如下：

(1) 公式套用法。记住各种基本运算电路的组成及其运算关系，遇到相同的电路可以说明集成运放构成的运算电路名称并直接套用公式确定运算关系。对多运放构成的复杂电路，首先将其以集成运放为核心分解成一个个基本运算电路，并以前级的输出信号当作后级的输入信号，逐级代入获得最终的运算关系。

（2）利用“虚短”和“虚断”特性。对于并不熟悉的运算电路，可以利用“虚短”和“虚断”特性，写出集成运放同相输入端、反相输入端或其他关键节点的电流方程，确定电路的运算关系。其实任何运算电路均可以利用“虚短”和“虚断”特性求解运算关系，只是实际操作时对标准的基本运算电路往往直接套用公式，这样会更简单一些。

（3）利用叠加定理。对于具有多输入信号的电路，可以根据叠加定理分别求出每个输入信号单独作用时的输出信号，然后将它们相加得到所有信号同时输入时的输出信号。

2. 基本运算电路的组成和运算关系

基本运算电路主要指的是比例运算电路、求和运算电路、加减运算电路、积分和微分运算电路。基本运算电路及其运算关系见表 4-3。

表 4-3　　基本运算电路及其运算关系

电路名称	电路结构	运算关系	特点或注意事项
反相比例运算电路	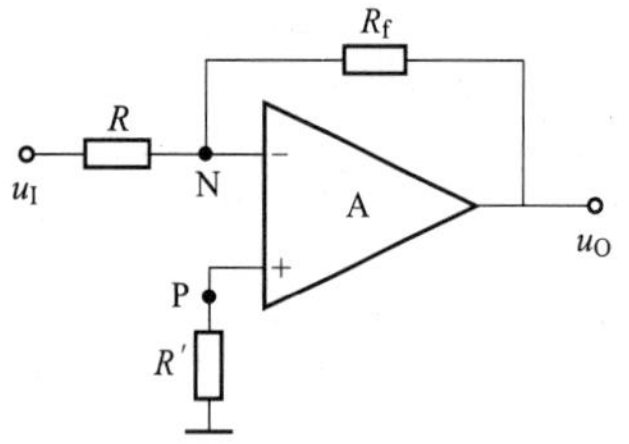	$u_O=-\frac{R_f}{R}u_I$	1. 引入电压并联负反馈； 2. A 的输入端为“虚地”； 3. 输入电阻小； 4. 电路无共模输入，$u_P=u_N=0$
同相比例运算电路	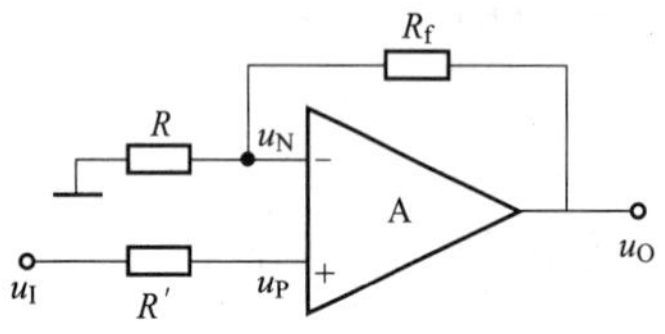	$u_O=\left(1+\frac{R_f}{R}\right)u_I$	1. 引入电压串联负反馈； 2. A 的输入端不是“虚地”； 3. 输入电阻近似为无穷大； 4. 电路存在共模输入，$u_P=u_N=u_I$
电压跟随器	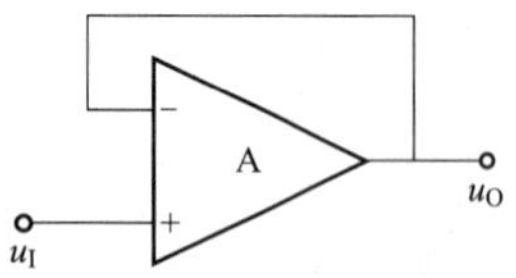	$u_O=u_I$	1. 此电路为同相比例电路的特例； 2. 输入电阻很大（近似为无穷大），输出电阻很小（近似为零）； 3. 常用于电路的缓冲或隔离
差分比例运算电路	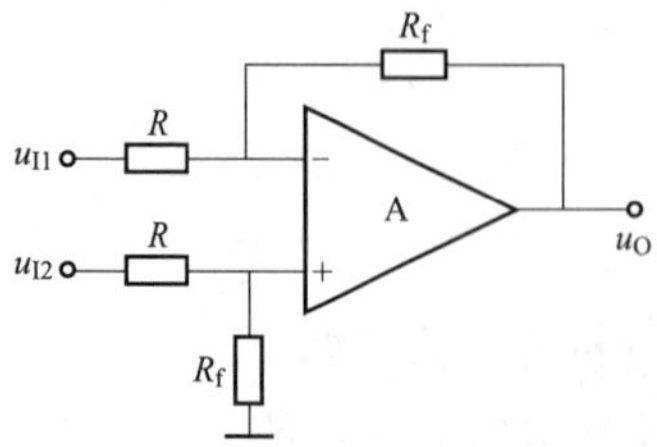	$u_O=\frac{R_f}{R}(u_{I2}-u_{I1})$	1. 此电路是加减运算电路的特例； 2. 电路的参数必须对称

续表

电路名称	电路结构	运算关系	特点或注意事项
反相求和运算电路	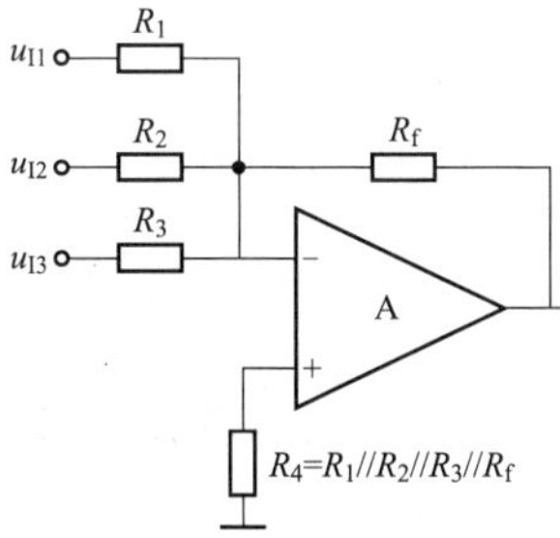	$u_O=-R_f\left(\frac{u_{I1}}{R_1}+\frac{u_{I2}}{R_2}+\frac{u_{I3}}{R_3}\right)$	1. A 的输入端为“虚地”； 2. 调节某一路的输入电阻不影响其他路的比例系数
同相求和运算电路	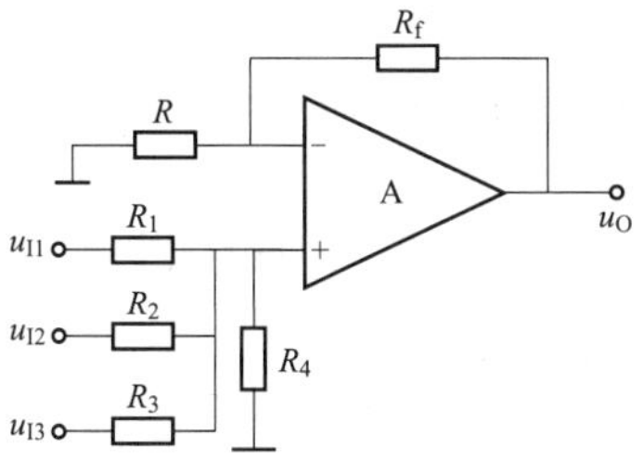	$u_O=R_f\left(\frac{u_{I1}}{R_1}+\frac{u_{I2}}{R_2}+\frac{u_{I3}}{R_3}\right)$	1. 该运算关系只有在 $R_P=R_N$ 时才成立，套用此公式之前需要验证 R_P 是否等于 R_N； 2. 调节某一路的输入电阻影响其他路的比例系数
加减运算电路	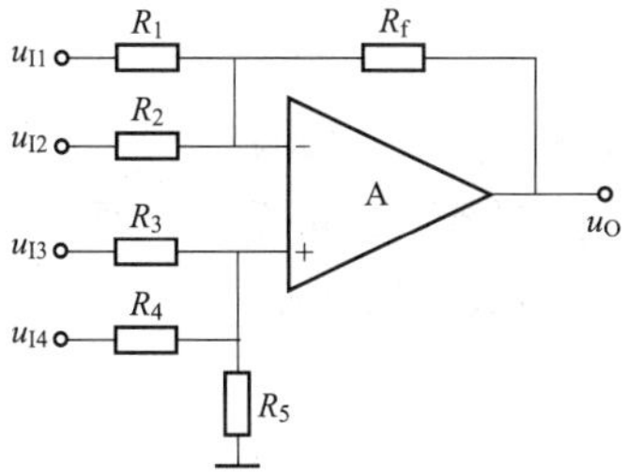	$u_O=R_f\left(\frac{u_{I3}}{R_3}+\frac{u_{I4}}{R_4}-\frac{u_{I1}}{R_1}-\frac{u_{I2}}{R_2}\right)$	该运算关系只有在 $R_P=R_N$ 时才成立，套用此公式之前需要验证 R_P 是否等于 R_N
积分运算电路	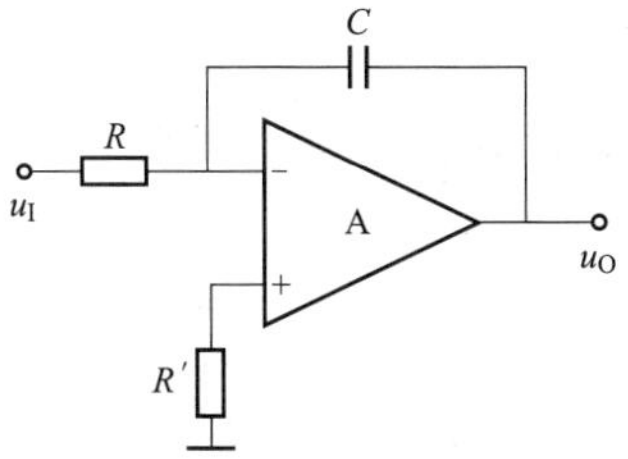	不定积分： $u_O=-\frac{1}{RC}\int u_I\mathrm{d}t$ 定积分： $u_O=-\frac{1}{RC}\int_{t_1}^{t}u_I\mathrm{d}t+u_O(t_1)$	1. 不定积分关系式用于表示电路输出信号与输入信号的运算关系； 2. 定积分关系式通常用于分析积分运算电路的输出波形； 3. 积分电路可以将方波变为三角波，正弦波变为余弦波
微分运算电路	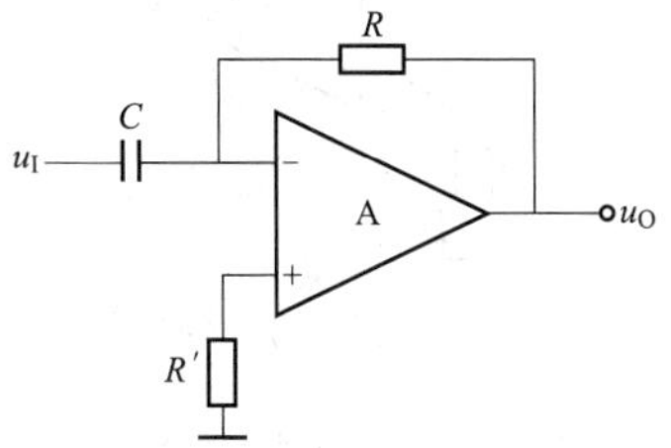	$u_O=-RC\frac{\mathrm{d}u_I}{\mathrm{d}t}$	微分电路可以将三角波变为方波，方波变为尖顶波

3. 基本运算电路的设计方法

基本运算电路的设计方法归纳如下：

(1) 熟练掌握各种基本运算电路的电路组成和运算关系；

(2) 根据给定的运算关系判断电路类型；

(3) 画出电路的原理图；

(4) 写出原理图的运算关系，与给定运算关系进行对比，确定原理图中各个电阻的阻值；

(5) 将各个电阻的阻值标注在电路图上。

4. 积分运算电路的波形分析

对于积分运算电路，除了要掌握电路的组成和运算关系之外，还要能够根据积分运算电路的输入波形（方波）画出输出波形（三角波）。其方法如下：

(1) 写出积分运算电路的基本运算关系，用定积分表示。

(2) 根据输入波形的周期分好时间段。

(3) 写出积分电路在每个时间段的运算关系，并分别画出该时间段输入波形所对应的输出波形。

(4) 波形分析囊括一整个周期即可，其余周期可以复制第一个周期的波形。

典型例题

【例 4-6】 设计一个运算电路实现以下运算关系

$$u_O = -5u_I$$

要求画出电路原理图，估算电路中各电阻的数值（电阻值≤100kΩ）。

解 因为题目中给出的运算关系是比例关系，而且比例系数是负系数，所以该电路为反相比例运算电路。画出电路的原理图如图 4-9 所示，其中 R_1 为输入电阻，R_2 为负反馈电阻，R_3 为平衡电阻。

该电路的输出电压与输入电压的关系为

$$u_O = -\frac{R_2}{R_1}u_I = -5u_I$$

选择 $R_2 = 50\text{k}\Omega$，由比较系数得 $R_1 = 10\text{k}\Omega$。平衡电阻 $R_3 = R_1 /\!/ R_2 = 10 /\!/ 50 = 8.3$ (kΩ)。将电阻阻值标注在电路图上，如图 4-10 所示。

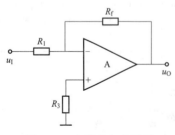

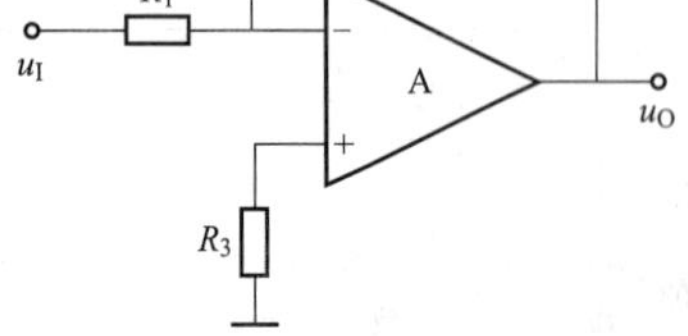

图 4-9 电路的初步设计

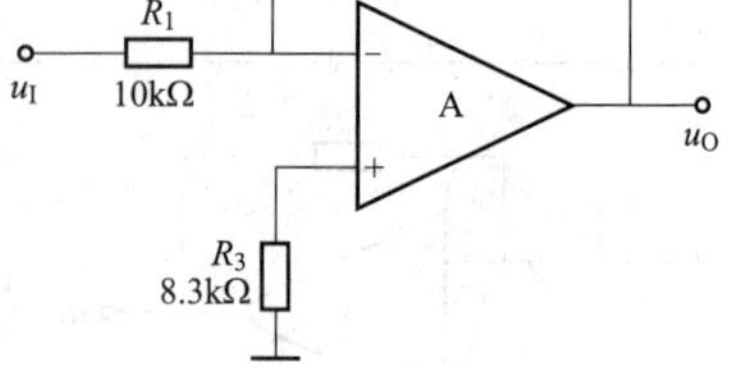

图 4-10 电路的最终设计

【解题指导与点评】 本题的考点是比例运算电路的设计。在内容提要 3 中给出了基本运算电路的设计方法，本题就是按照该方法进行设计的。该电路是简单的反相比例电路，只要熟练掌握反相比例电路的电路组成和运算关系，就可以轻松地按照题目要求设计电路。

【例 4-7】 求解图 4-11 所示电路的输出信号和输入信号的关系。

解　因为集成运放引入了电压负反馈，所以该电路是运算电路，只是该电路并非标准的运算电路，所以此题可以利用“虚短”和“虚断”分析电路的运算关系。首先从输入回路找到输入信号 u_I 和同相输入端电位 u_P 之间的关系，然后从输出回路找到输出信号 u_O 和反相输入端电位 u_N 之间的关系，再令 $u_P=u_N$，就可以找到该电路的运算关系了。

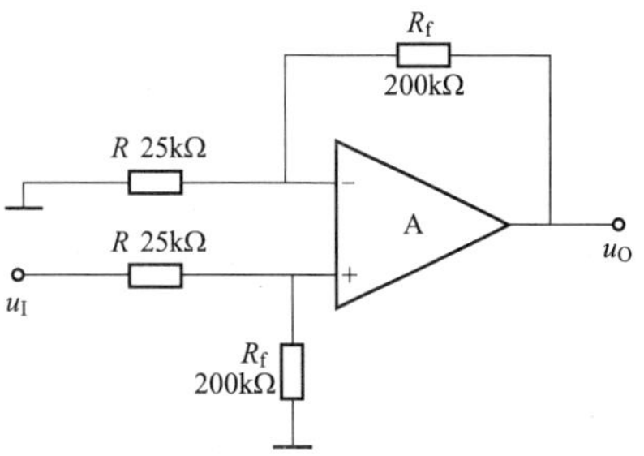

图 4-11　例 4-7 图

因为“虚断”，所以 $i_P=0$，u_P 就是同相输入端所接电阻 R_f 两端的电压，且 u_P 与 u_I 是分压关系，即

$$u_P=\frac{R_f}{R+R_f}u_I$$

因为“虚断”，所以 $i_N=0$，u_N 就是反相输入端所接电阻 R 两端的电压，且 u_N 与 u_O 是分压关系，即

$$u_N=\frac{R}{R+R_f}u_O$$

令 $u_P=u_N$，得到输出信号与输入信号的运算关系

$$u_O=\frac{R_f}{R}u_I=8u_I$$

【解题指导与点评】　本题的考点是运算电路的运算关系的求解。利用“虚短”和“虚断”求解运算关系时需要从关键节点（如反相输入端和同相输入端）入手，找到输出信号和输入信号之间的关系。

【例 4-8】 求解图 4-12 所示各电路输出电压和输入电压的关系。

解　图（a）中集成运放 A 构成加减运算电路，电路中 $R_P=R_2/\!/R_3=1/\!/5$（kΩ），$R_N=R_1/\!/R_f=1/\!/5$（kΩ），因此 $R_P=R_N$，则该电路的运算关系为

$$u_O=-\frac{R_f}{R_1}u_{I1}+\frac{R_f}{R_2}u_{I2}+\frac{R_f}{R_3}u_{I3}=-5u_{I1}+u_{I2}+5u_{I3}$$

图（b）中集成运放 A 构成加减运算电路，电路中 $R_P=R_3/\!/R_4=10/\!/100$（kΩ），$R_N=R_1/\!/R_2/\!/R_f=20/\!/20/\!/100$（kΩ）$=10/\!/100$kΩ，因此 $R_P=R_N$，则该电路的运算关系为

$$u_O=-\frac{R_f}{R_1}u_{I1}-\frac{R_f}{R_2}u_{I2}+\frac{R_f}{R_3}u_{I3}+\frac{R_f}{R_4}u_{I4}=-5u_{I1}-5u_{I2}+10u_{I3}+u_{I4}$$

图（c）中 A1 构成反相求和运算电路，设 A1 的输出信号为 u_{O1}，其运算关系为

$$u_{O1}=-\frac{R_3}{R_1}u_{I1}-\frac{R_3}{R_2}u_{I2}=-5u_{I1}-5u_{I2}$$

A2 也构成反相求和运算电路，其运算关系为

$$u_O=-\frac{R_8}{R_5}u_{O1}-\frac{R_8}{R_6}u_{I3}-\frac{R_8}{R_7}u_{I4}=-5u_{O1}-2u_{I3}-2u_{I4}$$

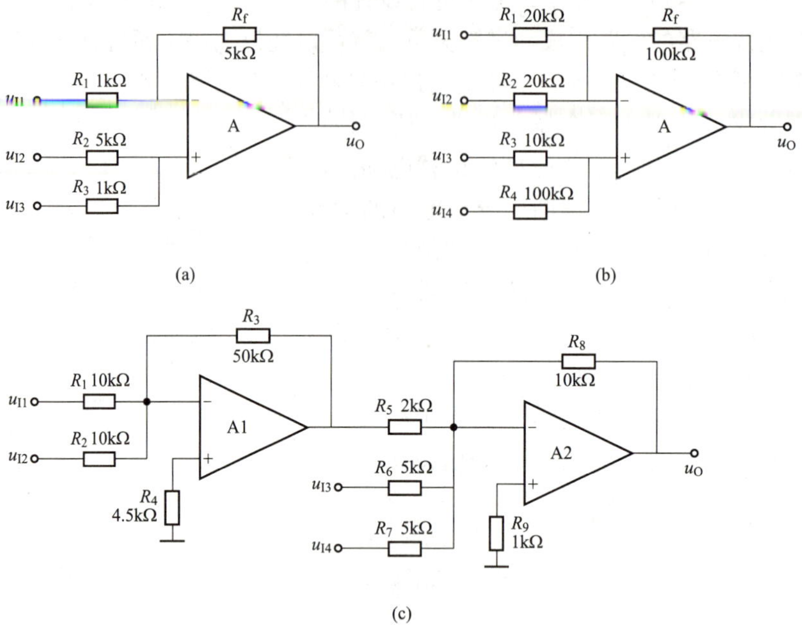

图 4-12 例 4-8 图

将 A1 的运算关系代入上式，得

$$u_O = 25u_{I1} + 25u_{I2} - 2u_{I3} - 2u_{I4}$$

【解题指导与点评】 本题的考点是运算电路运算关系的求解。其中图（a）和图（b）均是标准的加减运算电路，套用加减运算电路的公式即可得出其运算关系，但是在套用公式之前必须验证 R_P 是否等于 R_N。图（c）为双运放构成的加减运算电路，需要分别分析集成运放 A1 和 A2 的运算关系，然后将 A1 的运算关系代入 A2 的运算关系式。

【例 4-9】 设计一个运算电路实现运算关系 $u_O = -5u_{I1} - 5u_{I2} + 10u_{I3}$。要求画出电路原理图，估算电路中各电阻的数值（所用电阻的数值在 1kΩ 到 1MΩ 之间）。

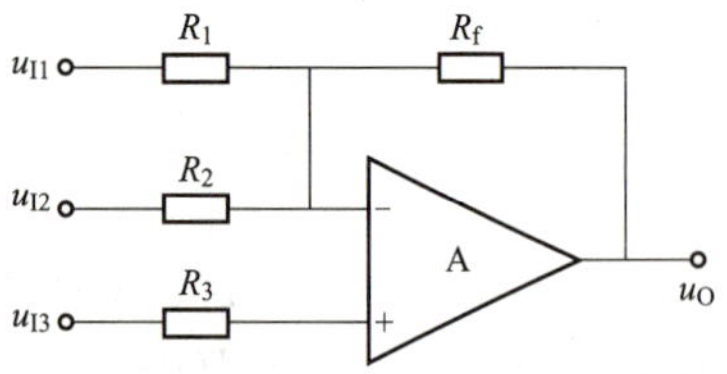

图 4-13 电路的初步设计

解 首先确定要实现的运算关系为加减运算，那么，用单运放构成加减运算电路是最简单直接的办法。由于关系式中 u_{I1}、u_{I2} 与 u_O 反相，u_{I3} 与 u_O 同相，用单运放来实现的话，只需将 u_{I1}、u_{I2} 接入运放的反相输入端，将 u_{I3} 接入同相输入端即可，接好输入信号之后在输出端和反相输入端之间接入反馈电阻，电路的初步设计如图 4-13所示。

若图 4-13 所示电路的 $R_P = R_N$，则电路中输出电压与输入电压的关系为

$$u_O = R_f\left(-\frac{u_{I1}}{R_1} - \frac{u_{I2}}{R_2} + \frac{u_{I3}}{R_3}\right)$$

$$= -5u_{I1} - 5u_{I2} + 10u_{I3}$$

选择 $R_f = 100\text{k}\Omega$，比较系数得 $R_1 = 20\text{k}\Omega$，$R_2 = 20\text{k}\Omega$，$R_3 = 10\text{k}\Omega$。

需要注意的是，前面的设计步骤并不完整，因为上面的公式是在 $R_P = R_N$ 的条件下确定

出来的。下面设计平衡电阻 R_4，对平衡电阻的设计包括两个方面，首先是电阻接入同相输入端还是反相输入端，其次才是确定阻值。

假设图 4－13 所示电路同相输入端对地的等效电阻为 R_P'，反相输入端对地的等效电阻为 R_N'，则

$$R'_P = R_3 = 10\text{k}\Omega$$

$$R'_N = R_1 \,/\!/\, R_2 \,/\!/\, R_f = 20 \,/\!/\, 20 \,/\!/\, 100 = 10 \,/\!/\, 100(\text{k}\Omega)$$

因为 $R_P' > R_N'$，平衡电阻应接入同相输入端以保证 $R_P = R_N$，R_4 的取值为

$$R_4 = 100\text{k}\Omega$$

电路的最终设计如图 4－14 所示。

【解题指导与点评】 本题的考点是加减运算电路的设计。这类题目一般要求由单运放构成加减运算电路。首先确定各输入信号从运放的反相输入端还是同相输入端输入，然后画出电路原理图，再用比较系数的方法确定各个电阻的阻值，最后还要确定电路中是否需要接入平衡电阻，平衡电阻该接入哪个输入端并计算平衡电阻的数值。

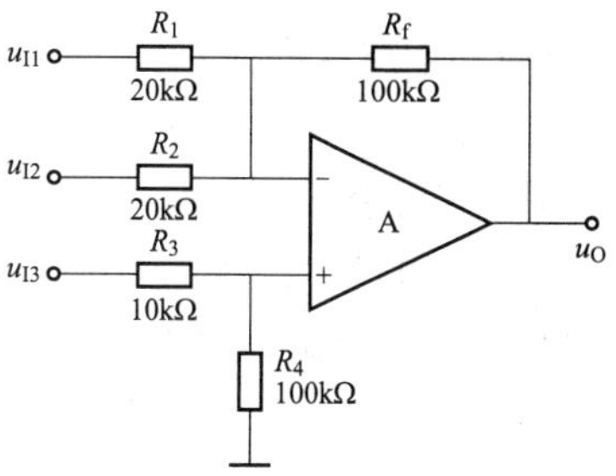

图 4－14　电路的最终设计

【例 4－10】 在图 4－15 所示的电路中，4 个运放具有理想特性，已知输入电压 $u_{I1}=11\text{mV}$，$u_{I2}=40\text{mV}$，输出电压的初值 $u_O(0)=1\text{V}$（北京科技大学 2009 年硕士研究生考试试题）。

（1）求 u_{O1}、u_{O2}、u_{O3} 的数值；

（2）已知从信号接入起 1s 时，输出电压 $u_O=3\text{V}$，问 $R_4=?$

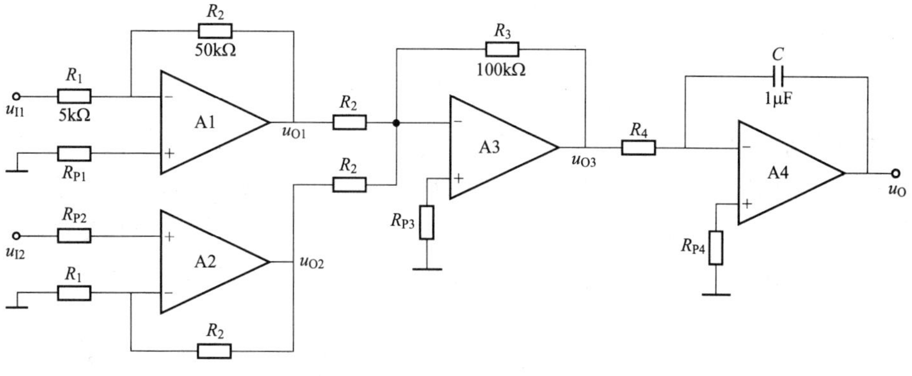

图 4－15　例 4－10 图

解　（1）A1 构成反相比例电路，其运算关系为

$$u_{O1} = -\frac{R_2}{R_1} u_{I1} = -10 u_{I1} = -0.11\text{V}$$

A2 构成同相比例运算电路，其运算关系为

$$u_{O2} = \left(1 + \frac{R_2}{R_1}\right) u_{I2} = 11 u_{I2} = 0.44\text{V}$$

A3 构成反相求和运算电路，其运算关系为

$$u_{O3}=-\frac{R_3}{R_2}u_{O1}-\frac{R_3}{R_2}u_{O2}=-2(u_{O1}+u_{O2})=-0.66\text{V}$$

（2）A4 构成积分运算电路，在 $0\sim t$ 时间段内 u_O 和 u_{O3} 的运算关系为

$$u_O=-\frac{1}{R_4C}\int_0^t u_{O3}\text{d}t+u_O(0)=-\frac{t}{R_4C}u_{O3}+u_O(0)$$

则电阻为

$$R_4=\frac{u_{O3}t}{[u_O(0)-u_O]C}=\frac{-0.66\times 1}{(1-3)\times 10^{-3}}=330(\text{k}\Omega)$$

【解题指导与点评】 本题的考点是综合型运算电路运算关系的求解。此题的关键是将复杂的运算电路以各个集成运放为核心分解成基本运算电路，把前级的输出信号当作后级的输入信号，采用逐级代入的方法获得电路的运算关系。

【例 4-11】 在图 4-16（a）所示电路中，已知输入信号 u_I 的波形如图（b）所示，当 $t=0$ 时 $u_O=0$。试画出输出信号 u_O 的波形。

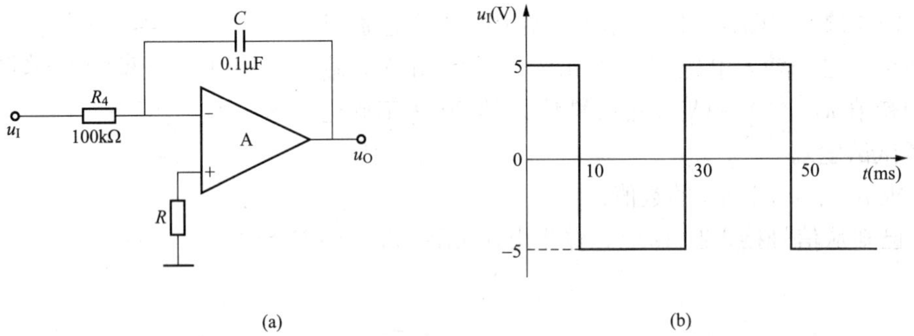

图 4-16 例 4-11 图

解 该电路为典型的积分运算电路，其输出信号与输入信号的关系为积分关系，因为题目要根据输入波形画输出波形，此处要用定积分关系式表示电路的运算关系。输入信号是方波，因此在每个时间段都是固定值，可将其提到积分式之外，再代入电阻和电容值，则可计算出 $t=t_1\sim t_2$ 时间段的输出电压为

$$u_O=-\frac{1}{RC}\int_{t_1}^t u_I\text{d}t+u_O(t_1)$$

$$=-\frac{u_I}{10^5\times 10^{-7}}(t-t_1)+u_O(t_1)$$

$$=-100u_I(t-t_1)+u_O(t_1)$$

下面开始分时间段分析输出波形，因为输入波形为周期波形，周期为 40ms，波形分析只需分析够一个周期即可。对于这个输入波形只需分析 0～0.01s（0～10ms）、0.01～0.03s（10～30ms）和 0.03～0.04s（30～40ms）即可。

(1) $t=0\sim0.01$s 时。该时间段内 $u_I=+5$V 且积分起始时刻的输出电压值 $u_O(0)=0$V，则 u_O 和 t 的关系为

$$u_O=-100u_I(t-0)+u_O(0)=-500t$$

当 $t=0.01$s 时，$u_O(0.01)=-500\times0.01=-5$ (V)。

显然，当输入信号为正电压时，输出波形是一条负斜率的线段，且起点为坐标原点，终止点的纵坐标为−5V。

(2) $t=0.01\sim0.03$s 时。该时间段内 $u_I=-5$V，积分起始时刻的数值 $u_O(0.01)=-5$V，则 u_O 和 t 的关系为

$$u_O=-100u_I(t-0.01)+u_O(0.01)=500t-10$$

当 $t=0.03$s 时，$u_O(0.03)=500\times0.03-10=5$ (V)。

即当输入信号为负电压时，输出波形是一条正斜率的线段，且起点的纵坐标为−5V，终止点的纵坐标为 5V。

(3) $t=0.03\sim0.04$s 时。该时间段内 $u_I=+5$V，积分起始时刻的数值 $u_O(0.03)=+5$V，则 u_O 和 t 的关系

$$u_O=-100u_I(t-0.03)+u_O(0.03)=-500t+20$$

当 $t=0.04$s 时，$u_O(0.04)=-500\times0.04+20=0$V。

在该时间段输出波形又变成一条负斜率的线段，且起点的纵坐标为−5V，终止点的纵坐标为 0V。

根据以上分析画出输出波形，如图 4-17 所示，其他周期的波形复制第一个周期即可。输入方波信号时，积分电路输出的是三角波。

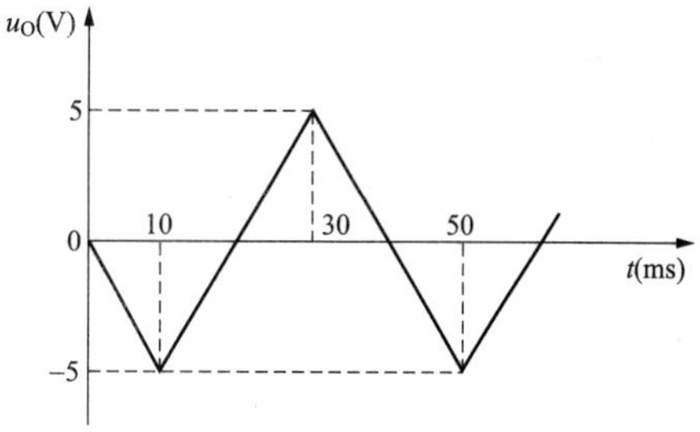

图 4-17　输出电压的波形图

【解题指导与点评】 本题的考点是积分运算电路的波形分析。做题时要特别注意统一单位，尤其是电阻、电容和时间单位。最好将电阻统一成 Ω、电容统一成 F，时间单位统一成 s，这样才不会将积分电路的关键点值算成几千伏。还有一点尤其重要，那就是波形分析必须要囊括一整个周期才行。

自测题

一、填空题

1. ________比例运算电路中集成运放反相输入端为虚地。

2. ________比例运算电路输入电阻大，________比例运算电路输入电阻小。

3. ________运算电路可以将方波转换为三角波；________运算电路可以将三角波转换为方波。

二、分析计算题

1. 运算电路如题图 4-4 所示，电路中集成运放均为理想运算放大器。

(1) 写出题图 4-4 (a) 所示电路的输出信号与输入信号的关系式；

(2) 写出题图 4-4 (b) 所示电路在开关 S 打开和闭合时输出信号和输入信号的关系式。

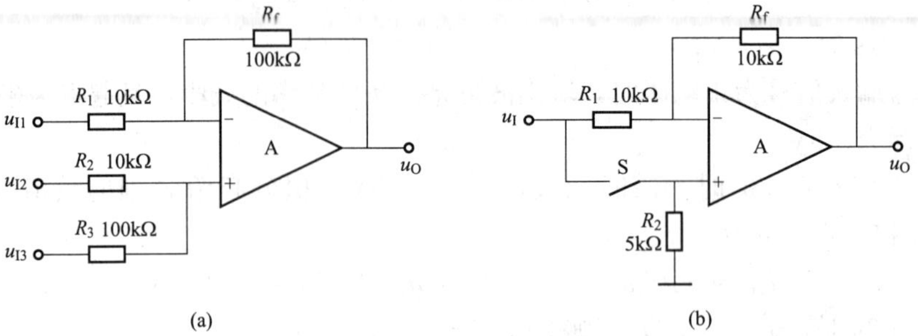

题图 4-4

2. 在题图 4-5 所示电路中，假设运算放大器都是理想放大器，请推导输入信号 u_1、u_2 与输出信号 u_{out} 的运算关系（中国科学院 2012 年硕士研究生考试试题）。

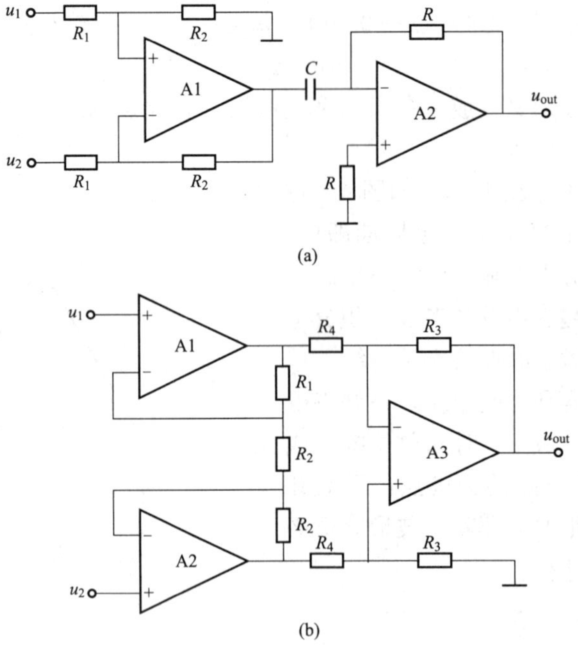

题图 4-5

三、设计题

利用集成运算放大器和若干个电阻，设计一个运算电路实现以下运算：

$$u_O = -u_{I1} - 5u_{I2}$$

要求电阻阻值在 1MΩ 以下。

四、作图题

在题图 4-6 (a) 所示电路中，已知输入电压 u_I 的波形如题图 4-6 (b) 所示，当 $t=0$ 时 $u_O=0$。试画出输出电压 u_O 的波形（军械工程学院 2011 年硕士研究生考试试题）。

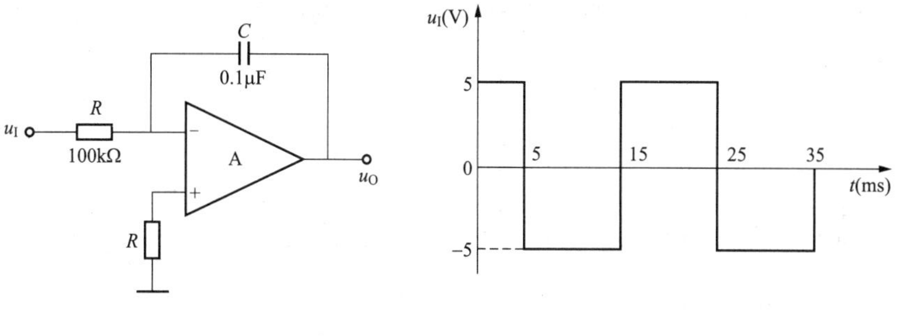

(a)　　(b)

题图 4－6

习题精选

一、判断题（在括号内填入“√”或“×”来表明判断结果）

1. 差分放大电路既能放大差模信号，又能放大共模信号。（　　）
2. 差分放大电路由双端输出变为单端输出，电路的输出电阻不变。（　　）
3. 集成运放有两个输入端，分别是同相输入端和反相输入端。（　　）
4. 同相比例电路的输入端为“虚地”。（　　）
5. 电压跟随器是特殊的同相比例运算电路。（　　）
6. 加减运算电路的平衡电阻只能接在同相输入端。（　　）

二、分析计算题

1. 电路如题图 4－7 所示，电路参数理想对称，晶体管参数 $\beta_1=\beta_2=\beta$，$r_{be1}=r_{be2}=r_{be}$，$U_{BE1}=U_{BE2}=U_{BEQ}$。

(1) 计算静态时电路的 I_{C1}、I_{C2}、U_{C1}、U_{C2}；

(2) 写出 A_d、R_i 和 R_o 的表达式。

2. 在题图 4－8 所示电路中，各晶体管的参数相同，$\beta=100$，$r_{bb'}=0$，$|U_{BE}|=0.7V$，I_{B3} 可以忽略不计。电阻 $R_{c1}=R_{c2}=R_{c3}=10k\Omega$，已知静态时 $I_{C1}=I_{C2}=I_{C3}/2$，且 $U_O=0$。设电源电压 $V_{CC}=V_{EE}=10V$。试问电阻 R_e 和 R_{e3} 分别应选多大（2010 年浙江工业大学硕士研究生考试试题）？

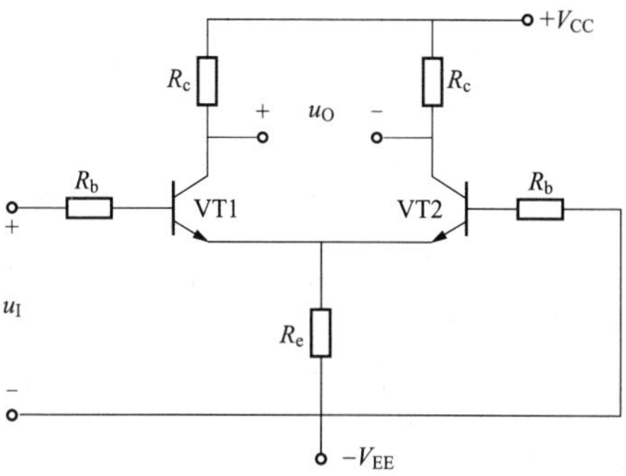

题图 4－7

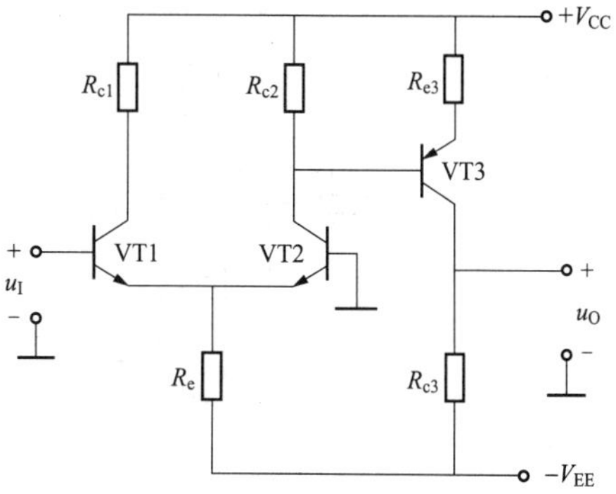

题图 4－8

3．试求题图 4 - 9 所示各电路输出信号与输入信号的运算关系式（2012 年浙江师范大学硕士研究生考试试题）。

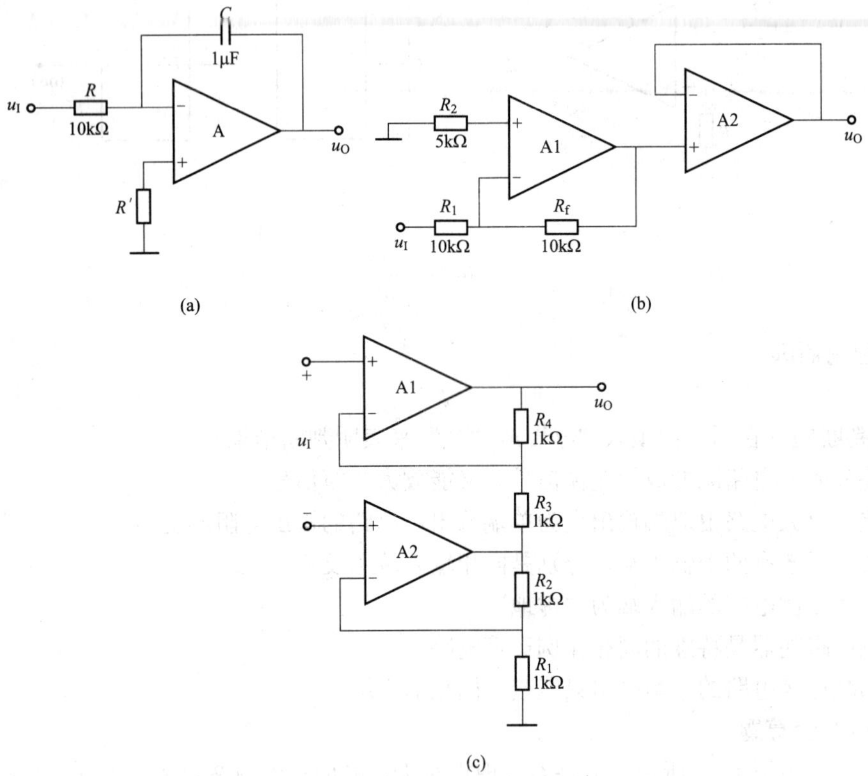

题图 4 - 9

4．设题图 4 - 10 中 A 为理想运放，试求出各电路的输出电压值。

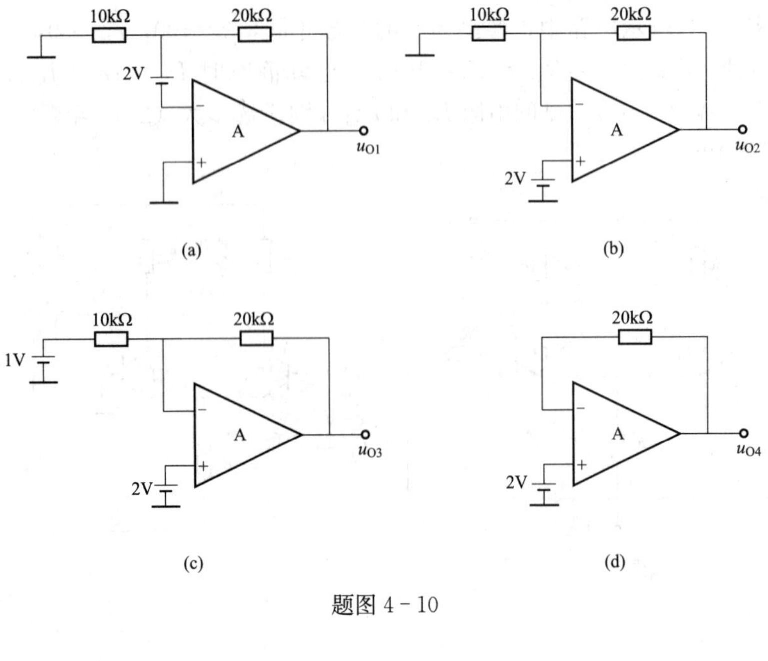

题图 4 - 10

5. 电路如题图 4－11 所示（暨南大学 2011 年硕士研究生考试试题）。

（1）合理连线，使放大电路的 $A_u=-50$，并求 R_f 和 R_2 值；

（2）合理连线，使放大电路的 $A_u=20$，并求 R_f 和 R_2 值。

6. 由理想运放组成的电路如题图 4－12 所示。已知输出信号 u_O 与两个输入信号的运算关系为 $u_O=au_{I1}+5u_{I2}$，试求系数 a 和 R_f 的阻值。

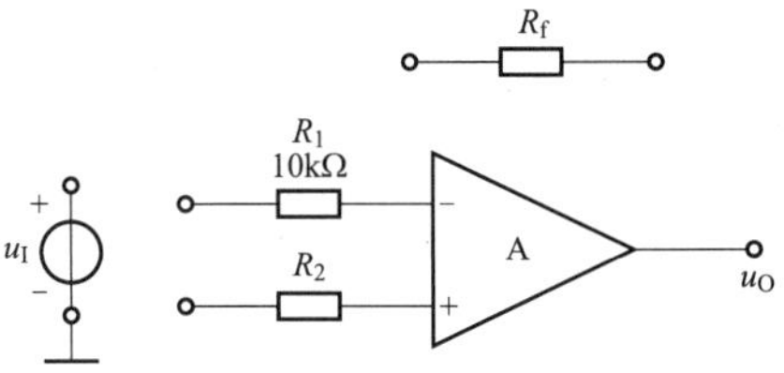

题图 4－11

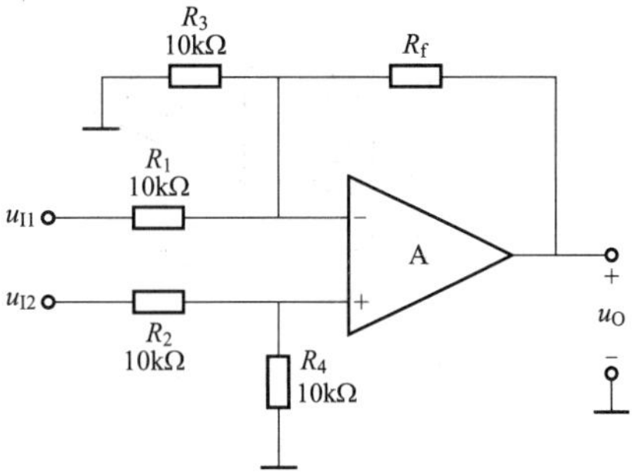

题图 4－12

7. 电路如题图 4－13 所示，集成运算放大器均为理想运算放大器，试写出其输出电压 u_{O1}、u_{O2} 和 u_O 的表达式。

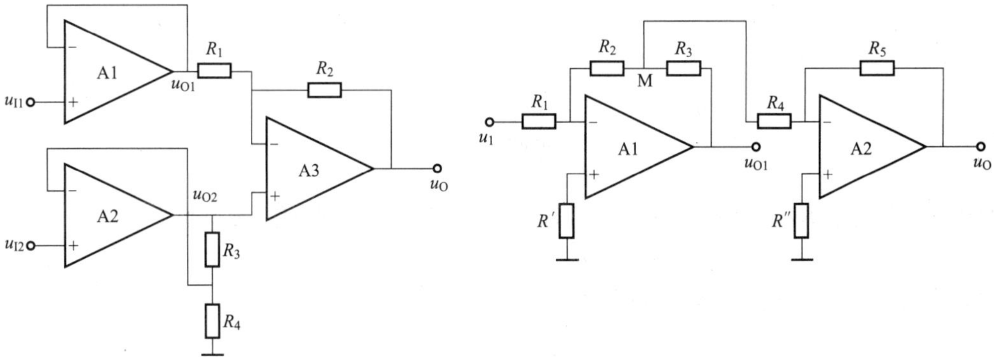

(a)　　(b)

题图 4－13

8. 已知题图 4－14 所示电路中 A1、A2、A3 均为理想运放。

（1）说明 A1、A2、A3 分别组成何种基本运算电路；

（2）列出 u_{O1}、u_{O2} 和 u_O 的表达式。

9. 电路如题图 4－15（a）所示，已知电路中电源电压 $V_+=+15\text{V}$，$V_-=-15\text{V}$，$R=10\text{k}\Omega$，$C=5\text{nF}$（2012 年深圳大学硕士研究生考试试题）。

（1）该电路的功能是什么？

（2）输入电压 u_I 波形如图 4－15（b）所示，在 $t=0$ 时，电容器 C 的起始电压 $u_C(0)=0$，试画出输出电压 u_O 的波形，并标出 u_O 的幅值。

三、设计题

1. 使用理想运放设计一个满足下列关系式的单运放运算电路，并计算各电阻的阻值，

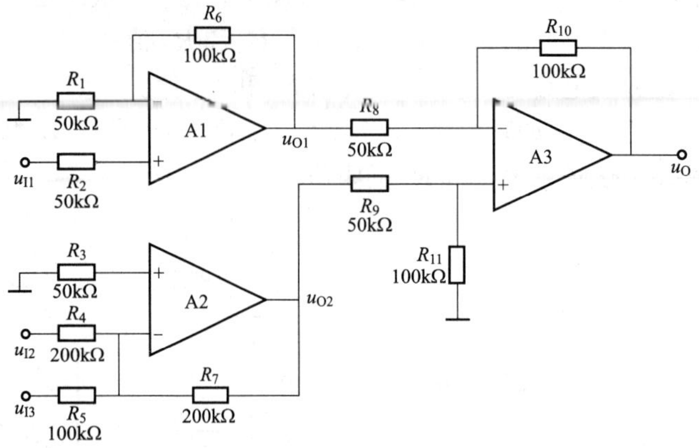

题图 4-14

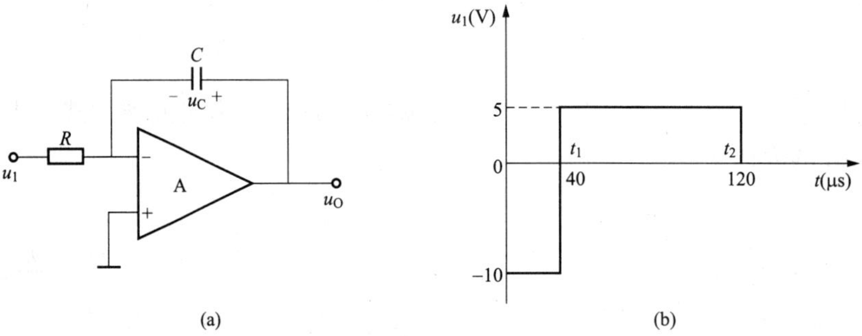

题图 4-15

括号中的反馈电阻 R_f 是已知值（北京科技大学 2012 年硕士研究生考试试题）。

$$u_O = 2u_{I2} - u_{I1} (R_f = 10k\Omega)$$

2. 设计一个电路实现下列运算关系

$$u_O = 5u_{I1} + 2u_{I2} - 4u_{I3}$$

要求画出电路原理图并计算电路参数。

第五章　负反馈放大电路

重点：反馈的基本概念，包括正、负反馈，直流、交流反馈的概念；反馈极性的判断方法（瞬时极性法）；负反馈的四种基本组态的判别；深度负反馈放大电路的分析；深度负反馈电路放大倍数的近似计算；负反馈对放大电路性能的影响。

难点：反馈极性的判断方法（瞬时极性法），负反馈的四种基本组态的判断及深度负反馈电路放大倍数的近似计算，按照需要正确选择反馈类型、设计反馈电路。

要求：掌握反馈及正、负反馈，直流、交流反馈的基本概念；熟练掌握反馈极性的判断方法（瞬时极性法），负反馈的四种基本组态的判别，深度负反馈电路放大倍数的近似计算，按照需要正确选择反馈类型、设计反馈电路。

课题一　反馈的基本概念及判断

内容提要

1. 反馈的定义

在电子电路中，将输出信号（电压、电流）的一部分或全部通过一定的路径引回到输入端，并且影响净输入信号（电压、电流）以改善电路的某些性能，这种现象称为反馈。

2. 反馈放大电路的组成

反馈放大电路由基本放大电路和反馈网络组成。反馈放大电路组成框图如图 5－1 所示，图中标明了反馈放大电路的组成及各物理量。

3. 反馈的类型

(1) 正反馈和负反馈。

正反馈：使净输入量增大的反馈。从输出量看，反馈将使输出量变大，正反馈常常使电路变得不稳定。

负反馈：使净输入量减小的反馈。从输出量看，反馈将使输出量变小，负反馈可以改善电路的性能。

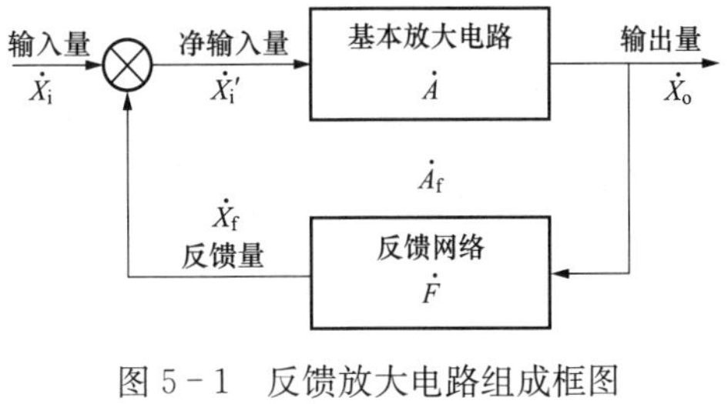

图 5－1　反馈放大电路组成框图

(2) 直流反馈和交流反馈。

直流反馈：只存在于直流通路中的反馈或反馈量只有直流信号的反馈。直流反馈影响电路的静态工作点。

交流反馈：只存在于交流通路中的反馈或反馈量只有交流信号的反馈。交流反馈影响电路的动态性能。

如果反馈信号既含有直流成分又含有交流成分，则为交、直流反馈。

4. 反馈类型的判断

(1) 反馈极性的判断。反馈极性的判断（正、负反馈的判断）要借助瞬时极性法来完成。方法是：假设输入信号的极性，按信号的正向传送方向逐级判断电路相关点信号的极性，进而得到输出信号的极性，再根据输出信号的极性确定反馈信号极性，反馈信号使净输入信号增大的是正反馈，反馈信号使净输入信号减小的是负反馈。

除了上述根据定义的判断方法之外，通过对多种电路的观察和总结，还可直接根据输入信号和反馈信号的相对位置及极性来判断，同样利用瞬时极性法，将输入信号经放大电路、反馈网络引回到输入端。

1) 若反馈引回到非输入端，输入信号和反馈信号极性相同，为负反馈；输入信号和反馈信号极性相反，则为正反馈；

2) 若反馈引回到输入端，输入信号和反馈信号极性相同，为正反馈；输入信号和反馈信号极性相反，则为负反馈。

反馈判断这部分的内容，比较有代表性的电路有集成运算放大电路、晶体管放大电路以及晶体管构成的差分放大电路，其正、负反馈的判断如图 5-2 所示。

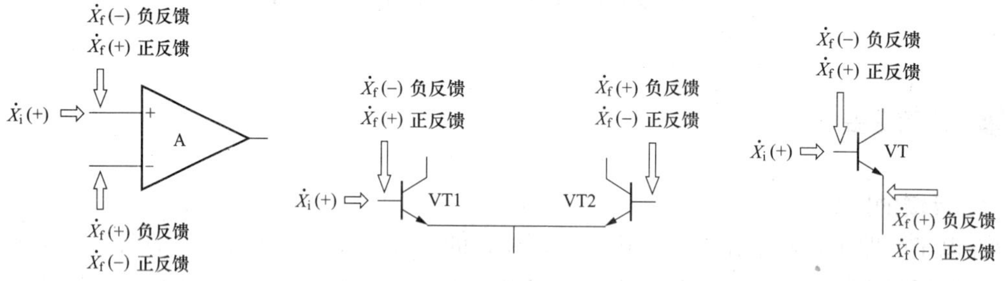

图 5-2 正、负反馈观察判断图示

(2) 直流反馈和交流反馈的判断。若反馈信号只有直流信号，则电路只引入直流反馈；若反馈信号只有交流信号，则电路只引入交流反馈；若反馈信号既有直流信号又有交流信号，则电路引入交、直流反馈。

直流反馈和交流反馈的判断主要看电路中电容对反馈信号的影响，分析时认为所有电容对直流信号开路，对交流信号短路。

典型例题

【例 5-1】 分析如图 5-3 所示各电路是否存在反馈，如果有反馈，是正反馈还是负反馈？是交流反馈还是直流反馈？

解 图 5-3 中所有电路均有将输出信号引回到输入端的通路（反馈通路），而且引回的反馈信号影响净输入信号，由此判断所有电路均有反馈。

图 (a) 所示电路为直流负反馈。反馈信号（R_1 两端的电压信号）引回到非输入端，而且输入信号和反馈信号极性相同，所以为负反馈；电路中只有直流信号（R_1 两端的直流电压信号）影响净输入信号，交流反馈信号被电容短路，致使反馈信号只有直流信号，所以电路只有直流反馈。

图（b）所示电路为交流负反馈。反馈信号（R_1 两端的电压信号）引回到非输入端，而且输入信号和反馈信号极性相同，所以为负反馈；电路中直流反馈信号被电容阻隔，致使反馈信号只有交流信号，所以电路只有交流反馈。

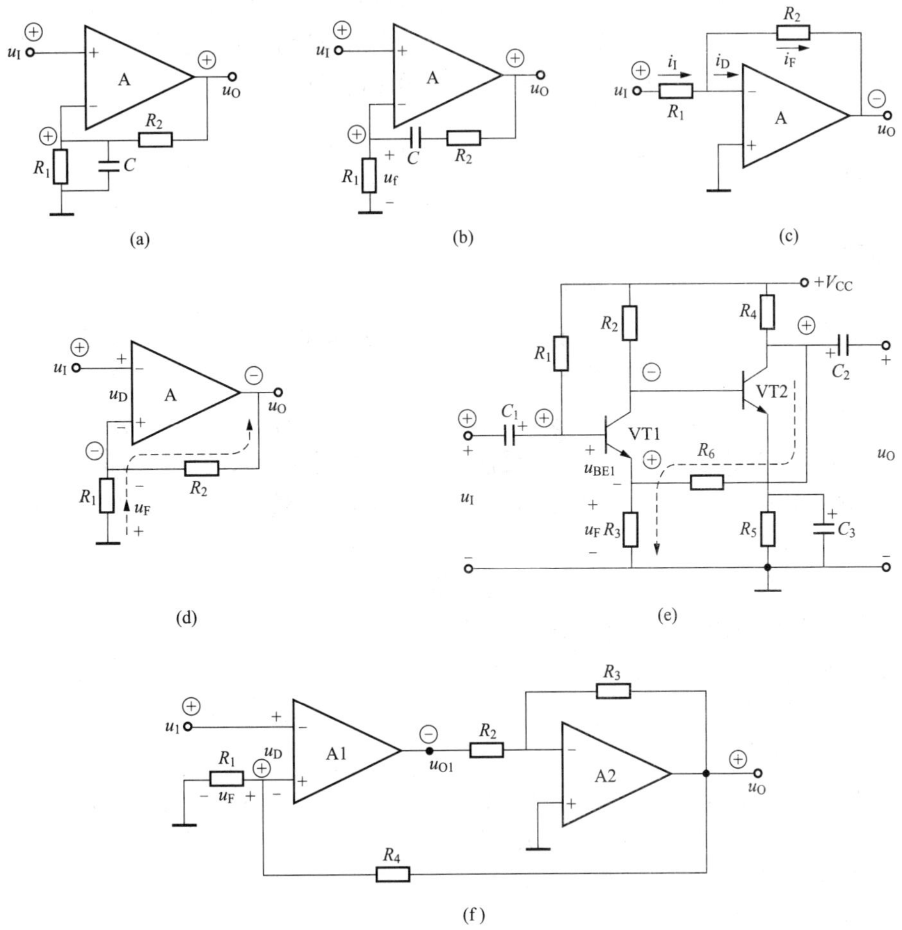

图5－3　例5－1图

图（c）所示电路为交、直流负反馈。反馈信号引回到输入端，而且输入信号和反馈信号极性相反，所以为负反馈；电路中无电容，通过 R_2 引回到输入端的反馈信号既有交流信号又有直流信号，所以该电路交、直流反馈共存。

图（d）所示电路为交、直流正反馈。反馈信号（R_1 两端的电压信号）引回到非输入端，而且输入信号和反馈信号极性相反，所以为正反馈。电路中无电容，所以该电路交、直流反馈共存。

图（e）所示电路为交、直流负反馈。反馈信号引回到非输入端，而且输入信号和反馈信号极性相同，所以为负反馈；电路中引回到输入端的反馈信号（R_3 两端的电压信号）既有交流信号又有直流信号，所以电路交、直流反馈共存。

图（f）所示电路为交、直流负反馈。反馈通路 R_4、R_1 既是直流通路又是交流通路，反馈信号 u_F 既有直流信号又有交流信号，所以电路中既引入了直流反馈又引入了交流反馈。

信号极性如图 5-3（f）所示，反馈信号使净输入电压（$u_D = u_I - u_F$）减小，故电路中引入了负反馈（仅讨论级间反馈）。所以交、直流反馈共存。

【解题指导与点评】 本题的考点是有、无反馈以及反馈类型的判断。有、无反馈的判断主要看有无反馈通路，有反馈通路就有反馈，没有反馈通路就没有反馈；反馈类型的判断比较复杂，首先要用瞬时极性法判断反馈极性，然后再根据电路中电容对反馈信号的影响判断引入直流反馈还是交流反馈。从前 4 个小题可以看出由单运放构成的反馈，反馈引回到同相输入端，构成正反馈；反馈引回到反相输入端，构成负反馈。

自测题

一、选择题

1. 对于放大电路，所谓开环是指____。
   A. 无信号源　B. 无反馈通路　C. 无电源　D. 无负载
2. 对于放大电路，所谓闭环是指____。
   A. 考虑信号源内阻　B. 存在反馈通路　C. 接入电源　D. 接入负载
3. 在输入量不变的情况下，若引入反馈后____，则说明引入的反馈是负反馈。
   A. 输入电阻增大　B. 输出量增大　C. 净输入量增大　D. 净输入量减小
4. 直流负反馈是指____。
   A. 直接耦合放大电路中所引入的负反馈
   B. 只有放大直流信号时才有的负反馈
   C. 在直流通路中的负反馈
   D. 直流电源供电下的反馈
5. 交流负反馈是指____。
   A. 阻容耦合放大电路中所引入的负反馈
   B. 只有放大交流信号时才有的负反馈
   C. 在交流通路中的负反馈
   D. 交流电源供电下的反馈

二、分析题

判断如题图 5-1 所示电路中引入的反馈是正反馈还是负反馈，是交流反馈还是直流反馈？

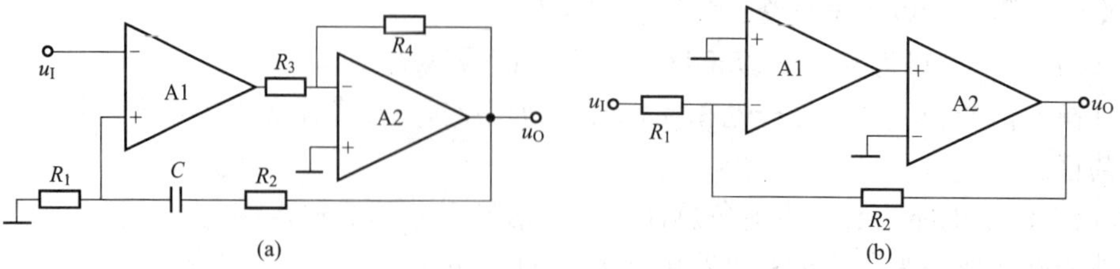

题图 5-1

课题二　负反馈的四种基本组态及判断

内容提要

1. 交流负反馈的四种组态

(1) 电压串联负反馈：输出量是电压量 u_O，输出电压稳定；输入量与反馈量以电压形式叠加，满足 $u_I'=u_I-u_F$；反馈信号 u_F 与输出电压成正比。

(2) 电压并联负反馈：输出量是电压量 u_O，输出电压稳定；输入量与反馈量以电流形式叠加，满足 $i_I'=i_I-i_F$；反馈信号 i_F 与输出电压成正比。

(3) 电流串联负反馈：输出量是电流量 i_O，输出电流稳定；输入量与反馈量以电压形式叠加，满足 $u_I'=u_I-u_F$；反馈信号 u_F 与输出电流成正比。

(4) 电流并联负反馈：输出量是电流量 i_O，输出电流稳定；输入量与反馈量以电流形式叠加，满足 $i_I'=i_I-i_F$；反馈信号 i_F 与输出电流成正比。

需要注意的是，四种组态专门针对交流负反馈，直流反馈和正反馈不讨论组态。

2. 反馈组态的判断

(1) 电压和电流反馈及其判断。电压、电流反馈取决于反馈网络与放大电路输出端的连接方式。

电压反馈：反馈量取自输出电压，与输出电压成正比。电流反馈：反馈量取自输出电流，与输出电流成正比。电压和电流反馈的方框图如图 5-4 所示。

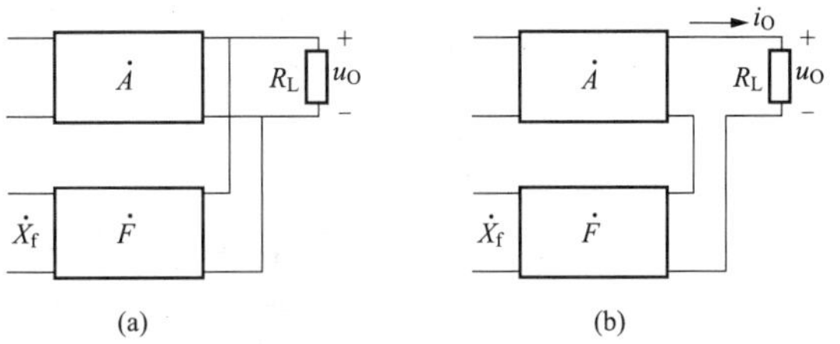

图 5-4　电压反馈和电流反馈框图

(a) 电压反馈框图；(b) 电流反馈框图

判断方法总结如下：

1) 负载短路法。将输出电压短路，若反馈信号消失，电路引入电压反馈；若反馈信号仍然存在，电路引入电流反馈。

2) 结构判断法。反馈从输出端引回为电压反馈；反馈从非输出端引回（或运放输出电压悬浮不共地）为电流反馈。

对由晶体管构成的放大电路，其电压、电流反馈的判断如图 5-5 所示。

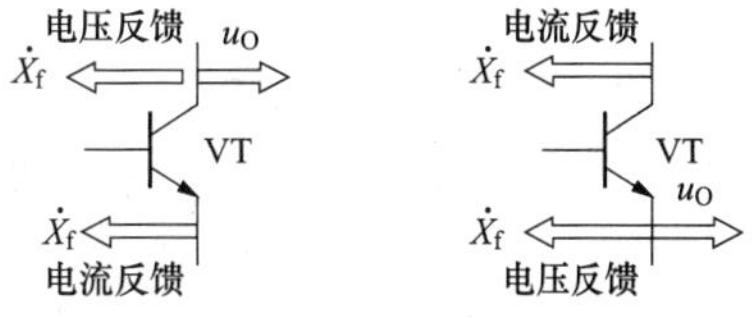

图 5-5　晶体管放大电路电压、电流反馈判断示意图

由集成运放构成的放大电路，可根据输出电压的接

法来判断电压和电流反馈，若输出电压一端接地为电压反馈，若输出电压悬浮则为电流反馈，如图 5－6 所示。

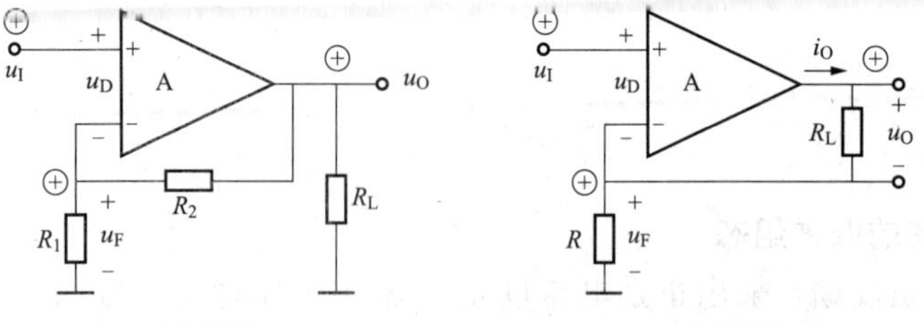

图 5－6 集成运算放大电路电压、电流反馈的判断

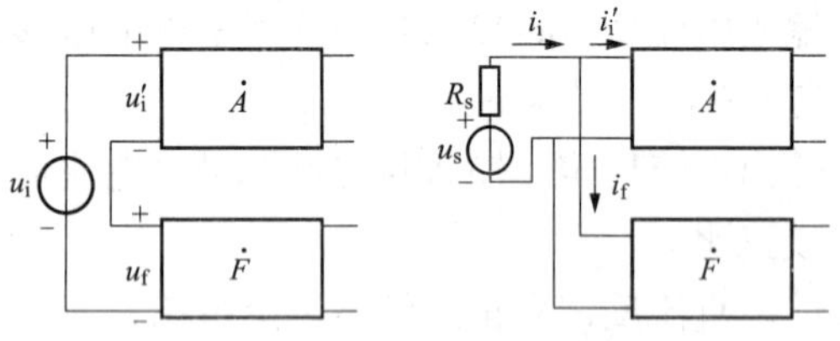

(a) (b)

图 5－7 串联反馈和并联反馈框图

（a）串联反馈框图；（b）并联反馈框图

（2）串联和并联反馈及其判断。串联、并联反馈取决于反馈网络与放大电路输入端的连接情况。

串联反馈：反馈信号、净输入信号与外加输入信号以电压形式叠加。并联反馈：反馈信号、净输入信号与外加输入信号以电流形式叠加。串联反馈和并联反馈的框图如图 5－7所示。

判断方法总结如下：

结构判断法：反馈引回到非输入端（反馈信号与输入信号接在不同节点），电路引入串联反馈；反馈引回到输入端（反馈信号与输入信号接在同一节点），电路引入并联反馈。

串联和并联反馈的判断示意图如图 5－8 所示。

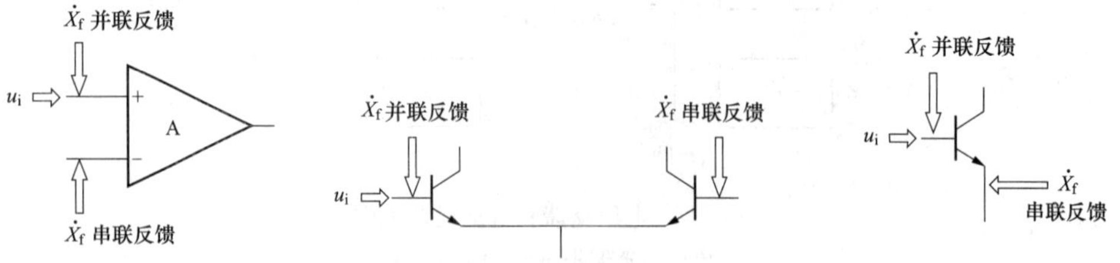

图 5－8 串、并联反馈判断示意图

典型例题

【例 5－2】 试分析图 5－9 所示电路引入的是直流反馈还是交流反馈？是正反馈还是负反馈？若为交流负反馈，说明反馈的组态。

解 图（a）所示电路中反馈信号既有交流信号又有直流信号，所以交、直流反馈共存；反馈引回到非输入端，反馈信号和输入信号极性相同，反馈信号使净输入信号（$u_D = u_I - u_F$）减小为负反馈，且为串联反馈；反馈网络从输出端引回，输出电压信号作用于反馈网络，引

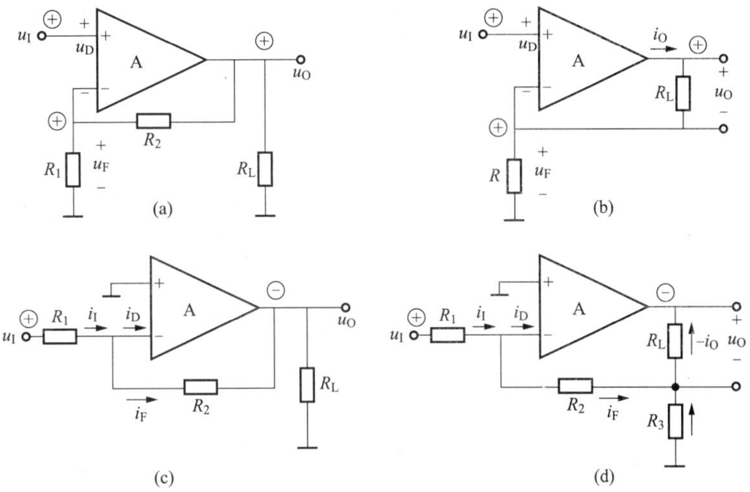

图 5－9　例 5－2 图

入电压反馈。综上所述，电路引入交、直流负反馈，反馈组态为电压串联负反馈。

图（b）所示电路中反馈信号既有交流信号又有直流信号，所以交、直流反馈共存；反馈引回到非输入端，反馈信号和输入信号极性相同，反馈信号使净输入信号（$u_D = u_I - u_F$）减小为负反馈，且为串联反馈；输出电压悬浮，输出电流信号作用于反馈网络，引入电流反馈。综上所述，电路引入交、直流负反馈，反馈组态为电流串联负反馈。

图（c）所示电路中反馈信号既有交流信号又有直流信号，所以交、直流反馈共存；反馈引回到输入端，反馈信号和输入信号极性相反，反馈信号使净输入信号（$i_D = i_I - i_F$）减小为负反馈，且为并联反馈；反馈网络从输出端引回，输出电压信号作用于反馈网络，引入电压反馈。综上所述，电路引入交、直流负反馈，反馈组态为电压并联负反馈。

图（d）所示电路中反馈信号既有交流信号又有直流信号，所以交、直流反馈共存；反馈引回到输入端，反馈信号和输入信号极性相反，反馈信号使净输入信号（$i_D = i_I - i_F$）减小为负反馈，且为并联反馈；输出电压悬浮，输出电流信号作用于反馈网络，引入电流反馈。综上所述，电路引入交、直流负反馈，反馈组态为电流并联负反馈。

【解题指导与点评】 本题的考点主要是反馈类型和组态的判断。反馈类型的判断方法见课题一。要正确判断反馈组态，首先需要熟悉电压、电流、串联、并联反馈的一般形式，然后仔细观察反馈网络和输出端的连接方式，判断电路引入电压反馈还是电流反馈，最后观察反馈网络和输入端的连接方式，判断电路引入串联反馈还是并联反馈。

【例 5－3】 试分析图 5－10 电路引入的是直流反馈还是交流反馈？是正反馈还是负反馈？若为交流负反馈，说明反馈的组态。电容对交流信号视为短路。

解　图 5－10（a）所示电路中反馈信号既有交流信号又有直流信号，所以交、直流反馈共存；反馈引回到非输入端（集成运放的反相输入端），输入信号和反馈信号极性相同，为负反馈，且为串联反馈；反馈网络从非输出端引回，为电流反馈。综上所述电路引入了交、直流负反馈，反馈组态为电流串联负反馈。

图 5－10（b）所示电路中反馈信号既有交流信号又有直流信号，所以交、直流反馈共存；反馈引回到非输入端（集成运放的反相输入端），输入信号和反馈信号极性相同，为负

反馈，且为串联反馈；反馈网络从输出端引回，为电压反馈。综上所述电路引入了交、直流负反馈，反馈组态为电压串联负反馈。

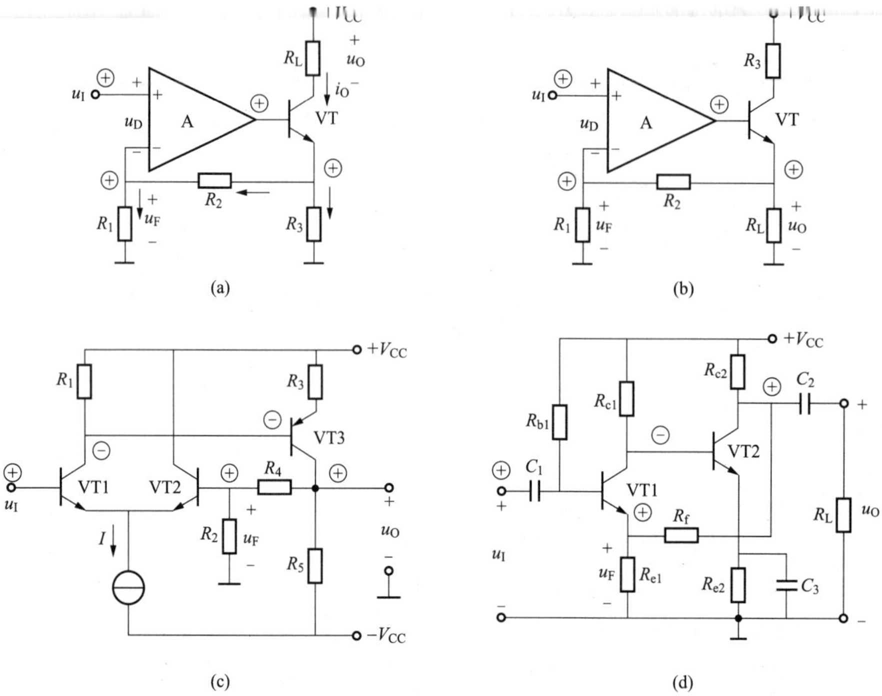

图 5-10　例 5-3 图

图 5-10（c）所示电路中反馈信号既有交流信号又有直流信号，所以交、直流反馈共存；反馈引回到非输入端（VT2 管的基极），输入信号和反馈信号极性相同，为负反馈，且为串联反馈；反馈网络从输出端引回，为电压反馈。综上所述，电路引入了交、直流负反馈，反馈组态为电压串联负反馈。

图 5-10（d）所示电路中电容 C_2 在反馈点外侧，反馈信号既有交流信号又有直流信号，所以交、直流反馈共存；反馈引回到非输入端（VT1 管的发射极），输入信号和反馈信号极性相同，为负反馈，且为串联反馈；反馈网络从输出端引回，为电压反馈。综上所述，电路引入了交、直流负反馈，反馈组态为电压串联负反馈。

【解题指导与点评】 本题的考点主要是反馈类型和组态的判断。判断方法与上题相同。对初学者来说，要准确地判断放大电路的反馈类型和组态并不是一件容易的事。只有多做题，多接触不同形式的电路，才能提高判断的速度和准确率。

自测题

一、利用集成运放作为放大电路，分别引入电压串联、电压并联、电流串联、电流并联负反馈，要求定性画出电路图。

二、电路如题图 5-2 所示，试判断电路中引入反馈的反馈组态，并在图中正确标注输入量、反馈量、净输入量和输出量。

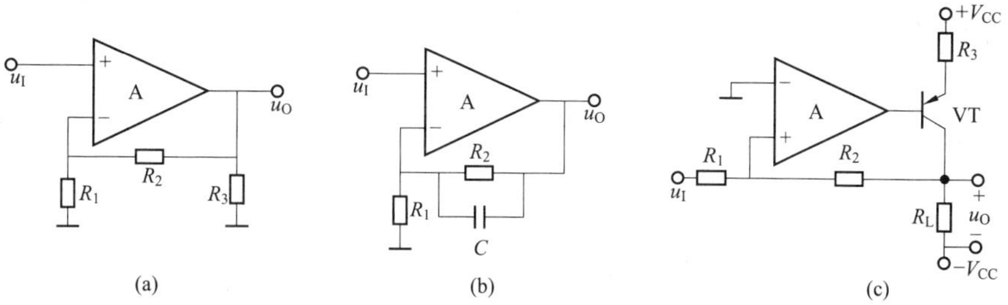

题图 5－2

课题三 深度负反馈放大电路的分析及电压放大倍数的计算

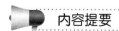

内容提要

1. 负反馈放大电路框图

负反馈放大电路框图如图 5－11 所示，在中频段，A、A_f、F 均为实数，因此物理量不再用向量形式表示，去掉上面的向量标识“.”。

2. 一般关系式

负反馈放大电路的闭环放大倍数为

$$A_f = \frac{A}{1+AF} \tag{5-1}$$

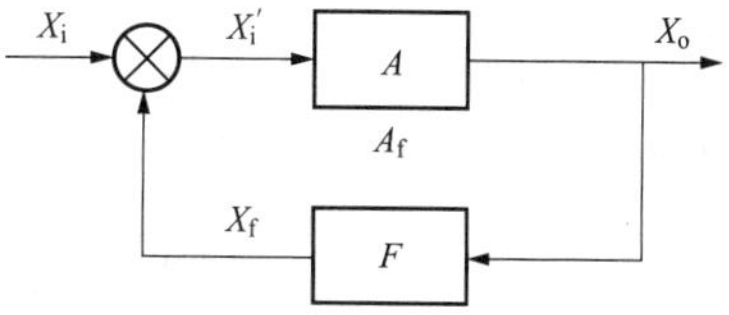

图 5－11 负反馈放大电路的框图

其中，$|1+AF|$ 称为反馈深度，当 $|1+AF|\gg 1$ 时，电路为深度负反馈，此时电路的闭环放大倍数为

$$A_f \approx \frac{1}{F} \tag{5-2}$$

式（5－2）说明 A_f 仅与反馈网络有关，与基本放大电路无关。

3. 深度负反馈的实质

深度负反馈的实质是在近似分析中忽略净输入量，从而输入量近似等于反馈量，即 $X_i'\approx 0$，$X_i\approx X_f$。

串联深度负反馈的实质是：$u_I'\approx 0$，$u_I\approx u_F$；并联深度负反馈的实质是：$i_I'\approx 0$，$i_I\approx i_F$。

4. 求解深度负反馈放大电路电压放大倍数的一般步骤

（1）找出反馈网络，正确判断反馈组态；

（2）求解反馈系数 F；

（3）根据不同组态的特点和深度负反馈的实质求解电压放大倍数 A_{uf}（或 A_{usf}）。

注意：输入、输出信号相位相同时，F 和 A_{uf} 均为正；反之为负。

典型例题

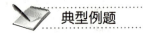

【例 5－4】 如图 5－12 所示，电路引入电压串联反馈，要求计算电路在深度负反馈条件下的 A_{uf}。

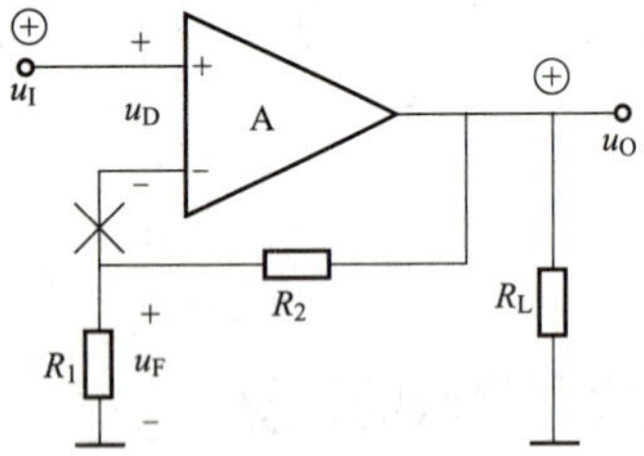

图 5－12 例 5－4 图

解 电压反馈电路的输出量为 u_O，串联反馈电路的输入回路为电压叠加，输入量、净输入量和反馈量均为电压量。

因为引入串联反馈，电路的净输入电压 $u_D \approx 0$，所以 $u_I \approx u_F$。

需要注意的是，所有的串联反馈一般都可将反馈网络输出端（电路的非输入端）到放大电路的输入电流视为 0。

下面用两种方法计算电路的 A_{uf}。

方法一：

$$F_{uu} = \frac{u_F}{u_O} = \frac{R_1}{R_1 + R_2}$$

$$A_{uf} = \frac{u_O}{u_I} \approx \frac{u_O}{u_F} = \frac{1}{F_{uu}} = 1 + \frac{R_2}{R_1}$$

方法二：

在深度负反馈条件下，电路的 $u_I \approx u_F$，显然，在 R_1 和 R_2 的串联支路上，u_F（也就是 u_I）和 u_O 为分压关系

$$A_{uf} = \frac{u_O}{u_I} \approx \frac{u_O}{u_F} = \frac{R_1 + R_2}{R_1} = 1 + \frac{R_2}{R_1}$$

【解题指导与点评】 本题的考点是深度负反馈条件下电路的放大倍数的估算。尤其需要注意的是，无论使用上述哪种方法，分析串联负反馈电路时都需要明确：①$u_I = u_F$，反馈网络输出端对地电压为 u_F；②反馈网络输出端到放大电路的输入电流特别小，视为开路。电压串联负反馈电路比较简单，只需找到 u_O 和 u_F（也就是 u_I）的关系即可。

【例 5－5】 如图 5－13 所示，电路引入电流串联反馈，要求计算电路在深度负反馈条件下的 A_{uf}。

解 电路的反馈网络由 R 组成，电流反馈电路的输出信号为 i_O，串联反馈电路的反馈信号为 u_F，且 $u_D \approx 0$，$u_I \approx u_F$。

方法一：

$$F_{ui} = \frac{u_F}{i_O} = \frac{i_O R}{i_O} = R$$

$$A_{uf} = \frac{u_O}{u_I} \approx \frac{i_O R_L}{u_F} = \frac{R_L}{F_{ui}} = \frac{R_L}{R}$$

方法二：

$$u_O = i_O R_L$$

$$u_I \approx u_F = i_O R$$

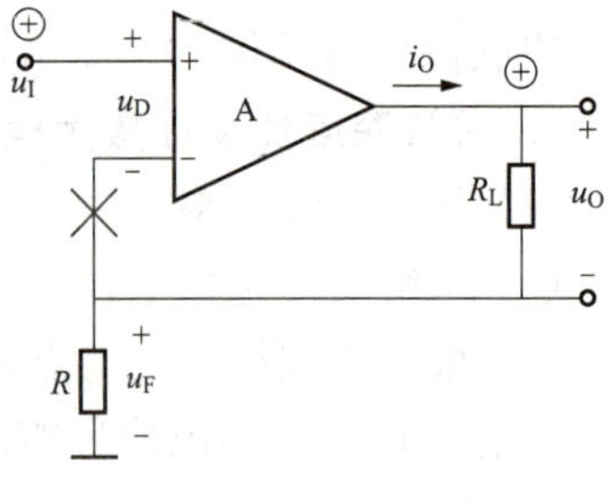

图 5－13 例 5－5 图

$$A_{uf}=\frac{u_O}{u_I}\approx\frac{i_OR_L}{i_OR}=\frac{R_L}{R}$$

【解题指导与点评】 本题的考点是深度负反馈条件下电路的放大倍数的估算。对引入电流串联负反馈的电路，要找出输出电压 u_O 与输出电流 i_O 及反馈电压 u_F 与输出电流 i_O 的关系。从上述两题的分析可知，用两种方法都可以计算出电路的电压放大倍数，以后两种方法任选其一即可。

【例 5-6】 电路引入电压并联反馈，如图 5-14 所示，要求计算电路在深度负反馈条件下的 A_{usf}。

解 电路的反馈网络由 R 组成，电压反馈电路的输出信号为 u_O，并联反馈电路的输入回路为电流叠加，输入量、净输入量和反馈量均为电流量。此时反馈信号为 i_F。

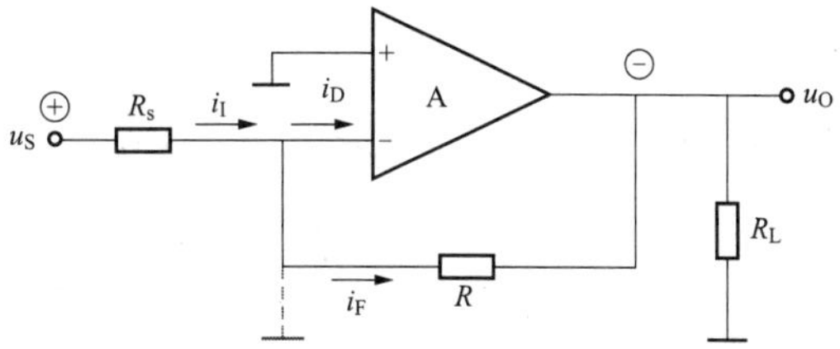

图 5-14　例 5-6 图

因为引入并联反馈，所以 $i_I\approx i_F$，电路的净输入电流 $i_D\approx 0$，净输入电压也约等于零，运放的同相输入端接地，则运放的反相输入端对地电压也为零，即运放的反相输入端为虚地点。

需要注意的是，所有的并联反馈都可将反馈网络输出端（电路的输入端）视为虚地点。

$$u_S=i_IR_s\approx i_FR_s$$

$$u_O=-i_FR$$

$$A_{usf}=\frac{u_O}{u_S}\approx\frac{-i_FR}{i_FR_s}=-\frac{R}{R_s}$$

【解题指导与点评】 本题的考点是深度负反馈条件下电路的放大倍数的估算。对引入电压并联负反馈的电路，关键要找出输出电压 u_O 与反馈电流 i_F 及信号源电压 u_S（或输入电压 u_I）与反馈电流 i_F 的关系。确定上述物理量之间的关系时一定要记得并联反馈的反馈网络输出端为虚地点。

【例 5-7】 电路引入电流并联反馈，如图 5-15所示，要求计算电路在深度负反馈条件下的 A_{usf}。

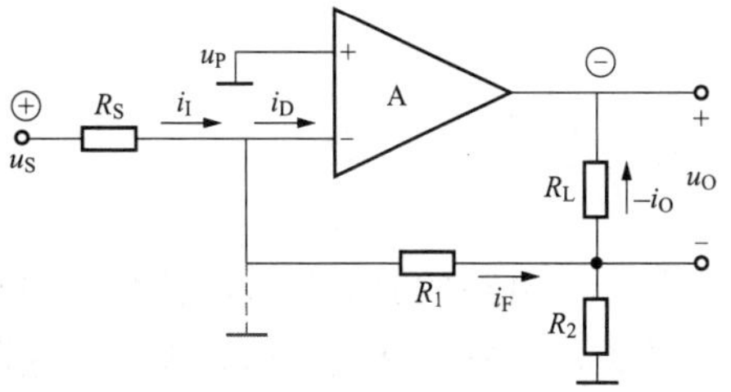

图 5-15　例 5-7 图

解 电路的反馈网络由 R_1、R_2 组成，输出信号为 i_O，反馈信号为 i_F，并联反馈电路的反馈网络输出端即运算放大器的反相输入端为虚地点。

$$u_S=i_IR_S\approx i_FR_S$$

$$u_O=i_OR_L$$

$$i_F=\frac{R_2}{R_1+R_2}(-i_O)$$

$$A_{usf}=\frac{u_O}{u_S}\approx\frac{i_OR_L}{i_FR_S}=-\left(1+\frac{R_1}{R_2}\right)\frac{R_L}{R_S}$$

【解题指导与点评】 本题的考点是深度负反馈条件下电路的放大倍数的估算。对引入电流并联负反馈的电路，要找出信号源电压 u_S（或输入电压 u_I）与输入电流 i_I 以及输出电压 u_O 与输出电流 i_O 的关系，因为并联反馈 $i_I \approx i_F$，最后找到反馈电流 i_F 与输出电流 i_O 的关系即可。确定上述物理量之间的关系时一定要记得并联反馈的反馈网络输出端为虚地点。

【例 5-8】 在图 5-16 所示的电路中，已知 $R_1=10\text{k}\Omega$，$R_2=100\text{k}\Omega$，$R_3=2\text{k}\Omega$，$R_L=5\text{k}\Omega$。求在深度负反馈条件下的 A_{uf}。

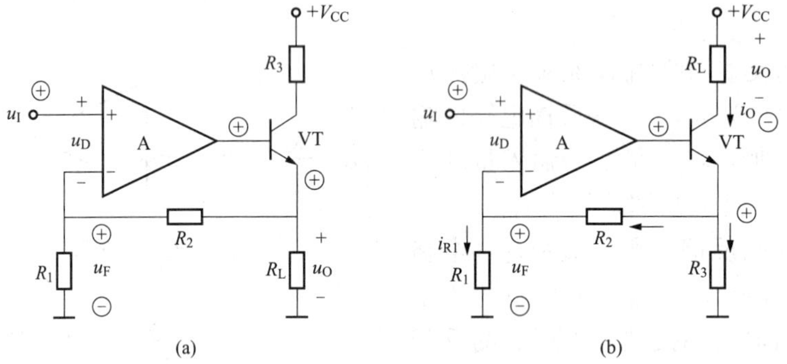

图 5-16 例 5-8 图

解 图（a）所示电路中 R_1、R_2 组成了反馈网络，且电路引入了电压串联负反馈。由图可知 u_I、u_O 相位相同，A_{uf} 为正。

$$A_{uf}=\frac{u_O}{u_I}\approx\frac{u_O}{u_F}=\frac{R_1+R_2}{R_1}=11$$

图（b）所示电路中 R_1、R_2、R_3 组成了反馈网络，且电路引入了电流串联负反馈。由图可知 u_I、u_O 相位相同，A_{uf} 为正。

$$i_{R1}=\frac{R_3}{R_1+R_2+R_3}\cdot i_O$$

$$u_F=i_{R1}R_1=\frac{R_3}{R_1+R_2+R_3}\cdot i_O\cdot R_1$$

$$u_O=i_OR_L$$

$$A_{uf}=\frac{u_O}{u_I}\approx\frac{u_O}{u_F}=\frac{R_1+R_2+R_3}{R_1R_3}\cdot R_L=\frac{10+100+2}{10\times 2}\times 5=28$$

【解题指导与点评】 本题的考点仍然是深度负反馈条件下电路的放大倍数的估算，但是强调分析电路时注意电路的细节，不要只看电路的表面现象，要看电路的实质。表面看这两个电路结构相同，但看细节会发现电路的输出信号位置不同，这样电路的反馈组态也就不相同，当然计算方法不一样，结果也不会一样。

【例 5-9】 电路如图 5-17 所示。

（1）判断电路引入了哪种组态的交流负反馈；

（2）求出 F 及在深度负反馈条件下的 A_{uf}。

解 (1) R_{e1}、R_f 组成了反馈网络，利用瞬时极性法得到电路引入负反馈；从输出端看，反馈取自输出端，为电压反馈；从输入端看，反馈引回非输入端，输入信号、净输入信号和反馈信号以电压的形式叠加，为串联反馈。所以电路引入了电压串联负反馈。

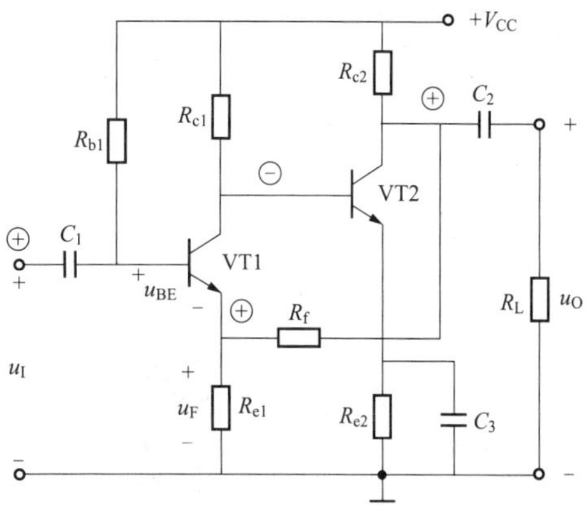

图 5-17 例 5-9 图

(2) 串联反馈电路的净输入信号 $u_{BE}\approx 0$，$u_I\approx u_F$，此时 u_F 与 u_O 为分压关系。

$$F_{uu}=\frac{u_F}{u_O}=\frac{R_{e1}}{R_{e1}+R_f}$$

$$A_{uf}=\frac{u_O}{u_I}\approx\frac{u_O}{u_F}=\frac{R_{e1}+R_f}{R_{e1}}=1+\frac{R_f}{R_{e1}}$$

【解题指导与点评】 本题的考点是负反馈放大电路反馈组态的判断以及深度负反馈放大电路放大倍数的计算。关键是正确找到反馈网络并判断反馈组态。电压串联负反馈电路的计算部分比较简单，只需找到 u_O 和 u_F（也就是 u_I）的关系即可。

【例 5-10】 负反馈放大电路如图 5-18 所示，A1 和 A2 的开环差模放大倍数约为 10^5，其输出电压的最大值为 ±14V，输入电压 u_I 为 0.1V。

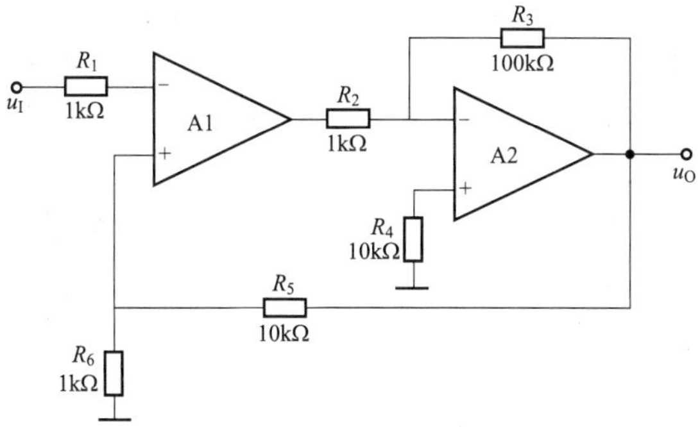

图 5-18 例 5-10 图

(1) 分析该电路引入了哪种组态的交流负反馈；

(2) 求 u_O；

(3) 若 R_3 短路，则 u_O 为多少？若 R_6 短路，则 u_O 为多少？

解 (1) 电路引入了电压串联负反馈。

(2) $u_O=(1+R_5/R_6)u_I=11\times 0.1=1.1(\text{V})$。

(3) 若 R_3 短路，则 $u_O=0\text{V}$；若 R_6 短路，则 $u_O=14\text{V}$。

【解题指导与点评】 本题的考点是负反馈放大电路的综合分析。第（1）小题不再赘述；要想得到第（2）小题的答案，首先要写出电路输入、输出信号关系式 $u_O=(1+R_5/R_6)u_I$，再计算出 u_O 的值。第（3）小题中 R_3 短路使输出 u_O 和 A2 的反相输入端同电位，由于集成运算放大器具有“虚短”“虚断”的特点，同相、反相输入端电位近似相等，并且同相输入端的电位为“0”，这样输出端的电压 $u_O=0\text{V}$；若 R_6 短路，则反馈不复存在，$u_O=14\text{V}$。

自测题

一、电路如题图 5-3 所示，判断电路的反馈组态并计算深度负反馈条件下的电压放大

倍数 A_{uf}。

二、电路如题图 5-4 所示，要求判断电路反馈组态并计算深度负反馈条件下的放大倍数 A_{uf}。

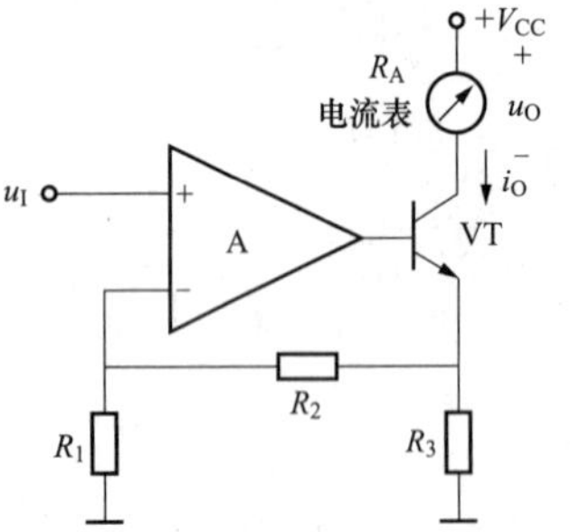

题图 5-3

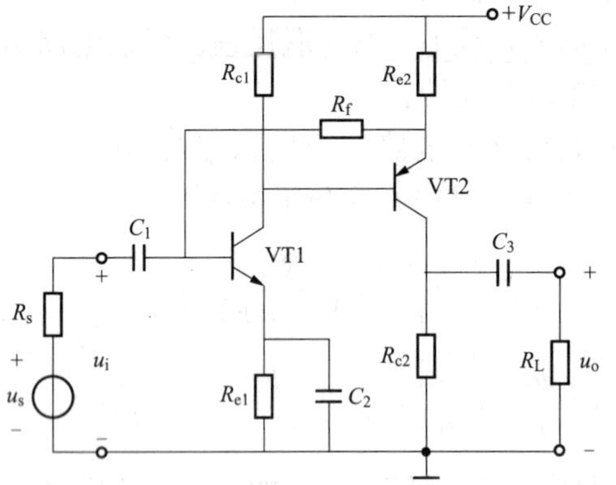

题图 5-4

三、在题图 5-5 所示电路中，已知 $R_1=10\text{k}\Omega$，$R_3=100\text{k}\Omega$。判断反馈组态，求解深度负反馈条件下的电压放大倍数 A_{uf}。

四、分析题图 5-6 所示电路中的反馈（北京科技大学 2013 年硕士研究生考试试题）。

(1) 判断电路中是否引入了反馈？并使用瞬时极性法判断是正反馈还是负反馈，写出判断过程；

(2) 引入的反馈是直流反馈还是交流反馈，如果存在交流负反馈，请判断其组态；

(3) 估算在深度负反馈条件下电路的放大倍数 A_{usf}。

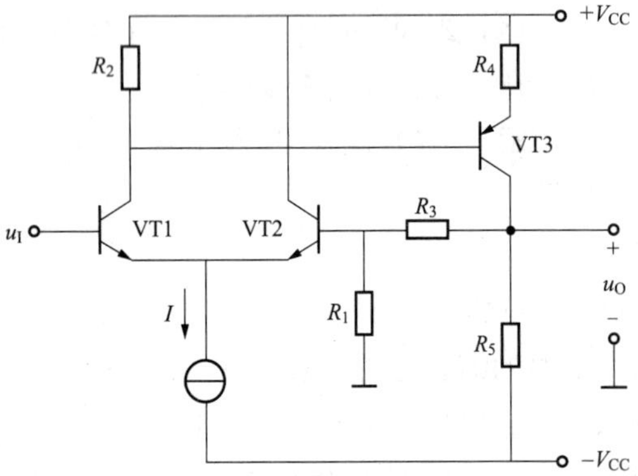

题图 5-5

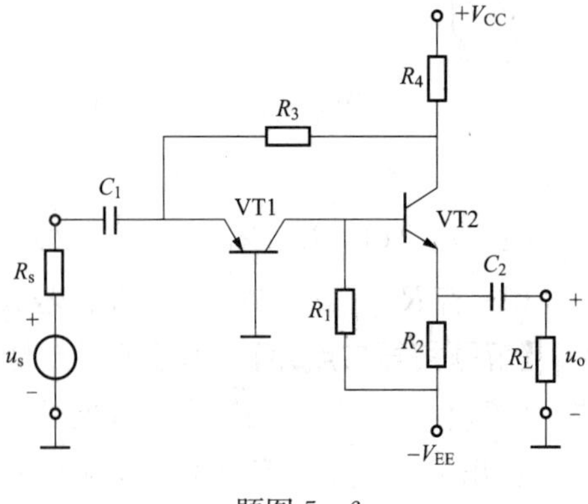

题图 5-6

五、电路如题图 5-7 所示。

(1) 判断电路中是否引入了反馈，并判断是正反馈还是负反馈，是直流反馈还是交流反馈，如果存在交流负反馈，判断其组态；

(2) 估算在深度负反馈条件下电路的放大倍数 A_{uf}。

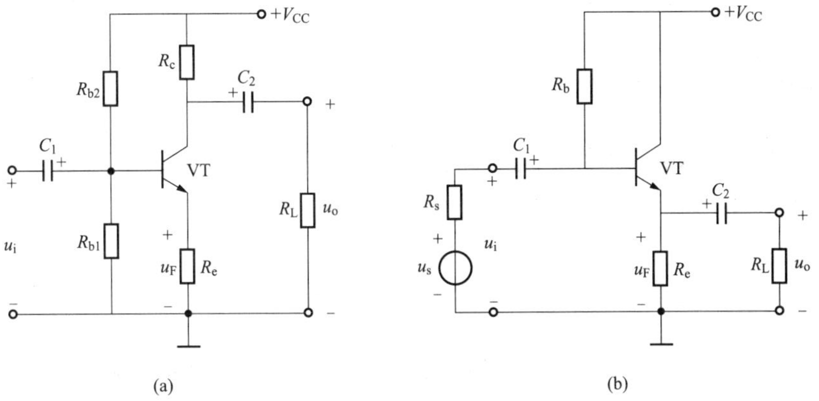

题图 5－7

课题四　负反馈对放大电路性能的影响及应用

内容提要

1. 负反馈对放大电路性能的影响

（1）负反馈使净输入信号减小，使放大倍数下降。负反馈对放大电路性能的改善是以牺牲放大倍数为代价的。

（2）负反馈可以稳定输出量。电压负反馈可以稳定输出电压，电路可视为恒压源；电流负反馈可以稳定输出电流，电路可视为恒流源。

（3）引入不同组态的负反馈，可以改变电路的输入电阻和输出电阻。串联负反馈增大电路的输入电阻，并联负反馈减小电路的输入电阻；电压负反馈减小电路的输出电阻，电流负反馈增大电路的输出电阻。

（4）负反馈可以展宽通频带。负反馈将减小电路的下限截止频率，增大电路的上限截止频率，从而有效展宽电路的通频带。

（5）负反馈可以减小电路的非线性失真。

2. 正确引入负反馈的原则

（1）要稳定电路的静态工作点，引入直流负反馈；要改变电路的动态性能，引入交流负反馈。

（2）要稳定输出电压，应引入电压负反馈；要稳定输出电流，应引入电流负反馈。

（3）要改变电路的输入电阻和输出电阻，引入相应组态的反馈。要增大输入电阻，应引入串联负反馈；要减小输入电阻，应引入并联负反馈。要减小输出电阻，应引入电压负反馈；要增大输出电阻，应引入电流负反馈。

（4）要进行信号变换，需要引入相应组态的反馈。若要将电流信号转换为电压信号，需要引入电压并联负反馈；若要将电压信号转换为电流信号，需要引入电流串联负反馈。

（5）若信号源为恒压源或近似恒压源，需要引入输入电阻大、输入电流小的串联负反馈；若信号源为恒流源或近似恒流源，需要引入输入电阻小、输入电流大的并联负反馈。

典型例题

【例 5-11】 一个负反馈放大电路，放大倍数 $A=10^4$，反馈系数 $F=0.01$，如果由于某种原因 A 的相对变化量为 10%，求 A_f 的相对变化量。

解 根据$\frac{dA_f}{A_f}=\frac{1}{1+AF}\times\frac{dA}{A}$，得到

$$\frac{dA_f}{A_f}=\frac{1}{1+AF}\times\frac{dA}{A}=\frac{1}{1+10^4\times0.01}\times10\%\approx0.1\%$$

结果表明，在 A 变化 10%的情况下，A_f 只变化了 0.1%，即 A 由 10000 降到 9000 或升到 11000 时，而 A_f 则由原来的 100 降到 99.9 或升到 100.1，变化量减小，稳定性提高。应当指出，A_f 的稳定性是以损失放大倍数为代价的，即 A_f 减小到 A 的（$1+AF$）分之一，才使其稳定性提高到 A 的（$1+AF$）倍。

【解题指导与点评】 本题的考点是负反馈对放大电路放大倍数的影响。负反馈稳定放大倍数，但放大倍数降低。

【例 5-12】 填空题

（1）为了稳定静态工作点，应引入________负反馈；为了抑制温漂，应引入________负反馈；为了稳定放大倍数，应引入________负反馈 ；为了改变输入电阻和输出电阻，应引入________负反馈；为了展宽频带，应引入________负反馈。

（2）要稳定放大电路的输出电压，应引入________负反馈；要稳定放大电路的输出电流，应引入________负反馈；要增大放大电路的输入电阻，应引入________负反馈；要减小放大电路的输入电阻，应引入________负反馈；要增大放大电路的输出电阻，应引入________负反馈；要减小放大电路的输出电阻，应引入________负反馈。

解 （1）直流；直流；交流；交流；交流。

（2）电压；电流；串联；并联；电流；电压。

【解题指导与点评】 本题的考点是正确引入负反馈的原则。要稳定静态工作点或抑制温漂应引入直流负反馈，要改善动态性能应引入交流负反馈，而放大倍数、输入输出电阻、通频带都是动态性能指标。第（2）小题在内容提要 2 部分均有详述。

【例 5-13】 在空格内填入合适的反馈组态。

（1）增大输入电阻并增强带负载能力，应引入________________；

（2）将输入电流 i_I 转换成与之成稳定线性关系的输出电流 i_O，应引入________________；

（3）将输入电流 i_I 转换成稳定的输出电压 u_O，应引入________________；

（4）将输入电压 u_I 转换成稳定的输出电流 i_O，应引入________________。

解 （1）电压串联负反馈。

增强带负载能力，是指输出电压稳定，输出电阻减小，应引入电压负反馈；输入电阻增大，应引入串联负反馈。所以电路引入的反馈组态为电压串联负反馈。

（2）电流并联负反馈。

输出量是电流量，应引入电流负反馈；输入量是电流量，说明输入回路是电流叠加，应引入并联负反馈。所以电路引入的反馈组态为电流并联负反馈。

(3) 电压并联负反馈。

输出量是电压量，应引入电压负反馈；输入量是电流量，说明输入回路是电流叠加，应引入并联负反馈。所以电路引入的反馈组态为电压并联负反馈。

(4) 电流串联负反馈。

输出量是电流量，应引入电流负反馈；输入量是电压量，说明输入回路是电压叠加，应引入串联负反馈。所以电路引入的反馈组态为电流串联负反馈。

【解题指导与点评】 本题的考点是根据电路需要，选择合适的反馈组态。首先，应根据题目要求判断输出量是电压量还是电流量，并相应选择电压或电流负反馈；然后，判断输入量是电压量还是电流量，并相应选择串联或并联负反馈。

【例 5-14】 电路如图 5-19 所示。

(1) 为使输出电压稳定，引入合适的负反馈，画出相应的电路图；

(2) 若电压放大倍数的数值为－10，求出反馈电阻的阻值。

解 (1) 若使输出电压稳定，就要引入电压负反馈。利用瞬时极性法在电路图中依次标注从输入信号到输出信号各相关点的极性，由于输入信号的极性和输出信号的极性相反，要使反馈为负反馈，必须将反馈引回到输入端，即引入并联负反馈。连接好电压并联负反馈的电路如图 5-20 所示。

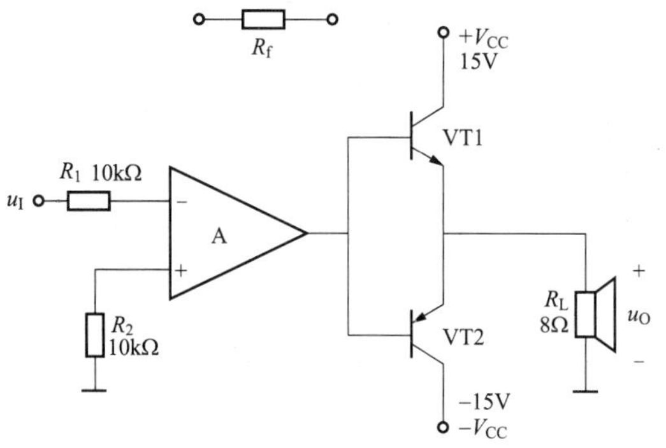

图 5-19　例 5-14 图

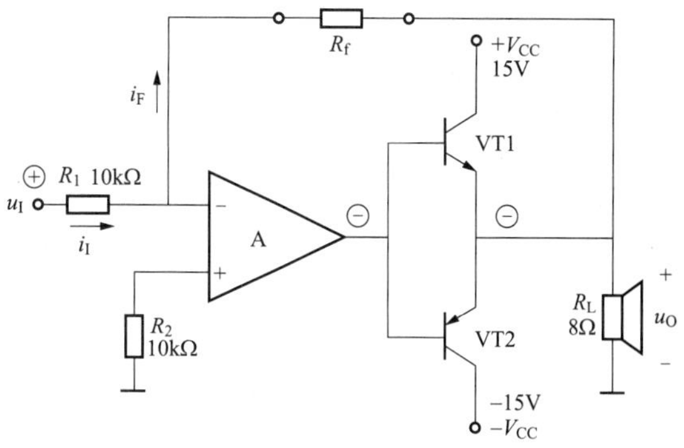

图 5-20　连接好电压并联负反馈的电路

(2) 因为图 5-20 所示电路中引入并联反馈，所以 $i_I \approx i_F$（其中 i_I 是通过电阻 R_1 的电流，i_F 是通过电阻 R_f 的电流），且集成运放反相输入端为虚地点。电路的电压放大倍数为

$$A_{uf}=\frac{u_O}{u_I}=\frac{-i_F R_f}{i_I R_1}\approx-\frac{R_f}{R_1}$$

题中已知电压放大倍数 $A_{uf}=-\frac{R_f}{R_1}=-10$，且 $R_1=10\text{k}\Omega$，所以 $R_f=100\text{k}\Omega$。

【解题指导与点评】 本题的考点是根据电路需要，为电路引入合适的反馈。首先要根据题目要求确定反馈组态，然后根据反馈组态将反馈电阻连接在电路中。计算部分，需要首先确定该电路 A_{uf} 的计算公式，然后和题目要求的倍数相对比，获得 R_f 值。

【例 5-15】 电路如图 5-21 所示，已知输入电压 $u_I=0\sim1V$，通过电路转换成 0～5mA 的电流，A 为集成运算放大器。

(1) 为实现上述功能，在电路中应引入哪种组态的交流负反馈？

(2) 在图中合理连接 R_f 实现这种反馈，并标出集成运放的同相输入端（+）和反相输入端（−）。

(3) 求 R_f。

解 (1) 输出量是电流量，输入量是电压量，应为电路引入电流串联负反馈。

(2) 电流串联反馈应从非输出端引回到非输入端，为了保证引入负反馈，集成运放应同相输入端在上、反相输入端在下，电路连接如图 5-22 所示。

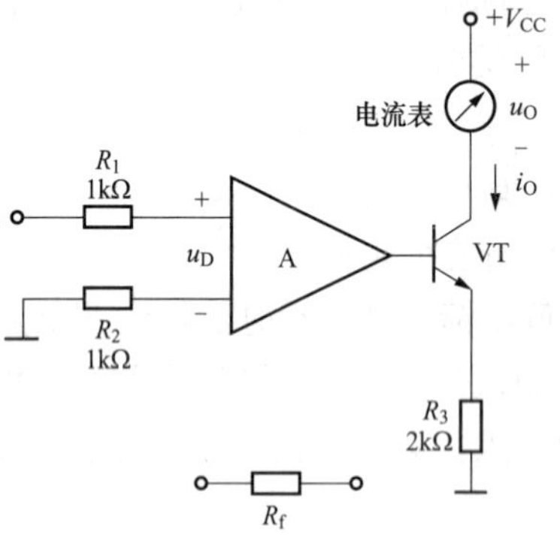

图 5-21 例 5-15 图

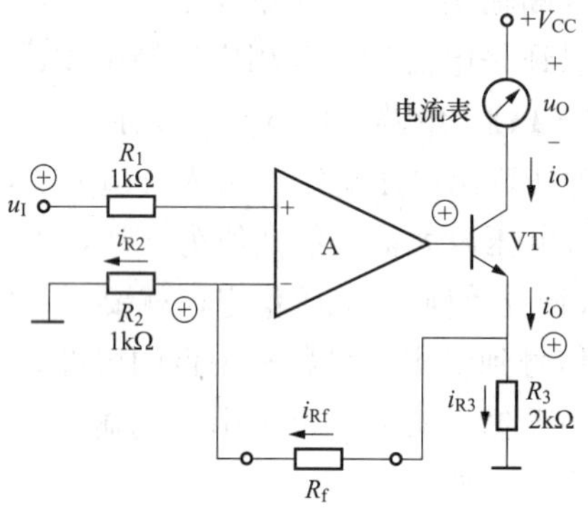

图 5-22 连接好电流串联负反馈的电路

(3) 因为电路中引入串联反馈，所以

$$u_I \approx u_{R2} = i_{R2}R_2$$

又因为

$$i_{R2} = i_{Rf}$$

$$i_{R2} = \frac{R_3}{R_2 + R_3 + R_f} \cdot i_O$$

则电路的输入信号为

$$u_I = \frac{R_2R_3}{R_2 + R_3 + R_f} \cdot i_O$$

可见 u_I 与 i_O 成正比，当 $u_I=0\sim1V$ 时，$i_O=0\sim5mA$，即 $u_I=1V$ 时，$i_O=5mA$，代入上式中，则

$$1=\frac{1\times2}{1+2+R_f}\times5$$

得到 $R_f=7k\Omega$。

【解题指导与点评】 本题的考点不仅仅是根据电路需要，为电路引入合适的反馈，还包括如何分析反馈放大电路的输出量和输入量的关系及电路元件的选择。这道题涉及的知识比较多，综合性比较强。第 (1)、(2) 小题要先确定引入的反馈组态，然后确定反馈电阻的两端和电路如何连接才能既保证电路引入负反馈，又符合电路的要求。第 (3) 小题对 R_f 的求解则需要找到 u_I 与 i_O 的关系，利用题中给出的已知条件得到 R_f 即可。

自测题

一、已知一个负反馈放大电路的 $A=10^5$，$F=2\times10^{-3}$。

(1) 求 A_f；

(2) 若 A 的相对变化率为 20%，则 A_f 的相对变化率为多少？

二、在空格内填入合适的反馈组态。

(1) 实现电流-电压转换电路，应引入________________；

(2) 实现电压-电流转换电路，应引入________________；

(3) 实现输入电阻高、输出电阻低的放大电路，应引入________________；

(4) 实现输入电阻低、输出电阻高的放大电路，应引入________________。

三、电路如题图 5-8 所示，为了达到以下目的，分别说明应引入哪种组态的反馈以及电路如何连接，并计算深度负反馈条件下的电压放大倍数。

(1) 减小放大电路从信号源索取的电流并增强带负载能力；

(2) 将输入电流 i_I 转换成与之成稳定线性关系的输出电流 i_O；

(3) 将输入电流 i_I 转换成稳定的输出电压 u_O；

(4) 将输入电压 u_I 转换成稳定的输出电流 i_O。

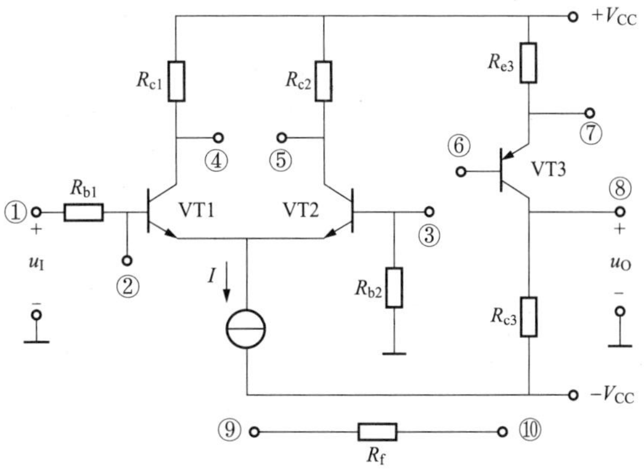

题图 5-8

习题精选

一、判断题（在括号内填入"√"或"×"来表明判断结果）

1. 只要在放大电路中引入反馈，就一定能使其性能得到改善。 (　　)

2. 放大电路的级数越多，引入的负反馈越强，电路的放大倍数也就越稳定。 (　　)

3. 反馈量仅仅决定于输出量。 (　　)

4. 既然电流负反馈稳定输出电流，那么必然稳定输出电压。 (　　)

二、分析计算题

1. 电路如题图 5-9 所示电路，$R_1=2\text{k}\Omega$，$R_2=10\text{k}\Omega$，$R_L=2\text{k}\Omega$。试指出反馈网络，判断反馈组态，求在深度负反馈条件下的 $\dot{A}_{uf}$。

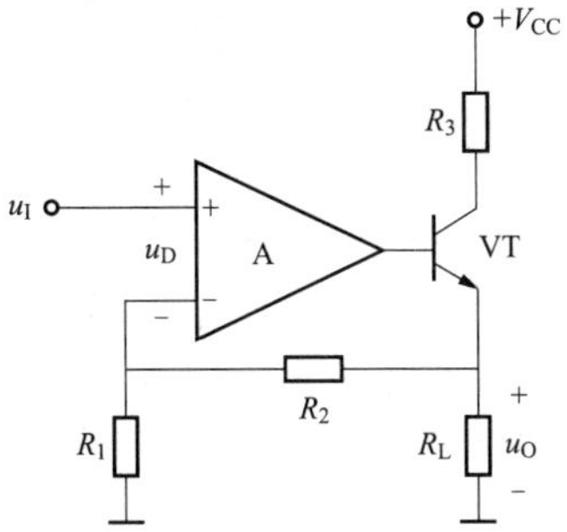

题图 5-9

2. 分析题图 5-10 所示电路中的反馈（北京科技大学 2012 年硕士研究生考试试题）。

(1) 判断电路中是否引入了反馈（指出哪些器件构成了

该反馈）；

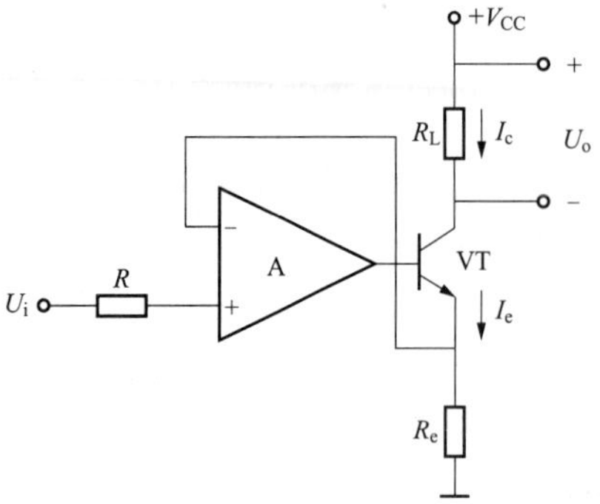

题图 5 - 10

（2）判断是直流反馈还是交流反馈，并使用瞬时极性法判断是正反馈还是负反馈（在图中标注判断过程）；

（3）如果存在交流负反馈，请判断其组态；

（4）估算在理想运放条件下整个电路的电压放大倍数$\dot{A}_{uf}$。

3. 分析题图 5 - 11 所示各电路的是否存在反馈？如果有反馈，是正反馈还是负反馈？是交流反馈还是直流反馈？如果电路有交流负反馈，判断反馈组态（多级放大电路，只判断级间反馈），计算深度负反馈条件下的电压放大倍数$\dot{A}_{uf}$或$\dot{A}_{usf}$。设图中所有电容对交流信号均可视为短路，其中图（a）为北京科技大学 2014 年硕士研究生考试试题，图（f）为军械工程学院 2011 年硕士研究生考试试题。

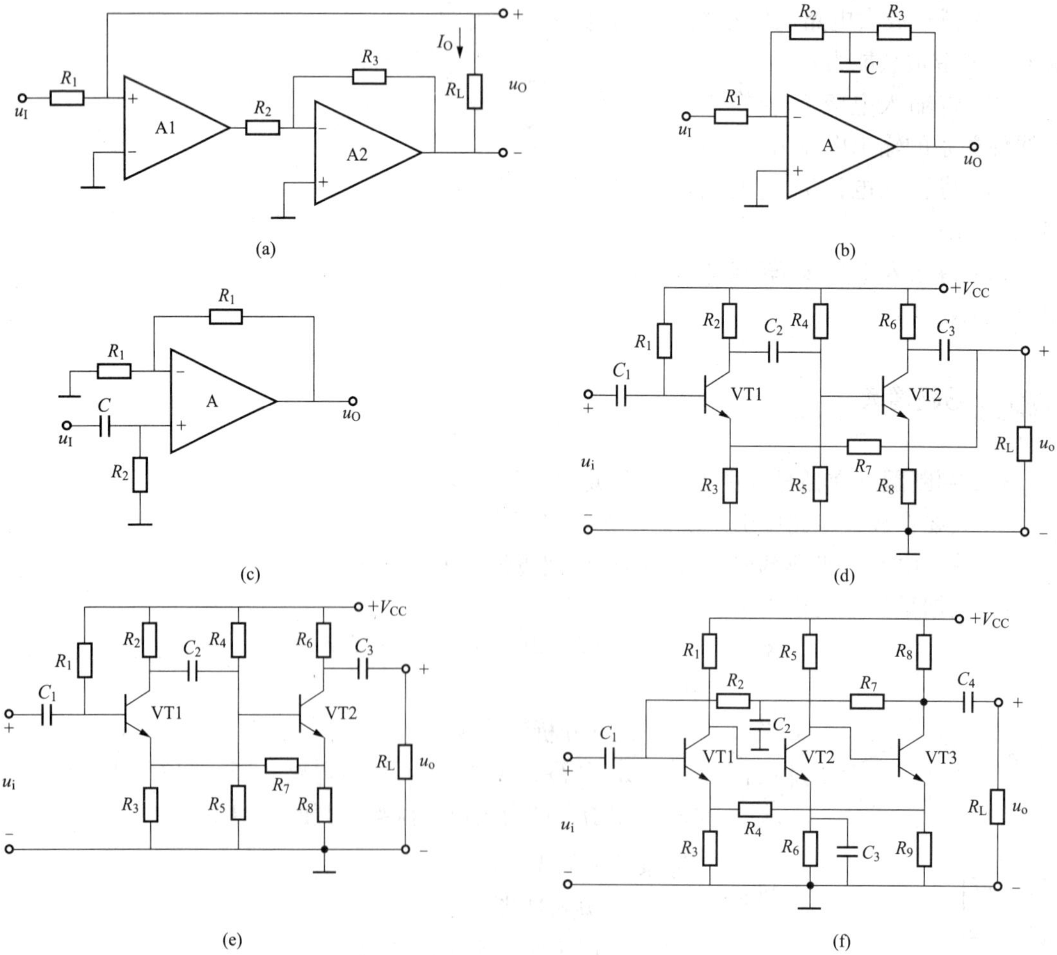

题图 5 - 11

4. 电路如题图 5－12 所示。已知 $V_{CC}=13V$，$R_L=8\Omega$，VT1 和 VT2 的饱和压降 $|U_{CES}|=1V$，集成运放的最大输出电压为 ±13V，二极管的导通压降为 0.7V（深圳大学 2012 年硕士研究生考试试题）。

(1) 若输入电压幅度足够大，则电路的最大输出功率为多少？

(2) 为了提高电路的输入电阻，稳定输出电压，应引入哪种组态的交流负反馈，合理连线，接入信号源和反馈，画出电路图；

(3) 若 $u_I=0.1V$，$u_O=5V$，则 R_f 的取值约为多少？

5. 负反馈放大电路如题图 5－13 所示，A 是理想运放（燕山大学 2012 年硕士研究生考试试题）。

(1) 说明反馈组态；

(2) 求闭环电压放大倍数 $\dot{A}_{uf}$；

(3) 说明负反馈对输出电阻的影响；

(4) 求放大电路的输入电阻 R_i。

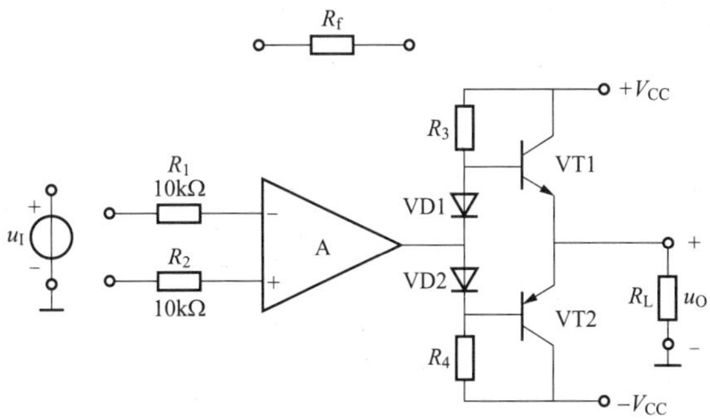

题图 5－12

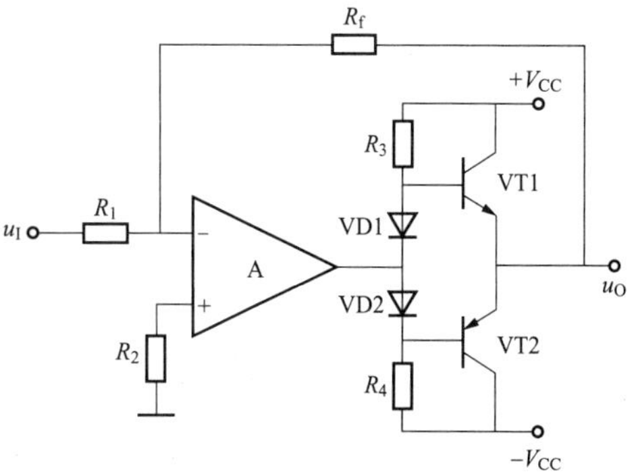

题图 5－13

6. 如题图 5－14 所示，已知晶体管 VT1、VT2 的参数 $\beta_1=\beta_2=50$，$R_{c1}=R_{c2}=5k\Omega$，$R_{e1}=R_{e2}=2k\Omega$，$R_s=1k\Omega$，$R_F=2k\Omega$，$V_{CC}=12V$（浙江师范大学 2012 年硕士研究生考试试题）。

(1) 判断电路的反馈极性，并说明反馈组态（如为正反馈，则先改接为负反馈）；

(2) 假设负反馈满足深度负反馈条件，估算闭环电压放大倍数 $\dot{A}_{uf}$。

7. 反馈放大电路如题图 5－15 所示（深圳大学 2013 年硕士研究生考试试题）。

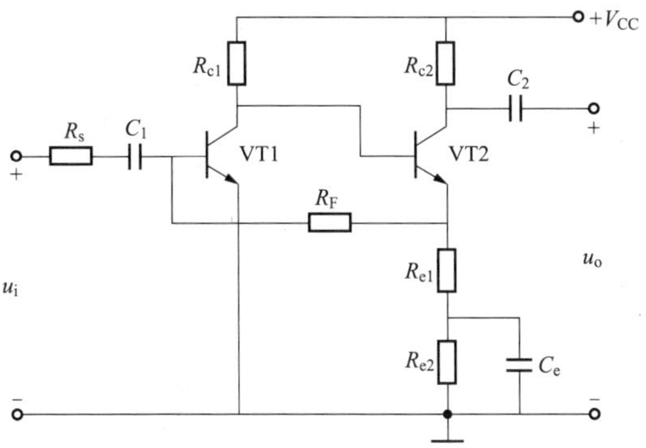

题图 5－14

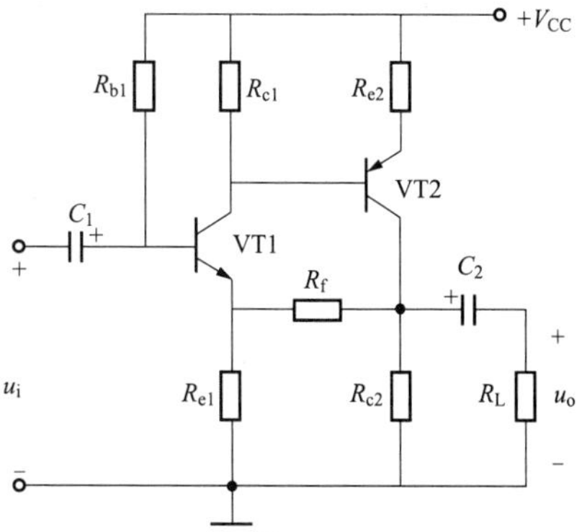

题图 5－15

(1) 试指明级间反馈元件；

(2) 判断反馈类型和性质（是正反馈还是负反馈，是直流还是交流反馈；属于何种反馈组态）；

(3) 若电路满足深度负反馈的条件，写出电路的电压放大倍数$\dot{A}_{uf}$的表达式。

8. 判断题图 5－16 所示各电路中是否引入了反馈；若引入了反馈，则判断是正反馈还是负反馈；若引入了交流负反馈，则判断是哪种组态的负反馈，并求出反馈系数和深度负反馈条件下的电压放大倍数$\dot{A}_{uf}$。设图中所有电容对交流信号均可视为短路。

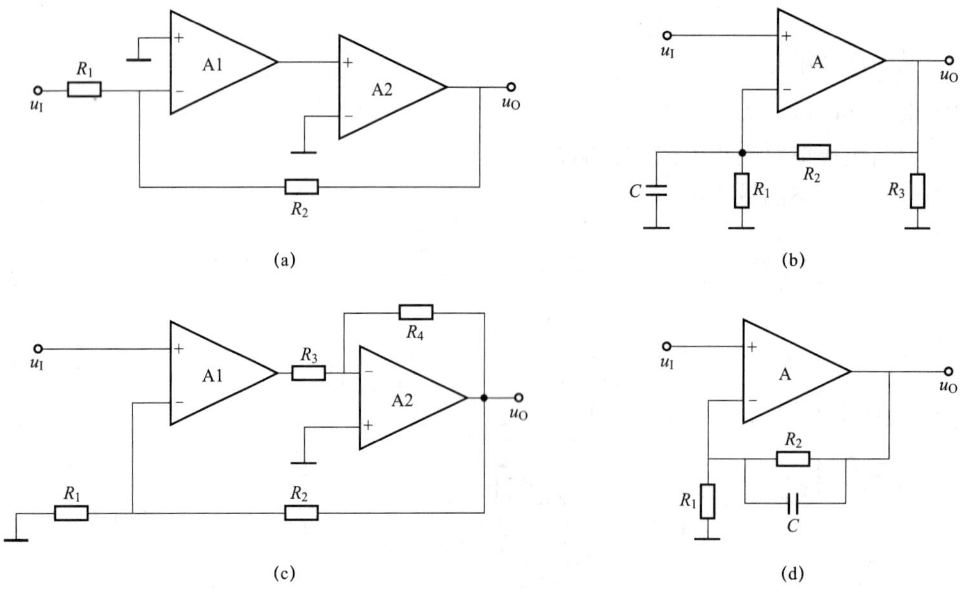

题图 5－16

9. 电路如题图 5－17 所示。试问：若以稳压管的稳定电压 U_S 作为输入电压，则当 R_2 的滑动端位置变化时，输出电压 U_O 的调节范围为多少？

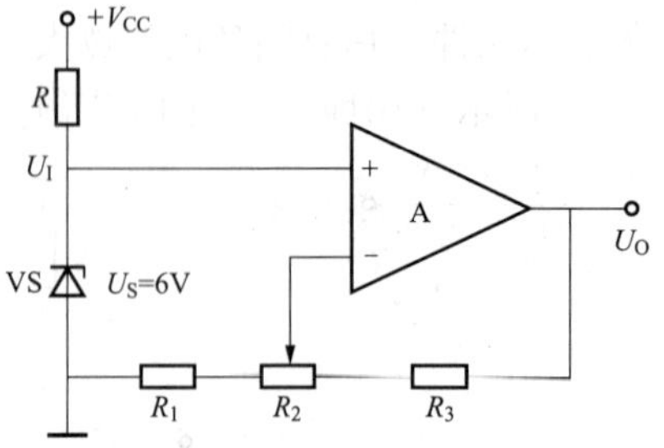

题图 5－17

第六章　波形的发生和信号的转换

重点：正弦波振荡电路产生振荡的条件、电路组成及其振荡频率的计算；各种电压比较器的传输特性分析。

难点：正弦波振荡电路的工作原理和振荡条件，电压比较器的阈值电压的求法，非正弦波发生电路的工作原理。

要求：熟练掌握 RC 正弦波振荡电路的组成、振荡条件和振荡频率的计算；熟练掌握 LC 正弦波振荡电路的组成和相位平衡条件的判断；了解电压比较器的工作原理，熟练掌握电压比较器的传输特性及波形分析；了解非正弦波发生电路的工作原理及波形分析。

课题一　正弦波振荡电路

内容提要

1. 正弦波振荡的形成

正弦波振荡电路可以在没有外加输入信号的情况下，依靠电路自激振荡而产生一定频率和幅度的正弦交流信号。

按图 6-1（a）连接电路，输入信号$\dot{X}_i$经过基本放大电路$\dot{A}$得到输出信号，输出信号通过反馈网络$\dot{F}$形成反馈信号$\dot{X}_f$。当反馈信号$\dot{X}_f$与输入信号$\dot{X}_i$无论幅度大小和相位都相同时，撤去输入信号$\dot{X}_i$，按图 6-1（b）连接电路，此时电路会形成稳定的循环，输出信号将是具有一定频率、一定幅度的正弦波，这就形成了正弦波振荡。

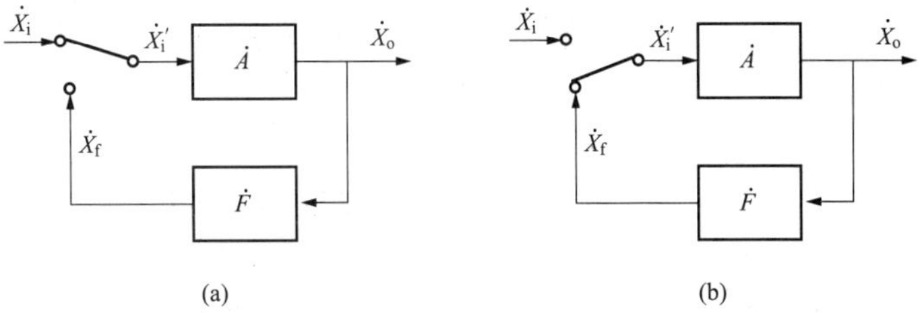

图 6-1　正弦波振荡电路的方框图

（a）接入输入信号$\dot{X}_i$；（b）撤去输入信号$\dot{X}_i$

2. 产生正弦波振荡的条件

（1）平衡条件。电路要产生持续稳定的正弦波，需要满足平衡条件

$$\dot{A}\dot{F}=1 \tag{6-1}$$

该条件可以分解为幅值平衡条件和相位平衡条件

$$|\dot{A}\dot{F}|=1 \tag{6-2}$$

$$\varphi_A+\varphi_F=2n\pi(n\text{ 为整数}) \tag{6-3}$$

需要注意的是，式（6－2）所示的幅值平衡条件是振荡电路进入稳态振荡时满足的条件。

（2）起振条件。电路的幅值起振条件和相位起振条件分别为

$$|\dot{A}\dot{F}|>1 \tag{6-4}$$

$$\varphi_A+\varphi_F=2n\pi(n\text{ 为整数}) \tag{6-5}$$

起振后，由稳幅环节使$|\dot{A}\dot{F}|=1$。

3. 正弦波振荡电路的组成

正弦波振荡电路一般由以下 4 部分组成：

（1）放大电路：具有放大信号的作用。由分立元件构成的放大电路要具有合适的静态工作点；集成运算放大器构成的放大电路要有合理的工作电压和偏置电路。

（2）选频网络：使电路产生单一频率的正弦波。选频网络的功能是从很宽的频谱信号中选择单一频率的信号，并且对该信号具有最大幅度的输出，其他频率的信号会逐渐衰减到最小，被选出来的频率就是该电路的振荡频率。

（3）正反馈网络：引入正反馈，使放大电路的输入信号等于反馈信号。

（4）稳幅环节：也就是非线性环节，使$|\dot{A}\dot{F}|$从大于 1 逐渐减小到 1，从而使输出信号的幅值稳定。

4. 正弦波振荡电路的起振过程

接通电源后，电路中的电扰动使电路产生一个很小且频谱范围很广的输出信号。这些噪声和干扰经过选频网络选频后，只有振荡频率 f_0 满足相位平衡条件，因此只要此时电路符合幅值起振条件$|\dot{A}\dot{F}|>1$，该信号就可以逐渐被放大，而其他频率的信号则逐渐衰减为零。当频率为 f_0 的信号幅度达到一定程度后，电路中的稳幅环节使放大电路的放大倍数逐渐下降，使$|\dot{A}\dot{F}|$从大于 1 逐渐减小到 1，此时电路产生具有一定频率、一定幅度的正弦波。简单来说，正弦波振荡就是“起振—增幅—等幅”的过程。

5. 判断电路能否产生正弦波振荡的方法

（1）观察电路是否包含了放大电路、选频网络、正反馈网络和稳幅环节四个组成部分。

（2）判断放大电路能否正常工作。

（3）利用瞬时极性法判断电路是否满足正弦波振荡的相位条件。具体做法是：设想将反馈网络断开，在断开处加入一个正弦信号作为输入信号，并假设输入信号的瞬时极性（如正半周用“＋”表示），沿着信号传输的方向，确定输出信号和反馈信号的极性。若反馈信号与输入信号极性相同，说明电路引入正反馈并符合相位条件；反之，电路不符合相位条件。注意：这里所说的极性，均指对地或交流地的极性。

（4）判断电路是否满足正弦波振荡的幅值起振条件$|\dot{A}\dot{F}|>1$。

6. 正弦波振荡电路的分类

正弦波振荡电路常用选频网络所用元件来命名。

(1) RC 正弦波振荡电路：振荡频率一般小于 1MHz；

(2) LC 正弦波振荡电路：振荡频率多在 1MHz 以上；

(3) 石英晶体正弦波振荡电路：振荡频率非常稳定。

7. RC 正弦波振荡电路

(1) RC 串并联选频网络。图 6-2 所示 RC 串并联网络的频率特性可表示为

$$\dot{F}=\frac{1}{3+\mathrm{j}\left(\omega RC-\dfrac{1}{\omega RC}\right)} \tag{6-6}$$

当 $f=f_0=\dfrac{1}{2\pi RC}$时，$|\dot{F}|=|\dot{F}|_{max}=\dfrac{1}{3}$，且 $\varphi_F=0°$（说明反馈信号和输出信号相位相同）。

(2) RC 桥式正弦波振荡电路。由 RC 串并联选频网络和同相比例运算放大电路构成的 RC 桥式正弦波振荡电路如图 6-3 所示。

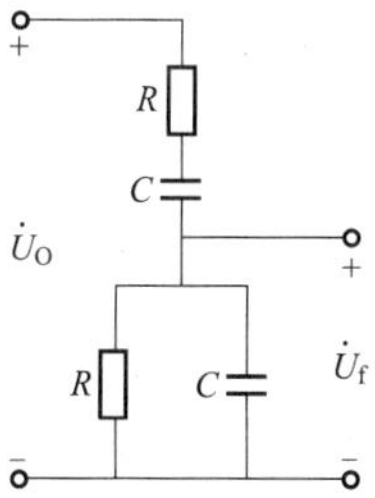

图 6-2　RC 串并联网络

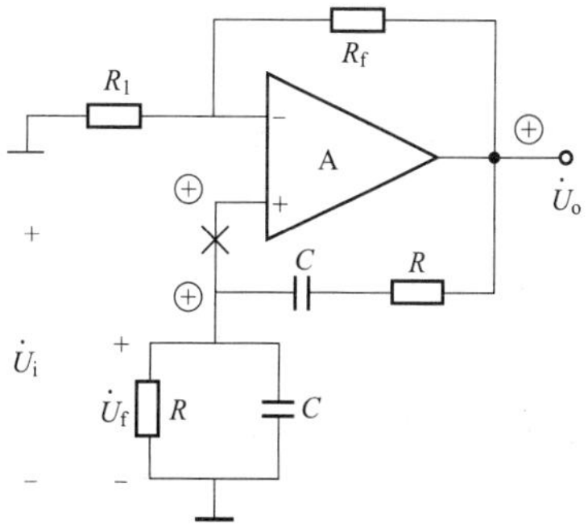

图 6-3　RC 桥式正弦波振荡电路

1) 电路组成。由 A、R_1 和 R_f 构成的同相比例运算电路作为放大电路；由 RC 串并联网络构成选频网络和正反馈网络。

2) 相位平衡条件的判断。将反馈的连接处断开，假设输入信号的瞬时极性对地为“+”，集成运算放大器的输出信号与同相输入端极性相同，也为“+”，RC 串并联选频网络没有相移，则反馈信号也为“+”。因为输入信号与反馈信号极性相同，所以电路引入正反馈，满足相位平衡条件。瞬时极性如图 6-3 所示。

3) 振荡频率。振荡频率由 RC 串并联选频网络决定，该电路的振荡频率

$$f=f_0=\frac{1}{2\pi RC} \tag{6-7}$$

4) 起振条件。为使电路满足$|\dot{A}\dot{F}|>1$，则$\dot{A}_u=1+\dfrac{R_f}{R_1}>3$，所以该电路的起振条件为

$$R_f>2R_1 \tag{6-8}$$

5) 稳幅措施。通常情况下，集成运算放大器输入、输出具有良好的线性关系，要想利用元件的非线性实现稳幅，可以将 R_f或 R_1 换成热敏电阻。例如，将 R_f 用一个具有负温度系数的热敏电阻代替，当输出信号幅值增大时，R_f 上的功耗增大，导致热敏电阻温度升高，

阻值减小，使放大电路的放大倍数减小，使输出电压的幅值基本恒定。同理，用一个具有正温度系数的热敏电阻代替 R_1 也可以实现稳幅。

6）起振过程。电路中的电扰动或噪声的宽广频谱中包含 $f=f_0=\frac{1}{2\pi RC}$ 这样的频率成分，这种微弱的信号在放大电路和正反馈网络所形成的闭合环路中传输。放大电路的 $\dot{A}_u$ 在开始时略大于 3，而反馈系数 $|\dot{F}|=\frac{1}{3}$，因而输出信号幅度会越来越大，最后受电路中非线性环节的限制，振荡幅度会自动稳定下来。此时 $\dot{A}_u=3$，达到 $|\dot{A}\dot{F}|=1$ 的幅值平衡条件。

8. LC 正弦波振荡电路

LC 正弦波振荡电路以 LC 并联网络为选频网络，放大电路多采用分立元件电路。常见的 LC 正弦波振荡电路有变压器反馈式、电感反馈式和电容反馈式。

（1）LC 并联网络的频率特性。常见的 LC 正弦波振荡电路中的选频网络多采用 LC 并联网络，如图 6－4 所示。

当信号频率较低时，电容的容抗很大，网络呈电感性；当信号频率较高时，电感的感抗很大，网络呈电容性；只有当信号频率 $f=f_0$ 时，网络呈纯电阻性，且阻抗无穷大，此时电路中产生电流谐振。

（2）变压器反馈式 LC 振荡电路。变压器反馈式 LC 振荡电路如图 6－5 所示。

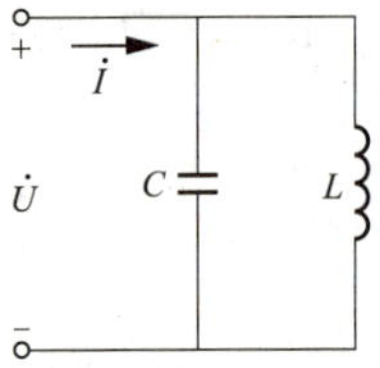

图 6－4　LC 并联网络

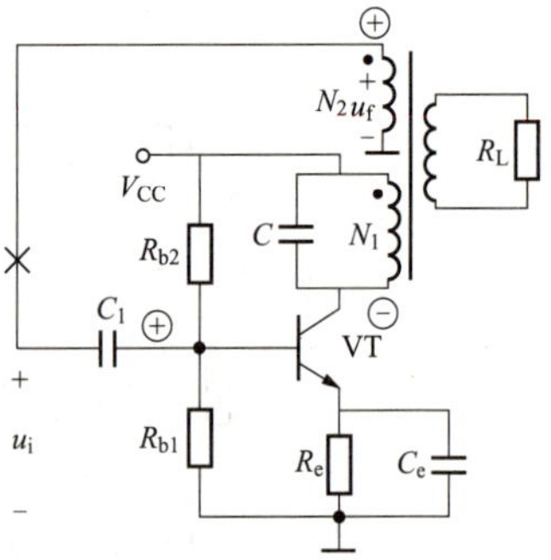

图 6－5　变压器反馈式 LC 振荡电路

1）电路组成。以晶体管 VT 为核心的共射电路构成放大电路；N_1 和 C 构成选频网络；N_2 构成正反馈网络；晶体管的非线性实现稳幅。

2）相位平衡条件的判断。变压器线圈同名端和异名端的相位关系如图 6－6 所示。若变压器同名端交流接地，另外两端相位相同；若异名端交流接地，另外两端相位相反。需要注意的是，做交流分析时，V_{CC} 视为接地。

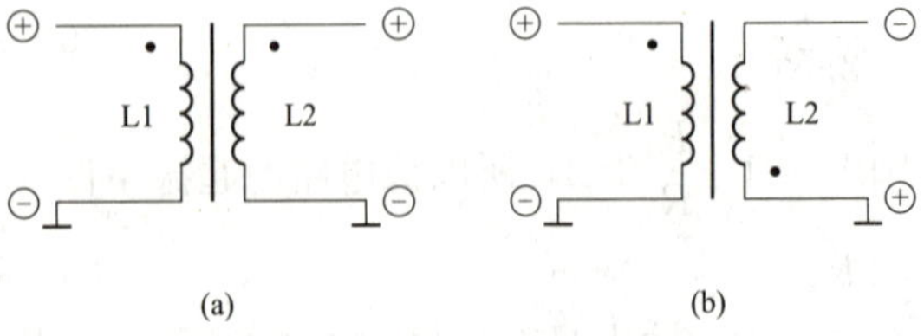

图 6－6　变压器各端相位关系

(a) 同名端交流接地；(b) 异名端交流接地

相位平衡条件的判断过程：

断开反馈与输入端的连接，设 u_i 的极性为“＋”，晶体管为共射接法，信号经共射放大电路放大，N_1 上的输出信号极性与输入信号相反为“－”。变压器异名端交流接地，另外两端相位相反，所以 N_2 上的反馈信号 u_f 为“＋”。因为 u_f 与 u_i 相位相同，电路满足相位平衡条件。瞬时极性如图 6－5 所示。

3）振荡频率为

$$f_0=\frac{1}{2\pi\sqrt{LC}} \tag{6-9}$$

式中，L 为 N_1 的电感量。

（3）电感反馈式 LC 振荡电路。电感反馈式 LC 振荡电路如图 6－7 所示。

1）电路组成。以晶体管 VT 为核心的共射电路构成放大电路；N_1、N_2 和 C 构成选频网络；N_2 构成正反馈网络；晶体管的非线性实现稳幅。

2）相位平衡条件的判断。电感线圈中各点的相位关系如图 6－8 所示。若中间抽头交流接地，另外两端相位相反；若首端或尾端交流接地，另外两端相位相同。

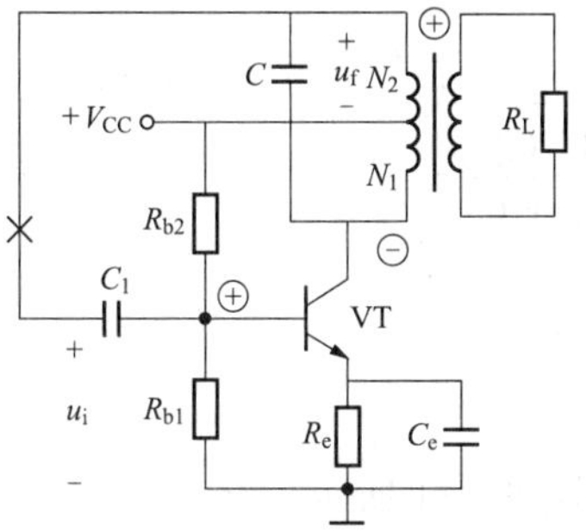

图 6－7　电感反馈式 LC 振荡电路

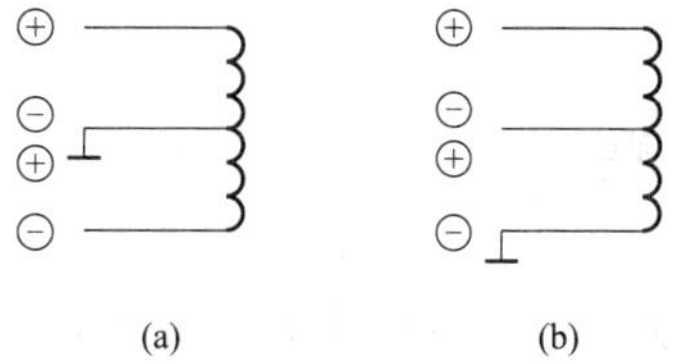

图 6－8　电感线圈中各点的相位关系

（a）中间抽头交流接地；（b）尾端交流接地

相位平衡条件的判断过程：断开反馈与输入端的连接，加 u_i 信号，设 u_i 的极性为“＋”，信号经共射放大电路放大，N_1 上的输出信号极性为“－”，中间抽头交流接地，另外两端相位相反，所以 N_2 上的反馈信号 u_f 极性为“＋”。u_f 与 u_i 相位相同，电路满足相位平衡条件。瞬时极性如图 6－7 所示。

3）振荡频率为

$$f_0=\frac{1}{2\pi\sqrt{(L_1+L_2+2M)C}} \tag{6-10}$$

式中，L_1 和 L_2 分别为 N_1 和 N_2 的电感量；M 为 N_1 和 N_2 之间的互感。

（4）电容反馈式正弦波振荡电路。电容反馈式正弦波振荡电路如图 6－9 所示。

1）电路组成。以晶体管 VT 为核心的共射电路构成放大电路；C_1、C_2 和 L 构成选频网络；C_2 构成正反馈网络。晶体管的非线性实现稳幅。

2）相位平衡条件的判断。电容网络中各点的相位关系如图 6－10 所示。相位关系同电感反馈式振荡电路，若中间端交流接地，另外两端相位相反；若首端或尾端交流接地，另外两端相位相同。

相位平衡条件的判断过程：断开反馈与输入端的连接，加 u_i 信号，设 u_i 极性为“＋”，信号经共射放大电路放大，晶体管的集电极也就是 C_1 上端的输出信号极性为“－”，由于电容的中间端交流接地，C_2 上的反馈信号 u_f 与输出信号极性相反，为“＋”。u_f 与 u_i 相位相同，电路满足相位平衡条件。瞬时极性如图 6－9 所示。

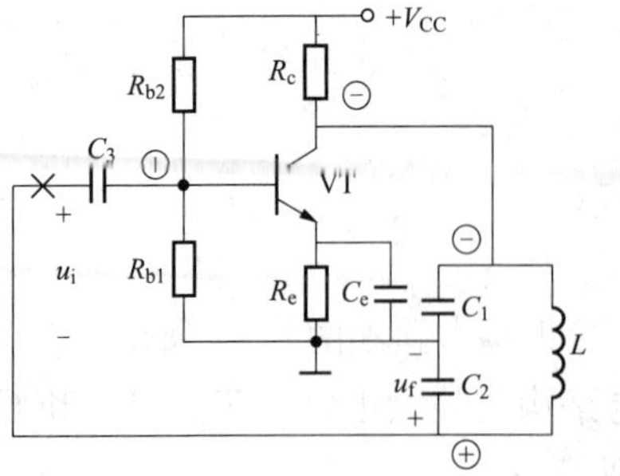

图 6-9　电容反馈式正弦波振荡电路

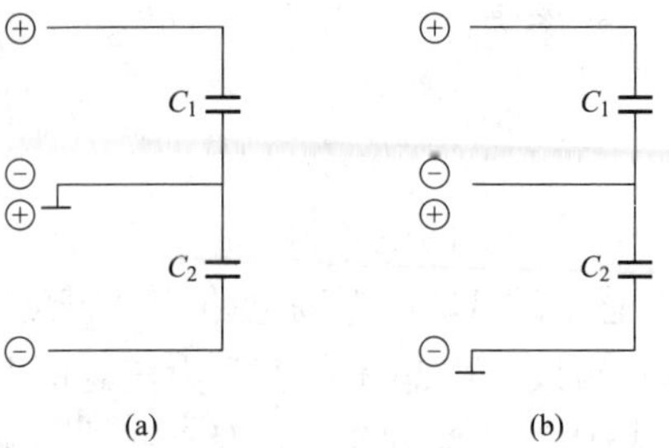

图 6-10　电容网络中各点的相位关系

(a) 中间端交流接地；(b) 尾端交流接地

3）振荡频率为

$$f_0=\frac{1}{2\pi\sqrt{L\frac{C_1C_2}{C_1+C_2}}} \tag{6-11}$$

典型例题

【例 6-1】 设 A 为理想运算放大器，电路如图 6-11 所示。

（1）为满足正弦波振荡条件，在图中标出运算放大器 A 的同相、反相输入端；

（2）为能起振，电阻 R_P 和 R_2 两个电阻之和应取多大的值；

（3）求此电路的振荡频率 f_0。

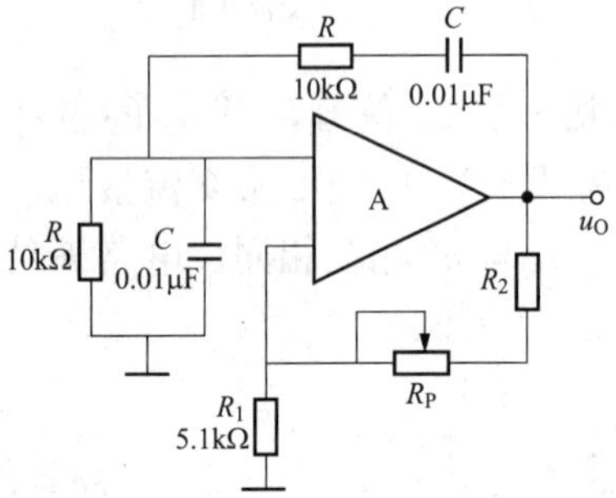

图 6-11　例 6-1 图

解　（1）上“+”下“－”。

（2）根据起振条件，$R_P+R_2>2R_1$，R_P+R_2 应大于 10.2kΩ。

（3）电路的振荡频率为

$$f_0=\frac{1}{2\pi RC}\approx 1.6\text{kHz}$$

【解题指导与点评】 本题的考点是 RC 正弦波振荡电路的相位平衡条件、起振条件及振荡频率的求解。要满足相位平衡条件，电路须引入正反馈，电路本身为单运算放大器电路，故 RC 选频网络须将信号引回其同相输入端；R_P 和 R_2 引入负反馈，使振荡电路的基本放大部分构成同相比例运算电路。若想满足起振条件，则：$A_u=1+\frac{R_P+R_2}{R_1}>3$。利用式（6-7）可求得 f_0。

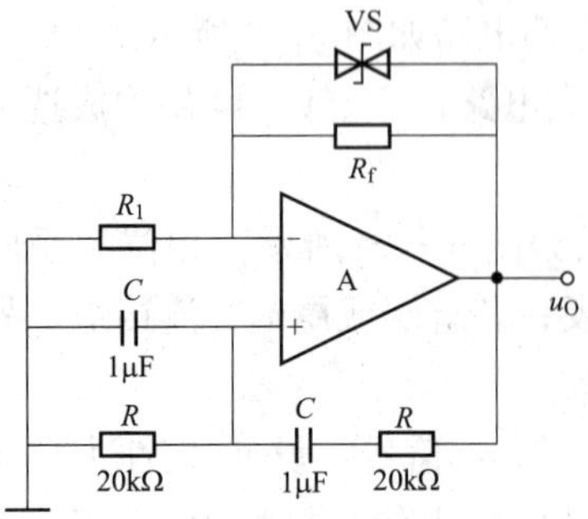

图 6-12　例 6-2 图

【例 6-2】 电路如图 6-12 所示，稳压管 VS 起稳幅作用，其稳定电压 $\pm U_S=\pm 5$V。试估算：

（1）输出电压不失真情况下的有效值；

(2) 振荡频率。

解　(1) R_f 上的峰值电压为 U_S，R_1 上的峰值电压为 R_f 的一半，故输出电压有效值为

$$U_o=\frac{1.5\,U_S}{\sqrt{2}}\approx 5.3\text{V}$$

(2) 电路的振荡频率为

$$f_0=\frac{1}{2\pi RC}\approx 7.96\text{Hz}$$

【解题指导与点评】　本题的考点是 RC 正弦波振荡电路的幅值平衡条件及振荡频率的求解。R_f 和 R_1 引入深度负反馈，构成同相比例运算电路，稳定振荡时，RC 串并联选频网络的反馈系数 $F=\frac{u_F}{u_O}=\frac{1}{3}$，所以 $u_N=u_F=\frac{1}{3}U_{omax}$，$U_S=\frac{2}{3}U_{omax}$；利用公式即可求得 f_0。

【例 6-3】　标出图 6-13 所示电路中变压器的同名端，使之满足正弦波振荡的相位条件，要求在图中标出瞬时极性。

解　图 6-13 所示振荡电路中的放大电路为基本共基放大电路，其反馈输入端为发射极。给发射极加入瞬时极性为“+”的输入信号，集电极得到“+”极性的输出信号，而变压器二次绕组上需要引回与输入信号同为“+”极性的反馈信号，才能使电路满足相位平衡条件。因此，变压器一次绕组和二次绕组的下端为同名端，如图 6-14 所示。当然，该电路的同名端也可以标在一次绕组和二次绕组的上端。

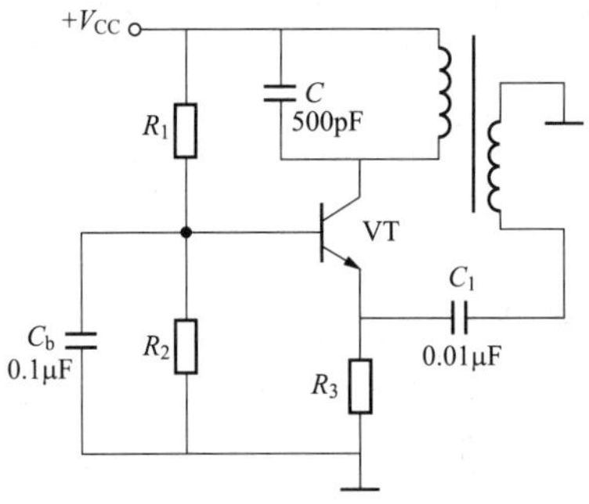

图 6-13　例 6-3 图

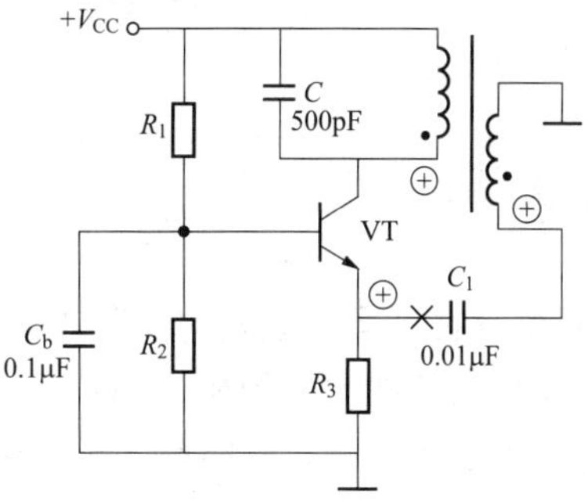

图 6-14　已标注瞬时极性和同名端的电路

【解题指导与点评】　本题的考点是 LC 正弦波振荡电路的相位平衡条件。先根据输入信号的瞬时极性标出输出信号的极性，再标出反馈信号的极性，将二者对比，可以很容易地标出该电路的同名端。

【例 6-4】　改正图 6-15 所示电路中的错误，使之有可能产生正弦波振荡。要求不能改变放大电路的基本接法。

解　首先，判断放大电路能否正常放大，即晶体管的静态工作点是否合适，图中静态时变压器二次绕组相当于短路，导致基极直接接地，晶体管截止，无法工作在放大状态，需要在放大电路的输入端与反馈网络间加入耦合电容 C_1。

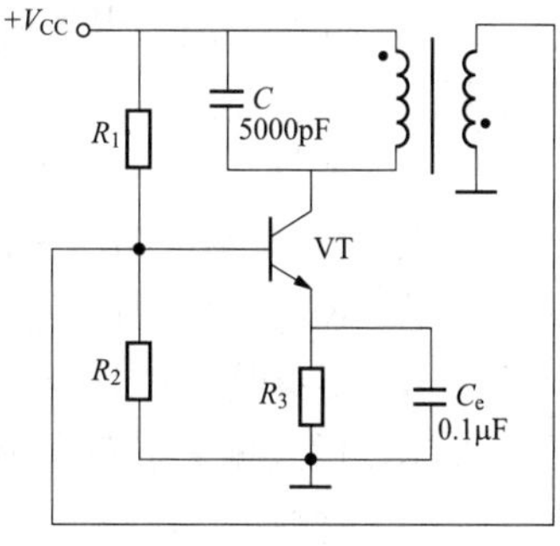

图 6-15　例 6-4 图

然后，利用瞬时极性法判断电路是否满足相位条件。给晶体管的基极加入瞬时极性为“+”的输入信号，集电极得

到“－”极性的输出信号，由于变压器同名端交流接地，另外两端相位相同，所以变压器二次绕组上的反馈信号也为“－”极性，如图 6－16（a）所示 。由于反馈信号与输入信号的瞬时极性相反，电路不符合相位平衡条件。为了使电路正常振荡，应调整变压器一次绕组或二次绕组的同名端，如图 6－16（b）所示。

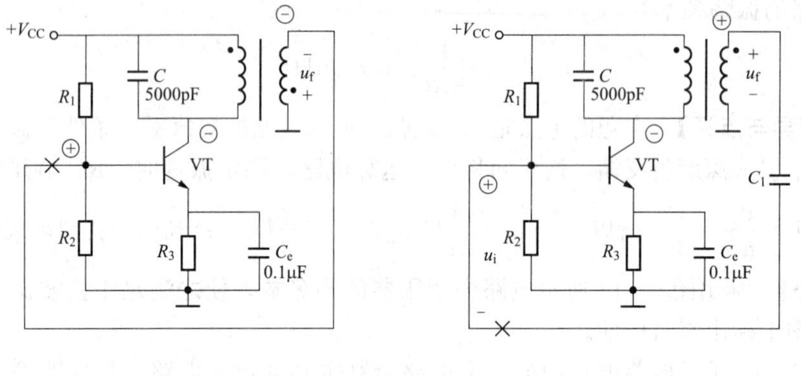

(a)　　(b)

图 6－16　图 6－15 所示电路的瞬时极性以及改正之后的电路

(a) 瞬时极性；(b) 改正之后的电路

【解题指导与点评】 本题的考点是 LC 正弦波振荡电路能否产生正弦波振荡的判断。要完成题目要求，首先需要按照内容提要 5 给出的判断方法判断电路的错误之处，然后再针对每一项错误进行改正。

自测题

一、判断题（在括号内填入“√”或“×”来表明判断结果）

1. 只要满足正弦波振荡的相位平衡条件，电路就一定能产生振荡。（　　）

2. 只要引入了负反馈，电路就一定不能产生正弦波振荡。（　　）

3. 电路只要满足 $|\dot{A}\dot{F}|=1$，就一定会产生正弦波振荡。（　　）

4. 在 RC 桥式正弦波振荡电路中，若 RC 串并联选频网络中的电阻均为 R，电容均为 C，则其振荡频率 $f_0=1/RC$。（　　）

二、选择题

1. LC 并联网络在谐振时呈____，在信号频率大于谐振频率时呈____，在信号频率小于谐振频率时呈____。

A. 容性　　B. 阻性　　C. 感性

2. 正弦波振荡电路中振荡频率特别稳定的是____。

A. RC 正弦波振荡电路　　B. LC 正弦波振荡电路

C. 石英晶体正弦波振荡电路

3. RC 桥式振荡电路中串并联网络的作用是____。

A. 选频　　B. 选频和引入正反馈

C. 稳幅和引入正反馈

三、填空题

1. 正弦波振荡电路一般由________、________、________和________四部分组成。

2. 正弦波振荡电路幅值平衡条件是________，相位平衡条件是________。

四、分析计算题

1. 判断题图 6 - 1 所示各电路是否可能产生正弦波振荡并说明理由。设图（b）中 C_4 容量远大于其他三个电容的容量。

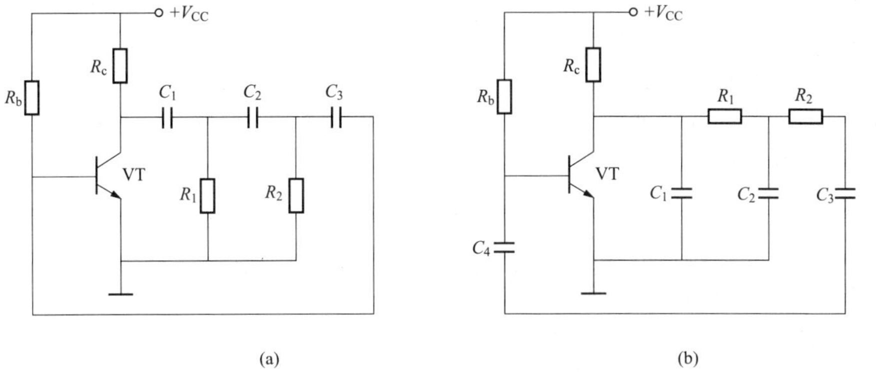

题图 6 - 1

2. 电路如题图 6 - 2 所示。

（1）为使电路产生正弦波振荡，标出集成运算放大器的同相输入端和反相输入端，并说明电路是哪种正弦波振荡电路；

（2）若 R_1 短路，电路将产生什么现象？

（3）若 R_1 断路，电路将产生什么现象？

（4）若 R_f 短路，电路将产生什么现象？

（5）若 R_f 断路，电路将产生什么现象？

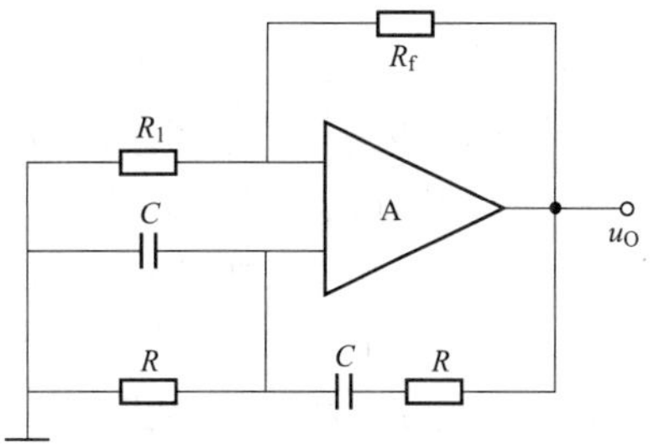

题图 6 - 2

3. 改正题图 6 - 3 所示各电路中的错误，使电路可能产生正弦波振荡。要求不能改变放大电路的基本接法（共射、共基、共集）。

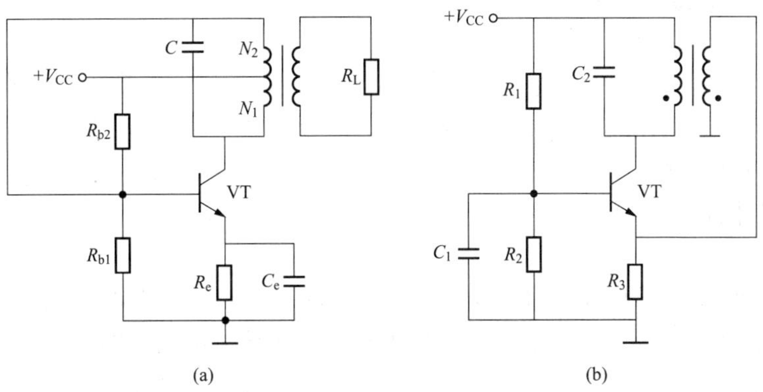

题图 6 - 3

课题二 电压比较器

内容提要

1. 集成运算放大器的非线性工作区

电压比较器和基本运算电路都是以集成运算放大器为核心的电路，只是运算电路中的集成运算放大器工作在线性区，而电压比较器中的集成运算放大器工作在非线性区。

集成运算放大器工作在非线性区的工作条件是开环或引入正反馈。此时集成运算放大器非线性工作区的特点是：

（1）$u_P > u_N$，$u_O = U_{OH}$；$u_P < u_N$，$u_O = U_{OL}$。当 $u_P = u_N$ 时，u_O 在两种状态之间转换。

（2）“虚断”，即 $i_P = i_N = 0$。

上述两个特点是分析电压比较器的传输特性的基本出发点。

2. 电压比较器的传输特性

用来描述输出信号 u_O 与输入信号 u_I 关系的曲线，称为电压传输特性。

（1）电压传输特性的三要素：

1）电路的输出电压 U_{OH} 和 U_{OL}（即纵坐标轴的关键点）；

2）阈值电压 U_T（即横坐标轴的关键点）；

3）u_I 经过 U_T 时 u_O 的跃变方向。

（2）电压传输特性三要素的分析方法：

1）由输出端的限幅电路来确定 U_{OL} 和 U_{OH}；

2）U_T 是输出电压发生电平跳变时的输入电压，写出集成运算放大器同相输入端、反相输入端电位 u_P 和 u_N 的表达式，令 $u_P = u_N$，解得的输入电压即为阈值电压 U_T；

3）u_O 在 u_I 过 U_T 时的跃变方向决定于 u_I 作用于集成运算放大器的哪个输入端。若输入信号作用于同相输入端，$u_I > U_T$ 时 $u_O = U_{OH}$，$u_I < U_T$ 时 $u_O = U_{OL}$；若输入信号作用于反相输入端，$u_I > U_T$ 时 $u_O = U_{OL}$，$u_I < U_T$ 时 $u_O = U_{OH}$。

3. 单限电压比较器

单限电压比较器是指只有一个阈值电压的电压比较器，其结构特点是单运算放大器、开环。

（1）过零比较器。最简单的过零比较器如图 6-17（a）所示。集成运算放大器没有引入反馈，工作在非线性工作区，其输入信号和输出信号的关系是当 $u_I > 0V$ 时，$u_O = +U_{OM}$；当 $u_I < 0V$ 时，$u_O = -U_{OM}$。

电路的阈值电压

$$U_T = 0 \tag{6-12}$$

电压传输特性三要素：$U_{OH} = +U_{OM}$，$U_{OL} = -U_{OM}$；$U_T = 0$。u_I 作用于同相输入端，$u_I > U_T$ 时 $u_O = U_{OH}$，$u_I < U_T$ 时 $u_O = U_{OL}$。由此画出电路的电压传输特性如图 6-17（b）所示。

需要注意的是，如果将图 6-17（a）所示电路的同相输入端和反相输入端交换，则三要素中的第三个要素发生变化，传输特性过 U_T 时的跃变方向刚好相反，此时电路称为反相

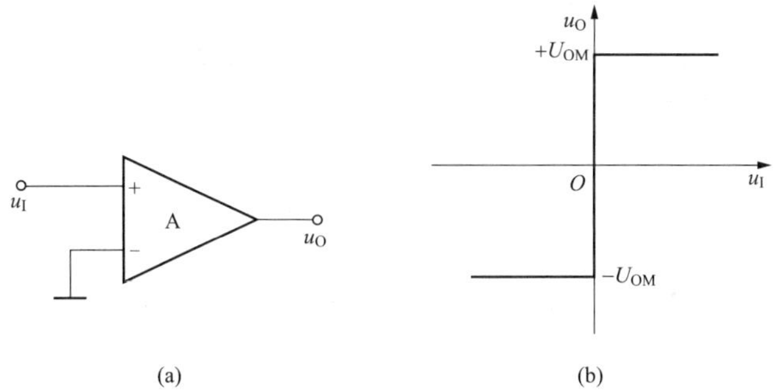

图 6－17　过零比较器及其电压传输特性
（a）电路；（b）电压传输特性

输入过零比较器。

（2）一般单限电压比较器。图 6－18（a）所示电路为一般单限电压比较器，U_{REF} 为外加参考电压。R 和 VS 组成了输出限幅电路，使输出电压限定在 $+U_S$ 和 $-U_S$。

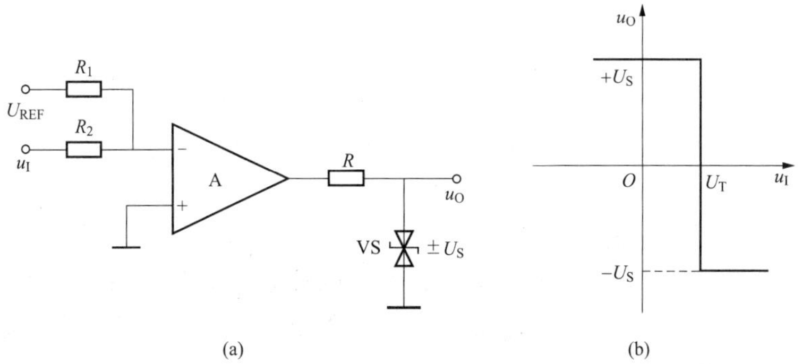

图 6－18　一般单限电压比较器及其电压传输特性
（a）电路；（b）电压传输特性

电路的阈值电压

$$U_T=-\frac{R_2}{R_1}U_{REF} \tag{6-13}$$

电压传输特性三要素：$U_{OH}=+U_S$，$U_{OL}=-U_S$；$U_T=-\frac{R_2}{R_1}U_{REF}$；$u_I$ 作用于反相输入端，$u_I>U_T$ 时 $u_O=U_{OL}$，$u_I<U_T$ 时 $u_O=U_{OH}$。由此画出电路的电压传输特性如图 6－18（b）所示。

4. 滞回电压比较器

滞回电压比较器具有两个阈值电压，但是输入信号单方向变化时输出信号只跃变一次，其结构特点是单运算放大器，连接正反馈。

如图 6－19（a）所示电路，信号从反相输入端输入，R 和 VS 组成了输出限幅电路，电阻 R_1 和 R_2 使电路引入了正反馈。

电路的阈值电压为

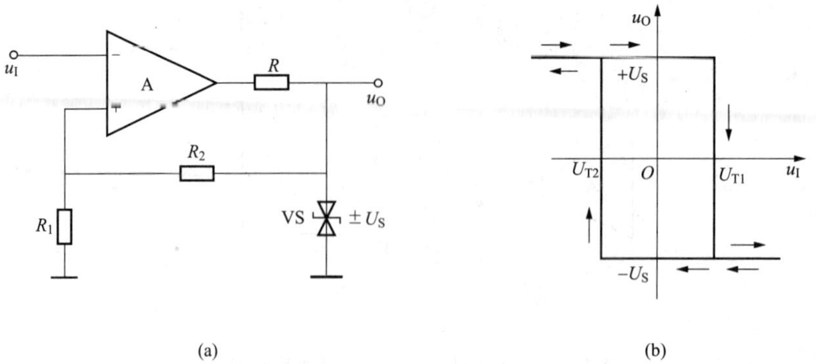

图 6-19 滞回电压比较器及其电压传输特性
(a) 电路；(b) 电压传输特性

$$U_{T1}=+\frac{R_1}{R_1+R_2}\cdot U_S \tag{6-14}$$

$$U_{T2}=-\frac{R_1}{R_1+R_2}\cdot U_S \tag{6-15}$$

电压传输特性三要素：$U_{OH}=+U_S$，$U_{OL}=-U_S$；$U_T=\pm\frac{R_1}{R_1+R_2}\cdot U_S$；$u_I$ 作用于反相输入端，$u_I>U_T$ 时 $u_O=U_{OL}$，$u_I<U_T$ 时 $u_O=U_{OH}$。由此画出电路的电压传输特性如图 6-19 (b) 所示。

从图 6-19 (b) 所示电压传输特性可以看出，当输入信号由小向大变化，输出电压由高电平 U_{OH} 跳变到低电平 U_{OL} 时，输入信号 u_I 对应的阈值电压为 U_{T1}；如果输入信号由大向小变化，输出电压由低电平 U_{OL} 跳变到高电平 U_{OH} 时，输入信号 u_I 对应的阈值电压为 U_{T2}。

5. 窗口电压比较器

窗口电压比较器具有两个阈值电压，且输入电压单一方向变化时输出电压跃变两次，其结构特点是双运算放大器、开环。窗口电压比较器可用于检测输入电压是否在两个给定电压之间，如图 6-20 (a) 所示。

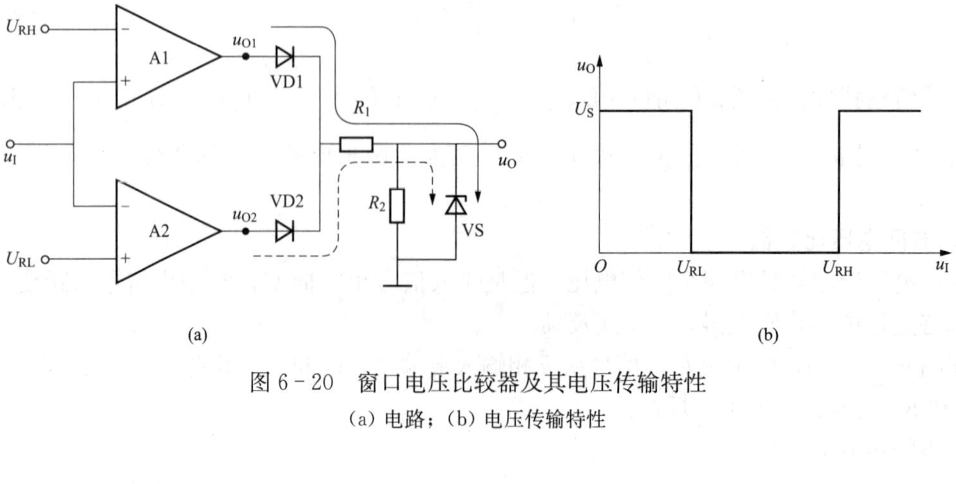

图 6-20 窗口电压比较器及其电压传输特性
(a) 电路；(b) 电压传输特性

电路的阈值电压为

$$U_{T1}=U_{RH} \tag{6-16}$$

$$U_{T2}=U_{RL} \tag{6-17}$$

U_{RH}和U_{RL}分别为 A1 和 A2 的阈值电压，当$U_I>U_{RH}$或$U_I<U_{RL}$时，$u_O=U_{OH}=U_S$；当$U_{RL}<U_I<U_{RH}$时，$u_O=U_{OL}=0$。电压传输特性如图 6－20（b）所示。

典型例题

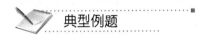

【例 6－5】 比较器电路如图 6－21 所示，$U_S=\pm 6V$。

（1）画出比较器的传输特性；

（2）当 $u_i(t)=10\sin\omega t$（V）时，画出与 u_i 对应的 u_o 波形。

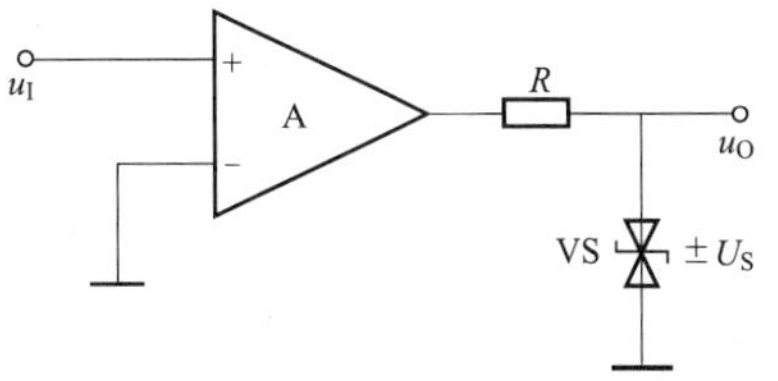

图 6－21　例 6－5 图

解　由电路可知：$U_{OH}=6V$，$U_{OL}=-6V$，$U_T=0V$。

电压传输特性如图 6－22（a）所示。u_O 的波形如图 6－22（b)所示。

【解题指导与点评】 本题的考点是过零比较器的电压传输特性及应用。R 和双向稳压管 VS 组成输出限幅电路，输出电压 $u_O=\pm U_S=\pm 6V$；输入信号从同相输入端引入电路，所以 $u_I>0$ 时，$u_O=6V$；$u_I<0$ 时，$u_O=-6V$。

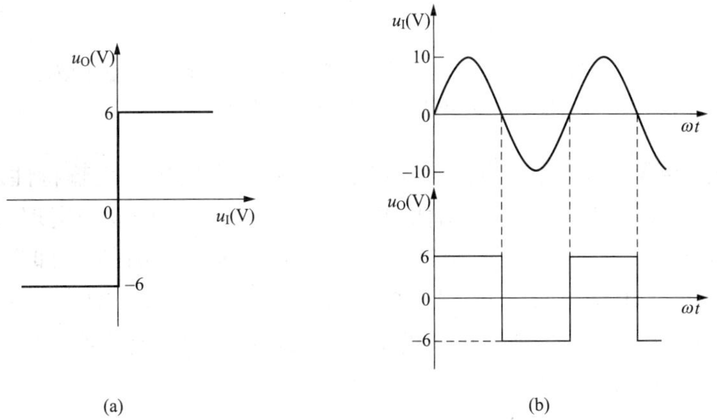

图 6－22　图 6－21 所示电路的电压传输特性以及输入、输出波形

（a）电压传输特性；（b）输入、输出波形

【例 6－6】 电压比较器电路如图 6－23 所示，设 $U_{REF}=1V$，$U_S=\pm 5V$（浙江工业大学 2011 年硕士研究生考试试题）。

（1）画出电压比较器的传输特性；

（2）当 $u_i(t)=10\sin\omega t$（V）时，画出对应于 $u_i(t)$ 的 $u_o(t)$ 波形。

解　由电路可知：

$$U_{OH}=5V$$

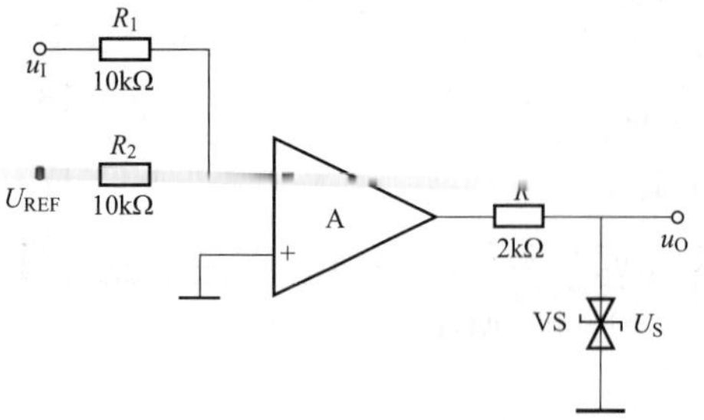

图 6-23　例 6-6 图

$$U_{OL}=-5V$$

$$u_N=\frac{R_2}{R_1+R_2}\cdot u_I+\frac{R_1}{R_1+R_2}\cdot U_{REF}=u_P=0V$$

则

$$U_T=-1V$$

电压传输特性如图 6-24（a）所示。u_O 的波形如图 6-24（b）所示。

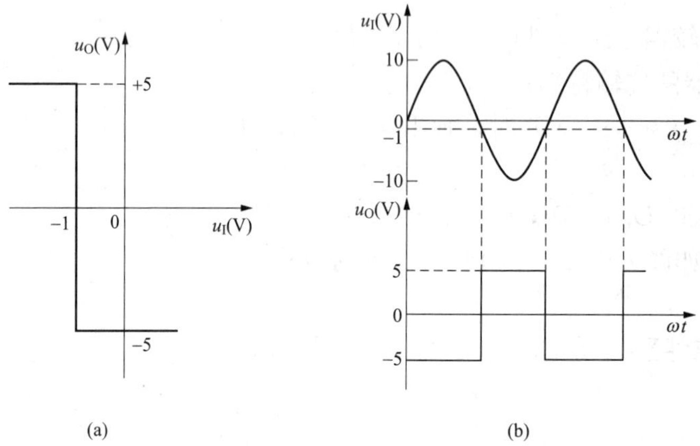

图 6-24　图 6-23 所示电路的电压传输特性以及输入、输出波形

（a）电压传输特性；（b）输入、输出波形

【解题指导与点评】 本题的考点是一般单限电压比较器的电压传输特性及波形分析。R 和双向稳压管 VS 组成输出限幅电路，输出电压 $u_O=\pm U_S$；利用叠加定理求得 u_N 与 u_I 的电压关系，而同相输入端接地，故 $u_P=0V$，令 $u_P=u_N$，求得此时的 u_I 即为 U_T 的值；输入信号从反相输入端引入电路，所以 $u_I>U_T$ 时，$u_O=-U_S$；$u_I<U_T$ 时，$u_O=U_S$。

【例 6-7】 试求解图 6-25 所示电路的电压传输特性，要求写出必要的计算步骤。若 $u_i=10\sin\omega t$（V），试画出 u_O 的波形。

解 由电路可知

$$U_{OH}=5.1V$$

$$U_{OL}=-5.1V$$

$$u_P=\frac{R_2}{R_1+R_2}\cdot u_I+\frac{R_1}{R_1+R_2}\cdot u_O=u_N=3V$$

则

$$U_{T1}=1.95V$$

$$U_{T2}=7.05\ V$$

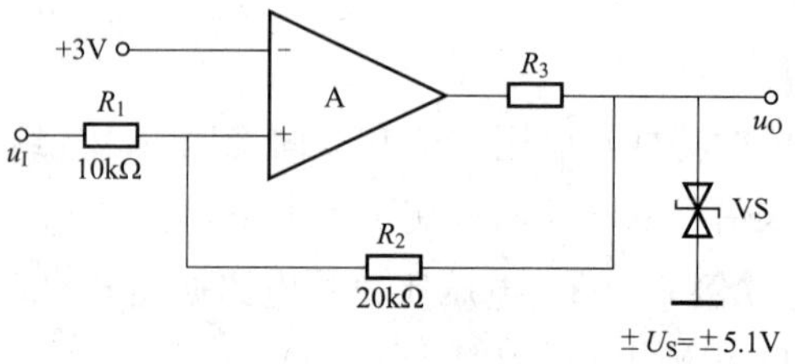

图 6-25　例 6-7 图

电压传输特性如图 6-26（a）所示。u_O 的波形如图 6-26（b）所示。

【解题指导与点评】 本题的考点是滞回电压比较器的电压传输特性及应用。R_3 和双向

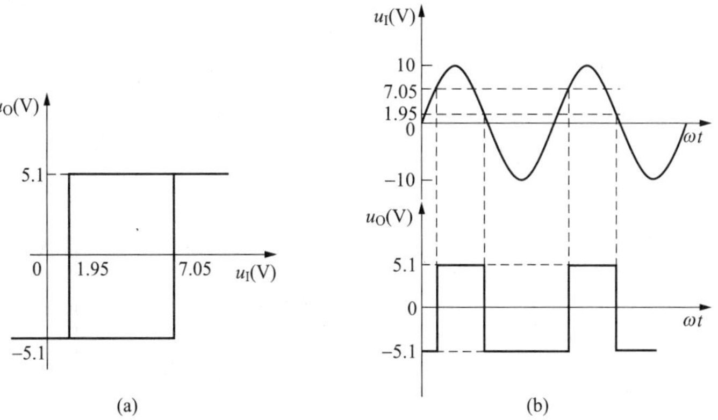

图 6 - 26　图 6 - 25 所示电路的电压传输特性以及输入、输出波形

（a）电压传输特性；（b）输入、输出波形

稳压管 VS 组成输出限幅电路，运算放大器 A 通过 R_2 引入正反馈，输出电压 $u_O=\pm U_S$；u_P 的电压可以通过叠加定理求得，令 $u_P=u_N$，解得的 u_I 值即为 U_T；通过 U_{OH}、U_{OL} 和两个阈值电压即可确定图 6 - 26（a）中的矩形框，又由于输入信号是从运算放大器同相输入端引入的，所以在矩形框右侧的输出电压应为 U_{OH}，矩形框左侧的输出电压为 U_{OL}。滞回电压比较器输入电压单方向变化通过两个 U_T 时，输出电压只发生一次变化，而且具有“绕远”特性；当输入电压从小于 U_{T1} 不断增长通过 U_{T1} 时，输出电压不变，只有其继续增大通过 U_{T2} 时，输出电压才会发生跳变；当输入电压从大于 U_{T2} 不断减小通过 U_{T2} 时，输出电压不变，只有其继续减小通过 U_{T1} 时，输出电压才会发生跳变。

【例 6 - 8】 试求解图 6 - 27（a）所示电路的电压传输特性，要求写出必要的计算步骤。若输入信号如图 6 - 27（b）所示，试画出 u_O 的波形。

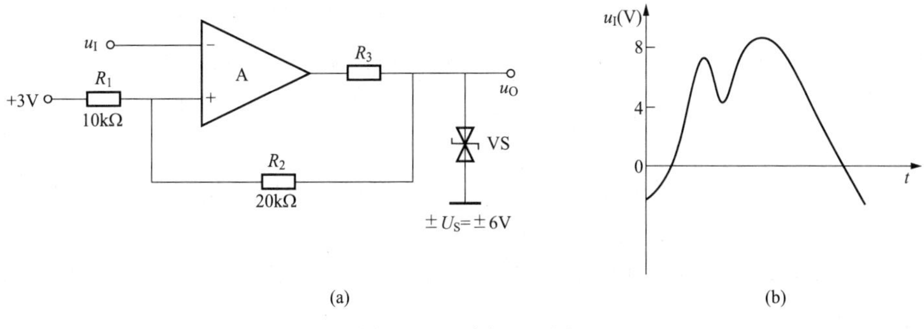

图 6 - 27　例 6 - 8 图

解　由电路可知，$U_{OH}=6V$，$U_{OL}=-6V$。

$$u_P=\frac{R_2}{R_1+R_2}\cdot 3+\frac{R_1}{R_1+R_2}\cdot u_O=u_N=u_I$$

求得：$U_{T1}=0V$，$U_{T2}=4V$。电压传输特性如图 6 - 28（a）所示。u_O 的波形如图 6 - 28（b）所示。

【解题指导与点评】 本题的考点是滞回电压比较器的电压传输特性和输出波形的画法。通过 U_{OH}、U_{OL} 和两个阈值电压即可确定图 6 - 28（a）中的矩形框，但此次输入信号是从运

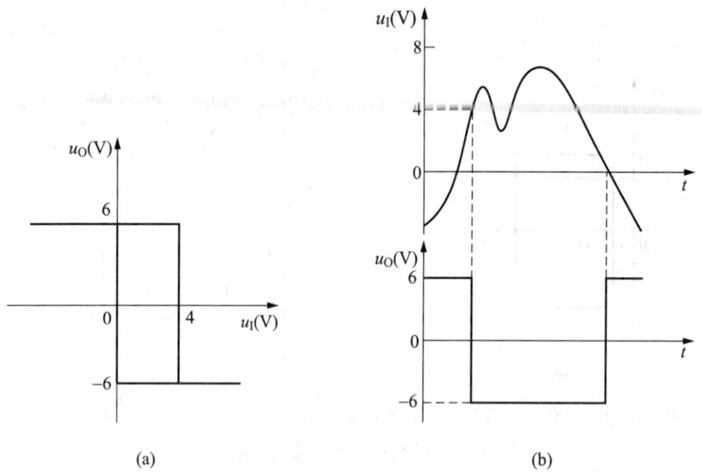

图 6－28　图 6－27（a）所示电路的电压传输特性以及输入、输出波形

（a）电压传输特性；（b）输入、输出波形

算放大器的反相输入端引入的，所以在矩形框右侧的输出电压应为 U_{OL}，矩形框左侧的输出电压为 U_{OH}。当输入电压从小于 U_{T1} 不断增长通过 U_{T2} 时，输出电压 u_O 由 U_{OH} 跳变为 U_{OL}，同时 u_P 的电压值由 U_{T2} 变为 U_{T1}，所以只有输入电压减小到 U_{T1} 值以下时，输出电压才会发生跳变，否则输出电压保持不变，由此得到图 6－28（b）所示的输出波形。

自测题

一、判断题（在括号内填入"√"或"×"来表明判断结果）

1. 只要集成运算放大器引入正反馈，就一定工作在非线性区。（　）

2. 当集成运算放大器工作在非线性区时，输出电压不是高电平，就是低电平。（　）

3. 一般情况下，在电压比较器中，集成运算放大器不是工作在开环状态，就是仅仅引入了正反馈。（　）

4. 如果一个滞回比较器的两个阈值电压和一个窗口比较器的相同，那么当它们的输入电压相同时，输出电压的波形也相同。（　）

5. 在输入电压从足够低逐渐增大到足够高的过程中，单限电压比较器和滞回电压比较器的输出电压均只跃变一次。（　）

6. 单限电压比较器比滞回电压比较器抗干扰能力强，而滞同电压比较器比单限电压比较器灵敏度高。（　）

二、选择题

1. 输入信号从极小到极大的一次变化过程中，滞回电压比较器的输出电压会发生____次跃变。

A. 0　　B. 1　　C. 2　　D. 3

2. 输入信号从极小到极大的一次变化过程中，窗口电压比较器的输出电压会发生____次跃变。

A. 0　　B. 1　　C. 2　　D. 3

3. 电路如题图 6-4 所示，对电路中稳压管作用的描述错误的是____。

A. 保护输入级　　B. 提高输出电压的转换速度

C. 输出限幅　　D. 改变阈值电压

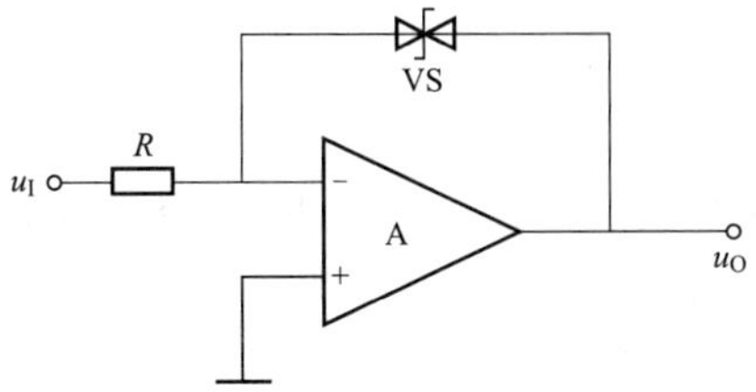

题图 6-4

三、分析计算题

试求解如题图 6-5 所示各电路的电压传输特性，要求写出必要的计算步骤。

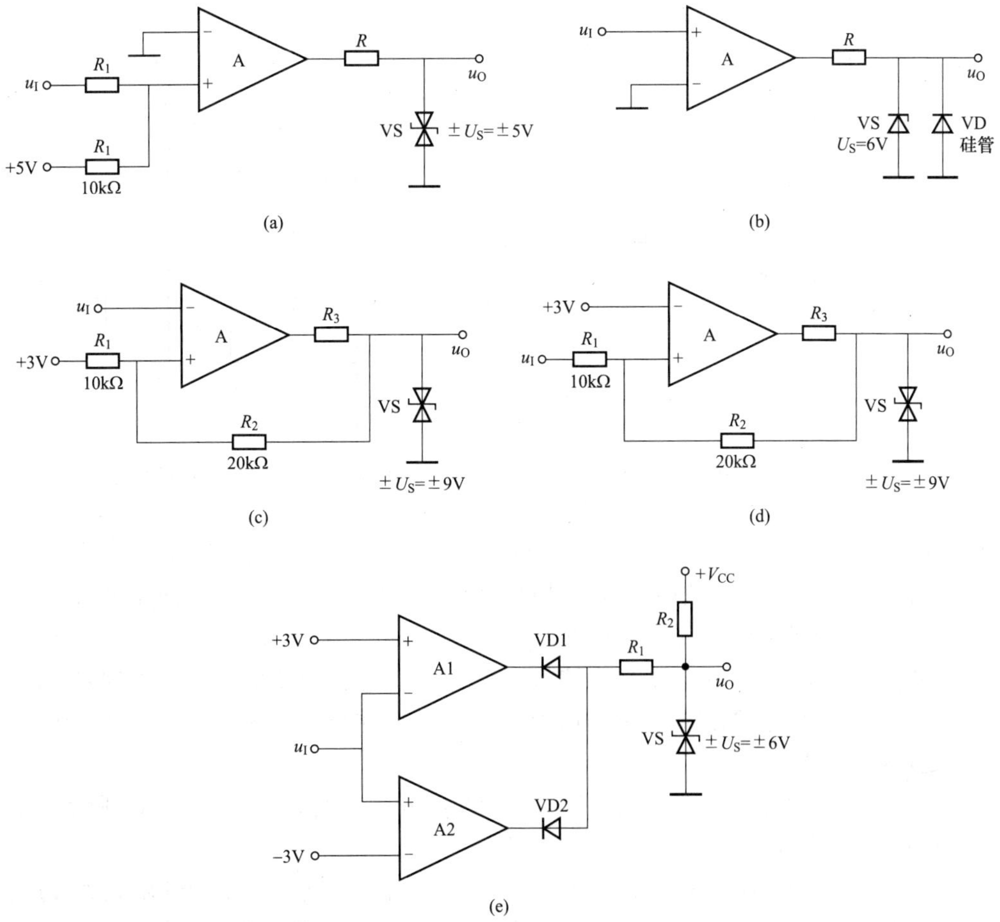

题图 6-5

课题三 非正弦波发生电路

内容提要

1. 矩形波发生电路

(1) 电路组成。电路如图 6-29 所示，由反相输入的滞回电压比较器和由 R_3、C 构成的 RC 充放电回路组成。其中 RC 回路既是延迟环节又是反馈网络，通过 RC 回路的充、放电实现输出状态的自动转换。

(2) 波形分析。在图 6-29 所示电路中，电容充电、放电的时间常数均为 R_3C，而且充电、放电的幅值也相等，在一个周期中 $u_O=+U_S$ 的时间和 $u_O=-U_S$ 时间也相等，所以 u_O 为对称的方波，电路为方波发生电路。电容上的电压 u_C 和输出电压 u_O 的波形如图 6-30 所示。

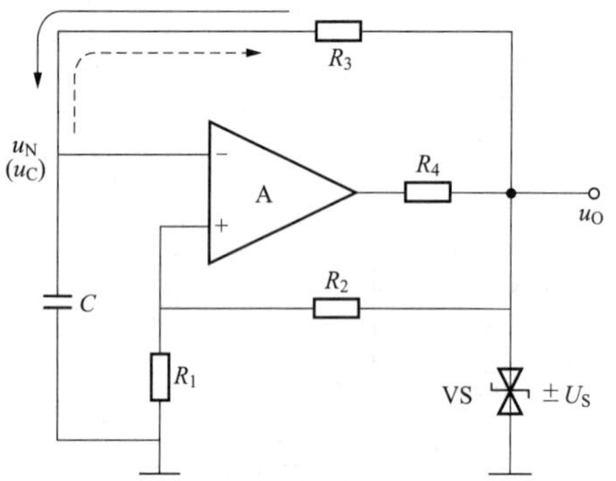

图 6-29 方波发生电路

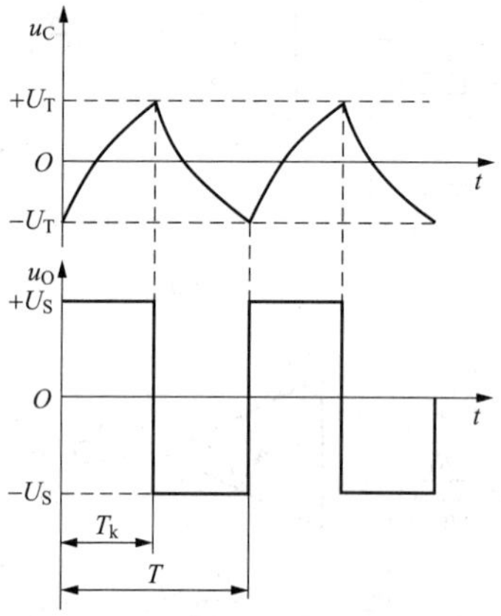

图 6-30 方波发生电路信号波形

(3) 占空比可调的矩形波发生电路。矩形波的正脉冲宽度 T_k 与周期 T 之比称为占空比 q。占空比的大小取决于充、放电回路的时间常数，通过改变充、放电的回路可以调整电路的占空比。占空比可调的矩形波发生电路及其波形如图 6-31 所示。

该电路利用二极管的单向导电性来控制电路，使充、放电电流流经不同的回路，通过改变 R_P 上滑动触头的位置可以调整占空比的大小，从而使电路产生占空比不同的矩形波。

2. 三角波发生电路

由滞回电压比较器和积分运算电路组成的三角波发生电路如图 6-32 (a) 所示，u_{O1} 和 u_O 的波形如图 6-32 (b) 所示。

电路中 u_{O1} 是方波，幅值为 $\pm U_S$，作为积分电路的输入信号。积分电路输入方波后输出三角波，幅值为 $\pm U_T$，而 u_O 输出的三角波又作为滞回电压比较器的输入信号。

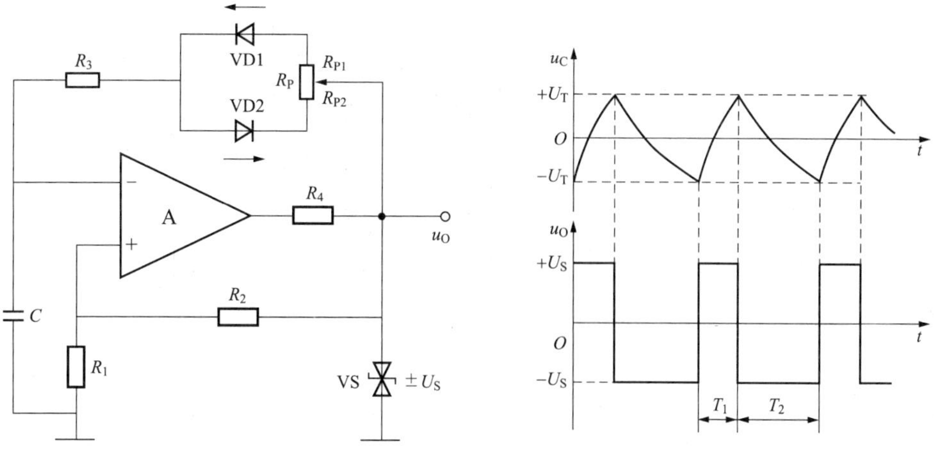

(a)　　(b)

图 6－31　占空比可调的矩形波发生电路及其信号波形

（a）电路；（b）波形

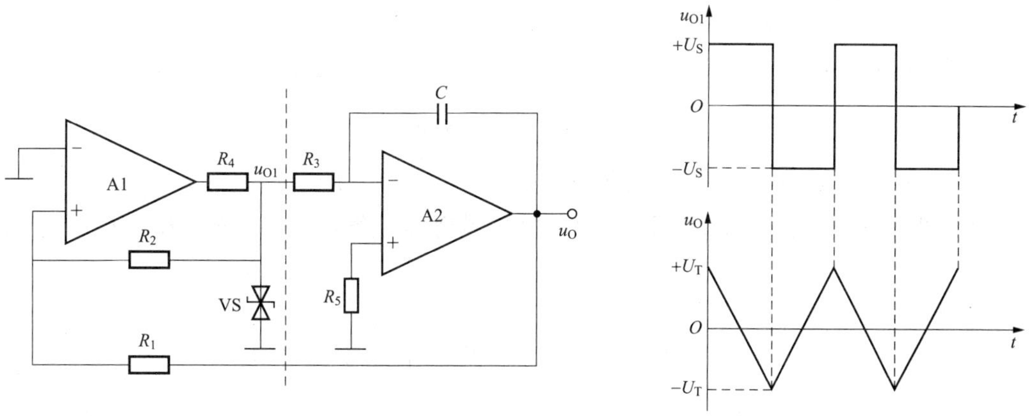

(a)　　(b)

图 6－32　三角波发生电路及其波形

（a）电路；（b）波形

典型例题

【例 6－9】 电路如图 6－33 所示。

（1）分别说明 A1 和 A2 各构成哪种基本电路；

（2）求出 u_{O1} 与 u_O 的关系曲线 $u_{O1}=f(u_O)$；

（3）求出 u_O 与 u_{O1} 的运算关系式 $u_O=f(u_{O1})$；

（4）定性画出 u_{O1} 与 u_O 的波形；

（5）说明若要提高振荡频率，则可以改变哪些电路参数，如何改变。

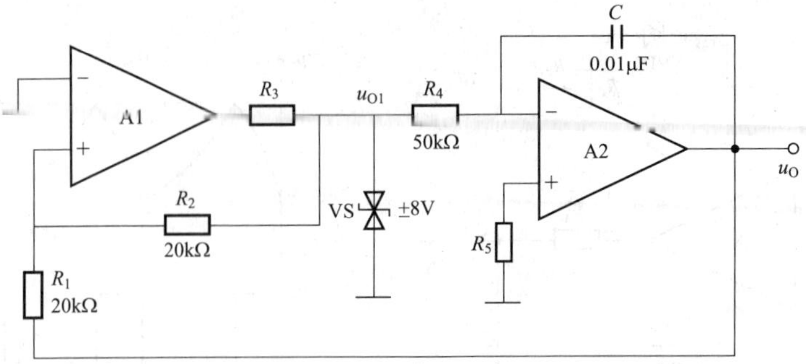

图 6-33　例 6-9 图

解　(1) A1 构成同相滞回电压比较器；A2 构成反相积分运算电路。

(2) $u_{O1}=\pm U_S=\pm 8V$，由叠加定理可得 A1 同相输入端电位 u_{P1} 为

$$u_{P1}=\frac{R_1}{R_1+R_2}u_{O1}+\frac{R_2}{R_1+R_2}u_O=\frac{1}{2}(u_{O1}+u_O)$$

而 $u_{N1}=0$，令 $u_{N1}=u_{P1}$ 可得

$$\pm U_T=\pm 8V$$

u_{O1}与 u_O 的关系曲线如图 6-34 (a) 所示。

(3) A2 构成反相积分电路，积分常数为 R_4C，则 u_O 与 u_{O1}的运算关系式为

$$u_O=-\frac{1}{R_4C}\int u_{O1}\,dt$$

(4) 由积分关系可得 u_{O1}与 u_O 的波形，如图 6-34 (b) 所示。

(5) 电路的振荡周期 $T=4R_1R_4C/R_2$，故要提高振荡频率，可以减小 R_4、C、R_1 或增大 R_2。

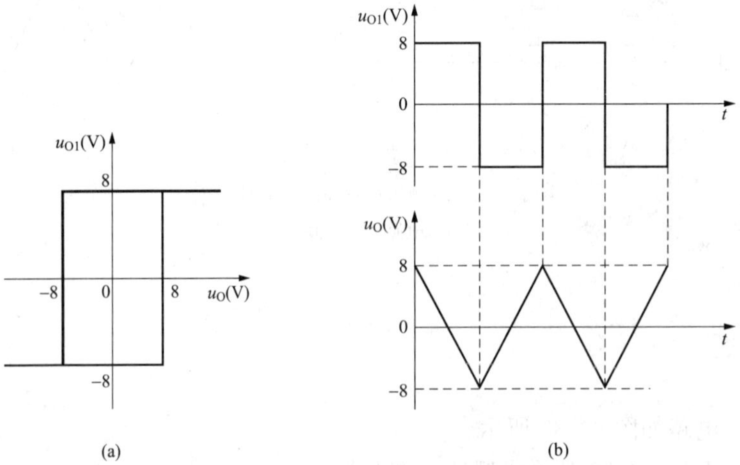

图 6-34　图 6-33 所示电路的电压传输特性以及波形
(a) 电压传输特性；(b) 波形

【解题指导与点评】　本题的考点是三角波发生电路的组成原理。A1 构成的滞回电压比较器中，输出限幅电路使得 $u_{O1}=\pm 8V$，u_O 为输入电压，u_{O1}为输出电压，进而可以求得

U_T，又因信号由同相输入端引入，故能得到 6-34（a）所示的滞回曲线；A2 构成积分电路，u_{O1}为输入电压，u_O 为输出电压，根据积分关系即可得到相应关系式和波形图。

自测题

一、题图 6-6 所示电路为某同学所接的方波发生电路，试找出图中的三个错误，并改正。

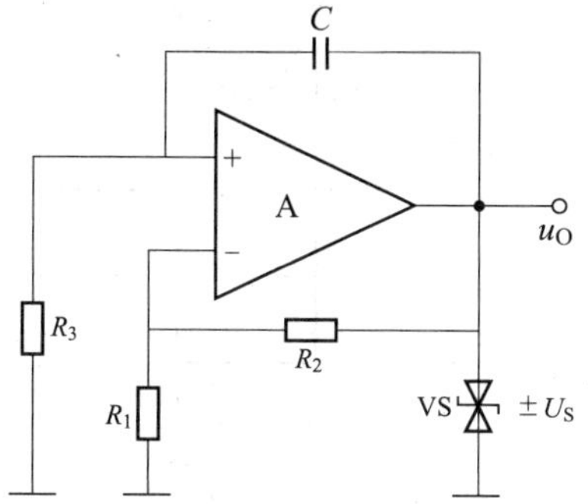

题图 6-6

二、波形发生电路如题图 6-7 所示，设振荡周期为 T，在一个周期内 $u_{O1}=U_S$ 的时间为 T_1，则占空比为 T_1/T；电路某一参数变化时，其余参数不变。选择 A. 增大、B. 不变或 C. 减小填入空内：

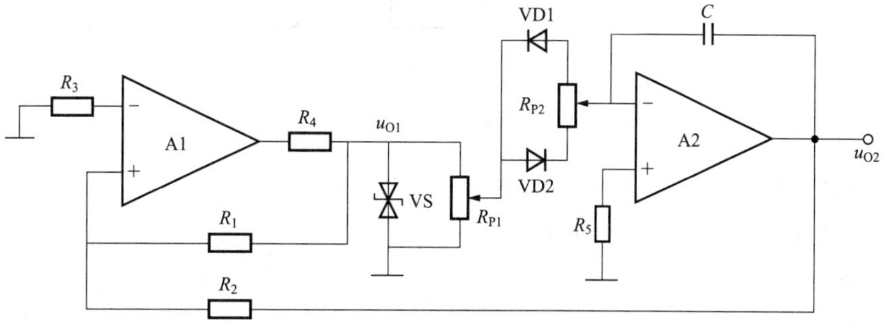

题图 6-7

当 R_1 增大时，u_{O1}的占空比将________，振荡频率将________，u_O的幅值将________；若 R_{P1}的滑动端向上移动，则 u_{O1}的占空比将________，振荡频率将________，u_O的幅值将________；若 R_{P2}的滑动端向上移动，则 u_{O1}的占空比将________，振荡频率将________，u_O的幅值将________。

习题精选

一、填空题

1. RC 桥式正弦波振荡电路中 RC 串并联网络的作用是________和________。

2. 题图 6－8（a）所示框图中各点的波形如题图 6－8（b）所示，试写出各电路的名称。电路 1 为________，电路 2 为________，电路 3 为________，电路 4 为________。

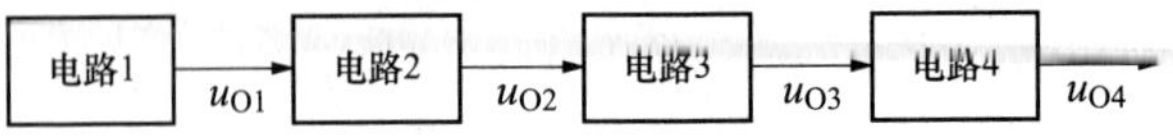

(a)

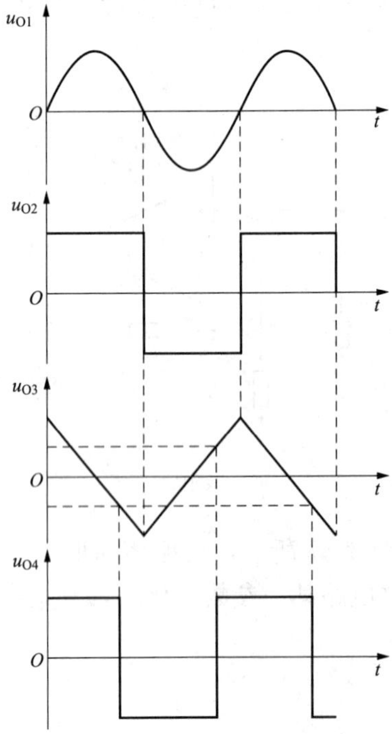

(b)

题图 6－8

二、分析计算题

1. 电路如题图 6－9 所示，试求解：

(1) R_W 的下限值；

(2) 振荡频率的调节范围。

2. 为使题图 6－10 所示电路产生正弦波振荡（燕山大学 2011 年硕士研究生考试试题）。

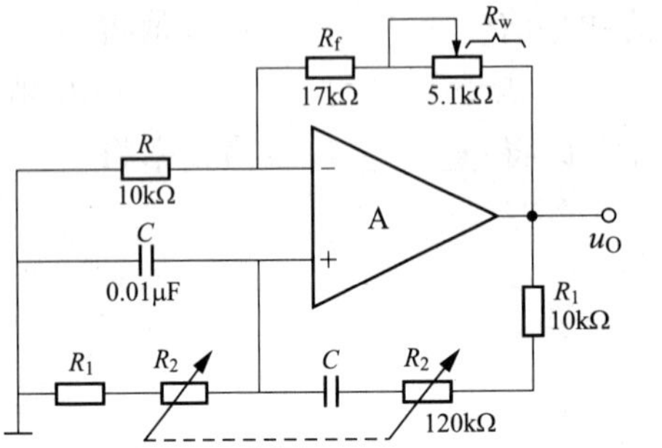

题图 6－9

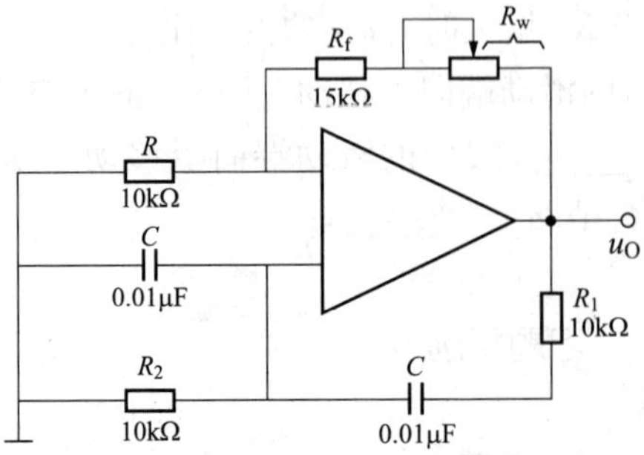

题图 6－10

(1) 标出集成运算放大器的"+"和"−"，并说明是哪一种正弦波振荡电路；

(2) 求 R_W 的下限值以及振荡频率 f_0。

3. 分别标出题图 6-11 所示各电路中变压器的同名端，使之满足正弦波振荡的相位条件。

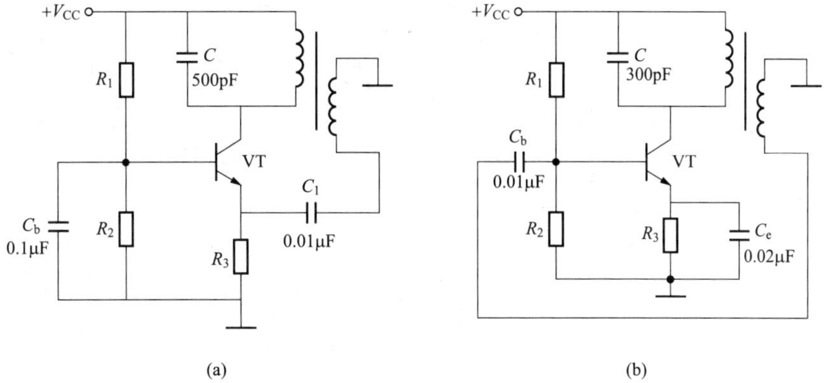

题图 6-11

4. 由理想集成运算放大器组成的电压比较器如题图 6-12（a）所示，其中 $R_1=30\text{k}\Omega$，$R_2=20\text{k}\Omega$，$R_3=12\text{k}\Omega$。已知稳压管的正向导通压降 $U_D=0.7\text{V}$，稳定电压 $U_S=5\text{V}$，请回答以下问题（中国科学院研究生院 2012 年硕士研究生考试试题）：

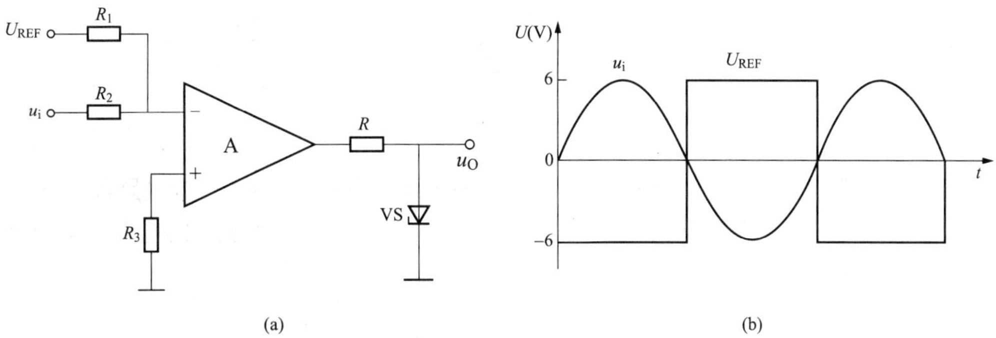

题图 6-12

(1) 请给出该电压比较器的电压传输特性；

(2) 如果输入电压为正弦波 $u_i=6\sin\omega t$(V)，外加参考电压 U_{REF} 为方波，如题图 6-12（b）所示，请画出输出电压 u_o 的波形。

5. 电路如题图 6-13 所示（暨南大学 2011 年硕士研究生考试试题）：

(1) 请说明理想运算放大器 A1、A2、A3 分别组成何种功能的电路；

(2) 设 $R_f=2R_1\gg r_{d1}=r_{d2}$；$R=1\text{k}\Omega$，$C=(1/\pi)\mu\text{F}$，$u_{O1}$ 幅值为 8V，画出 u_{O1} 波形；

(3) 设 $U_S=5\text{V}$，对应 u_{O1} 波形画出 u_{O2} 波形；

(4) 已知 $R_3=2\text{k}\Omega$，$C_3=0.5\mu\text{F}$，u_{O3} 最大值为 5V，对应 u_{O2} 波形画出 u_{O3} 的波形。

6. 电路如题图 6-14 所示，A 为理想运算放大器，双向稳压管的稳压值 $U_S=\pm 9\text{V}$，参考电压 $U_{REF}=3\text{V}$（上海大学 2012 年硕士研究生考试试题）。

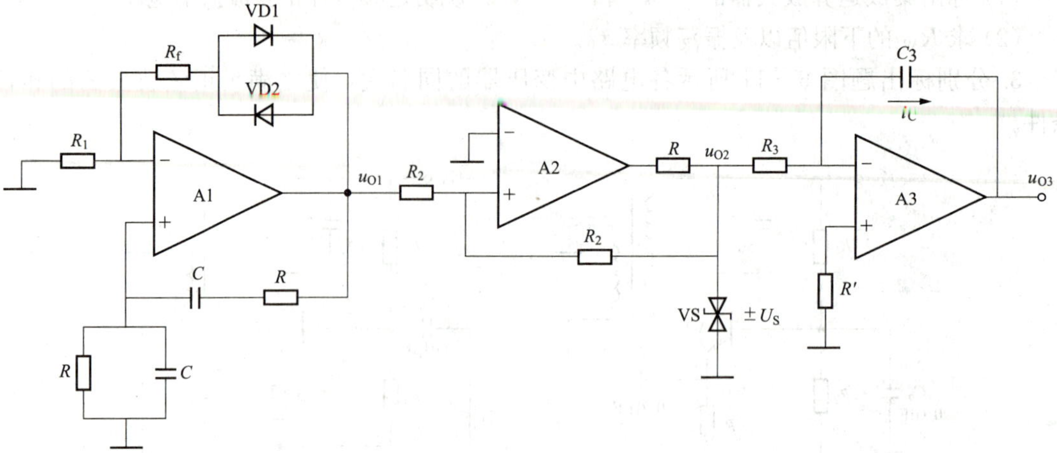

题图 6－13

（1）画出电路的电压传输特性；

（2）如果输入 $u_i=8\sin\omega t$(V) 的正弦波信号，画出相应的 u_O 波形。

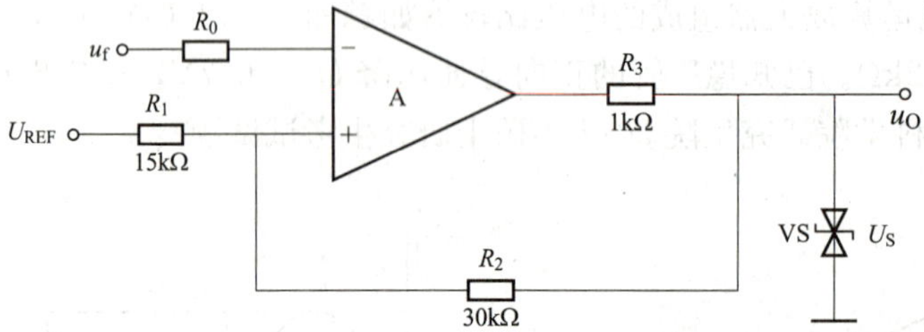

题图 6－14

7. 电路如题图 6－15 所示。设 A1 和 A2 为理想运算放大器。试分析电路能否产生方波、三角波信号，若不能产生振荡，在不增减元器件的情况下画出改正后的电路（华南理工大学 2011 年硕士研究生考试试题）。

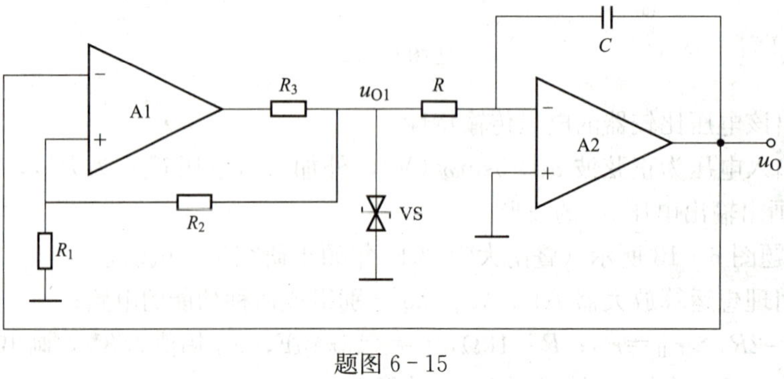

题图 6－15

第七章　功率放大电路

重点：OCL 和 OTL 功率放大电路的工作原理、电路组成以及最大输出功率和效率的计算。

难点：OCL 和 OTL 功率放大电路的工作原理、最大输出功率和效率的计算。

要求：熟悉功率放大电路的特点及其分类；了解交越失真的概念，掌握功率放大电路消除交越失真的方法；熟练掌握 OCL 和 OTL 功率放大电路的工作原理、电路组成以及最大输出功率和效率的计算。

课题一　功率放大电路的基础知识

内容提要

1. 功率放大电路的特点

功率放大电路是向负载提供足够高功率的放大电路，其主要功能是在保证信号不失真的前提下获得尽可能大的交流输出功率，简称功放。其特点如下：

(1) 晶体管处于极限工作状态，要注意晶体管的散热问题。

(2) 大信号工作容易使电路产生非线性失真。

(3) 常用图解法分析功率放大电路。

2. 功率放大电路的性能指标

(1) 最大输出功率 P_{om}。在电路参数确定的情况下，负载可能获得的最大交流功率称为最大输出功率。

$$P_{om}=\frac{U_{om}^2}{R_L} \tag{7-1}$$

式中，U_{om}为最大不失真输出电压有效值。

(2) 转换效率 η。功率放大电路的最大输出功率与电源提供的功率之比称为转换效率，这个比值越大，效率就越高。转换效率一般用百分比表示。

$$\eta=\frac{P_{om}}{P_V} \tag{7-2}$$

3. 交越失真

功放管在没有静态偏置的情况下，只有交流输入电压超过晶体管的导通电压时晶体管才能导通，这时在输出电压的正、负半周交接处产生失真，这种失真称为交越失真。

4. 功率放大电路的分类

(1) 按照晶体管导通角主要分为以下几类：

甲类：晶体管的导通角为 2π，即晶体管在整个信号周期内都导通，效率低。理想情况下最高效率为 50%。

乙类：晶体管的导通角为 π，即晶体管只半个周期信号导通，晶体管的静态电流等于零，效率高，但是输出信号会产生交越失真。理想情况下，乙类功放的最高效率为 78.5%。

甲乙类：晶体管的导通角在 π 和 2π 之间，晶体管的静态电流大于零，但非常小，效率略低于乙类功放，但是克服了乙类功放产生的交越失真，是最常用的低频功率放大电路。

(2) 按照输出端的电路组成，功放电路又可分为：

变压器耦合功放：效率低，失真大，在高保真功放中很少使用。

无输出变压器功放（OTL）：单电源供电，输出端由电容耦合，低频特性差。

无输出电容功放（OCL）：双电源供电，输出端无电容，频率特性好，电源利用率低。

桥式推挽功放：单电源供电，输出端无电容，频率特性好，四只晶体管不易对称。

以上四种功放比较常用的是 OTL 和 OCL 电路，这两种电路的分析是本章的重点。

自测题

一、填空题

1. 功率放大电路的转换效率是____________________和____________________之比。

2. 输出电压在正、负半周交接处产生的失真称为________失真，________类功放会产生这种失真，而________类功放则可以克服这种失真。

3. 最常见的低频功率放大电路是________类功放。

二、判断题（在括号内填入“√”或“×”来表明判断结果）

1. 功率放大电路的最大输出功率是指在输出信号基本不失真的情况下，向负载提供的最大交流功率。（　）

2. 分析功率放大电路也可以使用等效电路法。（　）

3. OTL 功率放大电路是单电源供电。（　）

4. 甲乙类功放比乙类功放效率高。（　）

5. OCL 功率放大电路是双电源供电。（　）

6. 功率放大电路与电压放大电路、电流放大电路的共同点是都能放大信号的功率。（　）

三、选择题

1. 与甲类功率放大电路相比，乙类互补对称功放的主要优点是____。

A. 不用输出变压器　　B. 无交越失真

C. 效率高

2. 功率放大电路的最大输出功率是在输出基本不失真情况下，负载获得的最大____。

A. 平均功率　　B. 直流功率

C. 交流功率

3. 晶体管的导通角是 180°的电路是____。

A. 甲类功放　　B. 乙类功放

C. 甲乙类功放

课题二 OCL 功率放大电路

内容提要

1. 电路组成

OCL 功率放大电路的特点是双电源供电，输出端无电容。OCL 甲乙类互补功率放大电路如图 7－1 所示。其中 R_1 和 R_3 可换成电位器用来调节 E 点的静态电位，R_2、VD1 和 VD2 用来消除交越失真。需要注意的是，改变 R_2 的阻值也能改变 U_E，只是 R_2 又涉及电路克服交越失真的情况，所以要改变 U_E 一般调节 R_1 和 R_3，要消除交越失真则需要调节 R_2。

2. 工作原理

静态时，直流电流自 $+V_{CC}$ 经 R_1、R_2、VD1、VD2、R_3，流至 $-V_{CC}$，使两个晶体管 VT1 和 VT2 基极之间的电压 $U_{B1B2}=U_{R2}+U_{D1}+U_{D2}$ 略大于 VT1 管和 VT2 管发射结开启电压之和，从而使 VT1、VT2 处于微导通状态。因电路对称，VT1 管和 VT2 管的发射极电流相等，此时发射极静态电位 $U_E=0$ 即静态 $U_O=0$。

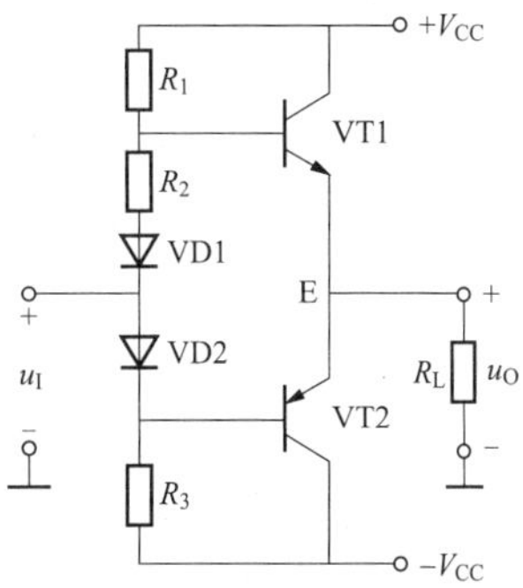

图 7－1　OCL 甲乙类互补功率放大电路

u_i 正半周：u_{BE1} 增大导致 VT1 从微导通变为导通，而 u_{EB2} 减小导致 VT2 从微导通变为截止，电流自 $+V_{CC}$ 经过 + VT1 管的集电极、发射极向下流过负载 R_L 到地，R_L 有正向电流流过，此时 u_o 为正半周。

u_i 负半周：u_{BE1} 减小导致 VT1 从微导通变为截止，而 u_{EB2} 增大导致 VT2 从微导通变为导通，电流自地向上流过负载经过 VT2 的发射极、集电极到 $-V_{CC}$，R_L 有负向电流流过，此时 u_o 为负半周。

需要注意的是，由于交流输入电压的幅度远远小于直流电源，加入交流信号之后，从 $+V_{CC}$ 经 R_1、R_2、VD1、VD2、R_3 到 $-V_{CC}$ 的电流方向不变，那么二极管 VD1、VD2 始终处于导通状态。导通状态的二极管在交流分析时相当于小电阻。此时，由于二极管 VD1、VD2 的动态电阻很小，R_2 的阻值也较小，可认为 $u_{B1}\approx u_{B2}\approx u_i$。

此电路在 u_i 很小时就能保证至少有一个晶体管导通，因而消除了交越失真，而且两管的导通时间都比输入信号的半个周期长，因此两管工作在甲乙类工作状态。

3. 参数计算

（1）静态参数。晶体管静态发射极电位

$$U_E=U_O=0 \tag{7-3}$$

（2）动态参数。当输入电压足够大时，电路的最大不失真输出电压有效值

$$U_{om}=\frac{V_{CC}-|U_{CES}|}{\sqrt{2}} \tag{7-4}$$

电路的最大输出功率为

$$P_{om}=\frac{U_{om}^2}{R_L}=\frac{(V_{CC}-|U_{CES}|)^2}{2R_L} \tag{7-5}$$

若忽略基极回路电流的情况，则电源提供的电流 $i_C=\frac{V_{CC}-|U_{CES}|}{R_L}\sin\omega t$，在负载获得最大 P_{om}时，电源所消耗的平均功率为

$$\begin{aligned}P_V&=\frac{1}{\pi}\int_0^\pi\frac{V_{CC}-|U_{CES}|}{R_L}\sin\omega t\cdot V_{CC}\mathrm{d}\omega t\\&=\frac{2}{\pi}\cdot\frac{V_{CC}(V_{CC}-|U_{CES}|)}{R_L}\end{aligned} \tag{7-6}$$

电路的转换效率为

$$\eta=\frac{P_{om}}{P_V}=\frac{\pi}{4}\cdot\frac{V_{CC}-|U_{CES}|}{V_{CC}} \tag{7-7}$$

需要注意的是，大功率晶体管$|U_{CES}|=2\sim3\text{V}$，计算时一般不可忽略。

在忽略晶体管饱和管压降的情况下，晶体管集电极的最大功耗

$$P_{Tmax}\approx0.2P_{om} \tag{7-8}$$

4. 晶体管的选择

选择晶体管时主要需要考虑晶体管的耐压值$U_{(BR)CEO}$、最大集电极电流I_{CM}和最大集电极耗散功率P_{CM}。

选择晶体管 VT 时，要求参数

$$U_{(BR)CEO}>2V_{CC} \tag{7-9}$$

$$I_{CM}>\frac{V_{CC}}{R_L} \tag{7-10}$$

$$P_{CM}>0.2P_{om} \tag{7-11}$$

典型例题

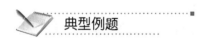

【例 7-1】 在如图 7-1 所示电路中，已知$V_{CC}=12\text{V}$，$R_L=6\Omega$，输入电压为正弦波，晶体管的饱和压降$|U_{CES}|=3\text{V}$。

(1) 计算电路的最大不失真输出功率和转换效率；

(2) 若输入电压最大有效值为 6V，则负载上获得的最大功率是多少?

解 (1) 电路的最大输出功率和转换效率为

$$P_{om}=\frac{(V_{CC}-|U_{CES}|)^2}{2R_L}=6.75\text{W}$$

$$\eta=\frac{\pi}{4}\cdot\frac{V_{CC}-|U_{CES}|}{V_{CC}}\approx58.9\%$$

(2) 若输入电压最大有效值为 6V，$U_O\approx U_i$，则输出电压最大有效值$U_{om}\approx6\text{V}$，负载上能够获得的最大功率为

$$P_{om}=\frac{U_{om}^2}{R_L}=6W$$

【解题指导与点评】 本题的考点是 OCL 甲乙类电路的参数计算。第（1）小题套用式（7－5）和式（7－7）即可；第（2）小题给出了输入电压的最大有效值，该值不能使输出电压达到最大不失真状态，所以不能再套用第（1）小题里的公式，而是要从输入电压最大有效值入手确定 U_{om}，然后再求 P_{om}。

【例 7－2】 已知电路如图 7－2 所示，VT1 和 VT2 的饱和管压降 $|U_{CES}|=2V$，$V_{CC}=12V$，$R_L=8\Omega$。选择正确答案填入空内（2012 中山大学硕士研究生考试试题）。

（1）电路中 VD1 和 VD2 管的作用是消除____。

A. 饱和失真　　B. 截止失真　　C. 交越失真

（2）静态时，晶体管发射极电位 U_{EQ}____。

A. >0V　　B. =0V　　C. <0V

（3）最大输出功率 P_{om}____。

A. ≈28W　　B. =12W　　C. =6.25W

（4）当输入为正弦波时，若 R_1 虚焊，即开路，则输出电压____。

A. 为正弦波　　B. 仅有正半波　　C. 仅有负半波

（5）若 VD1 虚焊，则 VT1 管____。

A. 可能因功耗过大烧坏　　B. 始终饱和

C. 始终截止

解　（1）电路中 VD1 和 VD2 管的作用是消除交越失真，答案是 C；

（2）静态时 OCL 电路的发射极电位 $U_E=0V$，答案是 B；

（3）OCL 电路的最大输出功率

$$P_{om}=\frac{(V_{CC}-|U_{CES}|)^2}{2R_L}=6.25W$$

答案是 C；

（4）u_I 正半周时本应 VT1 导通、VT2 截止，可是 R_1 虚焊导致 VT1 无法导通，此时两个晶体管均截止，不能正常输出正半波，但是 u_I 负半周时 VT2 能够正常导通，使负半波能正常输出，答案是 C；

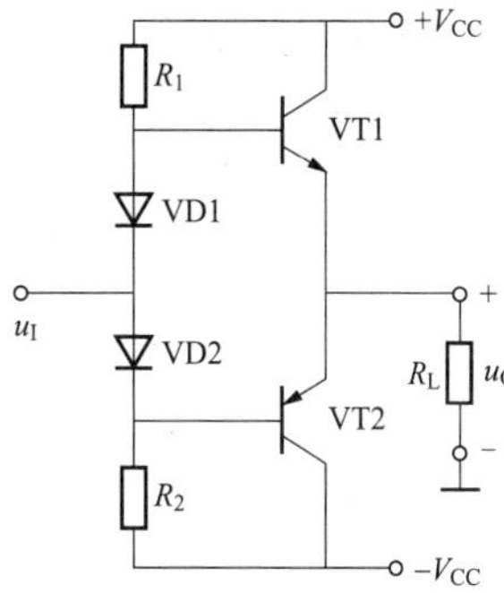

图 7－2　例 7－2 图

（5）若 VD1 虚焊则 R_1 上很大的电流将全部流入晶体管 VT1 的基极，此时 VT1 管会因功耗过大而损坏，答案是 A。

【解题指导与点评】 本题的考点是 OCL 甲乙类电路的分析。该电路是标准的 OCL 甲乙类互补功率放大电路，前 3 小题都比较简单，第（4）、（5）小题需要经过仔细分析才能得出正确的结论。

【例 7－3】 在图 7－3 所示电路中，已知 $V_{CC}=12V$，VT1 和 VT2 管的 $|U_{CES}|=2V$，$R_4=R_5=1\Omega$，$R_L=10\Omega$，输入电压足够大。

（1）求电路静态时的 U_E；

(2) VD1 和 VD2 的作用是什么?

(3) 求电路的最大输出功率 P_{om} 和转换效率 η;

(4) 求负载电阻 R_L 上的最大电流值。

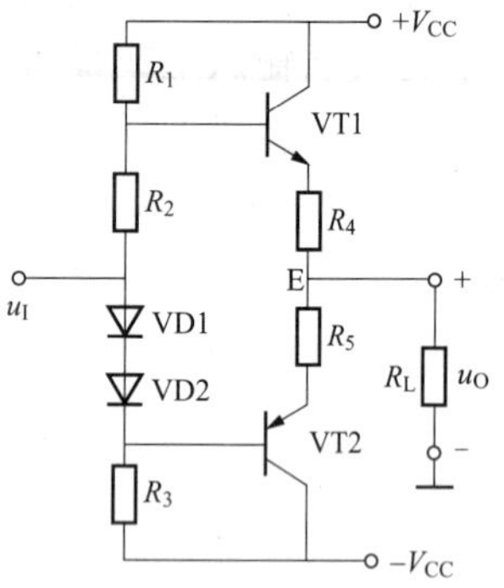

图 7-3 例 7-3 图

解 (1) 电路静态时的 $U_E=0$;

(2) VD1 和 VD2 的作用是克服交越失真;

(3) 最大不失真输出电压有效值

$$U_{om}=\frac{\frac{R_L}{R_4+R_L}\cdot(V_{CC}-U_{CES})}{\sqrt{2}}\approx 6.43\text{V}$$

最大输出功率和转换效率分别为

$$P_{om}=\frac{U_{om}^2}{R_L}\approx 4.13\text{W}$$

$$U_{R4}=(V_{CC}-U_{CES})\frac{R_4}{R_4+R_L}=0.91\text{V}$$

$$\eta=\frac{\pi}{4}\cdot\frac{V_{CC}-U_{CES}-U_{R4}}{V_{CC}}\approx 59.5\%$$

(4) 负载电阻 R_L 上的最大电流值为

$$i_{Lmax}=\frac{V_{CC}-U_{CES}}{R_4+R_L}\approx 0.91\text{A}$$

【解题指导与点评】 本题的考点是 OCL 甲乙类电路的参数计算。本题和例 7-1 不同的是晶体管的发射极添加了两个电阻，这两个电阻对动态参数有影响。计算 P_{om} 时，首先假设 u_i 为正半周，此时 VT1 导通、VT2 截止，R_4 与 R_L 串联，此时输出电压的最大值不是 $V_{CC}-U_{CES}$，而是该电压分压后在 R_L 上产生的电压 $\frac{R_L}{R_4+R_L}\cdot(V_{CC}-U_{CES})$，所以 U_{om} 和 P_{om} 的计算公式要有相应的变化。计算效率和负载上的最大电流时也需要考虑 R_4 对电路的影响。

自测题

一、填空题

1. 在 OCL 甲乙类功放电路中，若最大输出功率为 1W，则电路中功放管的集电极最大功耗约为________。

2. 选择功放电路中的晶体管时主要考虑极限参数________、________和________。

3. 题图 7-1 所示电路中，若交流输入信号为正半周，VT1________、VT2________；若交流输入信号为负半周，VT1________、VT2________(填入导通或截止)。

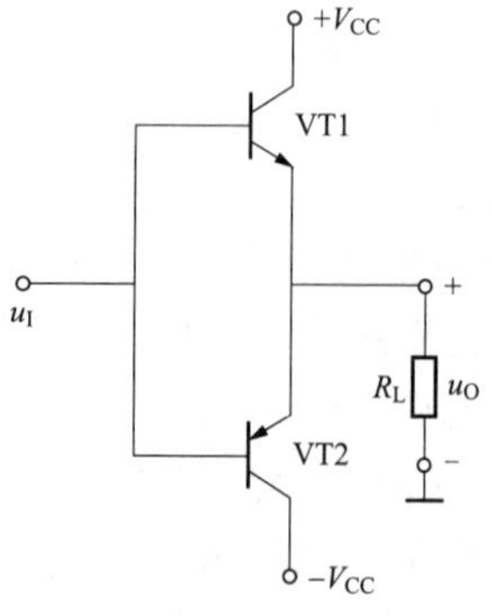

题图 7-1

二、分析计算题

电路如题图 7-1 所示，已知：$V_{CC}=15\text{V}$，$R_L=8\Omega$，晶体管的 $|U_{CES}|=2\text{V}$ (河北大学 2011 年硕士研究生考试试题)。

(1) 输入电压足够大时，求电路的最大输出功率;

（2）为使输出功率最大，输入电压的有效值为多少？

（3）在输入电压峰值为 10V 时，电路的效率约为多少？

课题三 OTL 功率放大电路

内容提要

1. 电路组成

OTL 功率放大电路的特点是单电源供电，输出端有电容。OTL 甲乙类互补功率放大电路组成如图 7-4 所示。其中 R_1 和 R_3 可换成电位器用来调节静态 E 点的电位，R_2、VD1 和 VD2 用来消除交越失真。因为是单电源供电，电容 C 的作用是代替负电源。

2. 工作原理

静态：VT1 和 VT2 微导通，发射极静态电位 $U_E=V_{CC}/2$，该电压对电容 C 充电，使其两端电压为 $V_{CC}/2$。若 R_LC 远大于输入信号的周期，则 C 上的电压是固定不变的，即电容 C 可当作直流电源使用，因此由单电源 V_{CC} 和 C 就可代替 OCL 电路中的双电源。

u_i 正半周：VT1 导通，VT2 截止，电流自 $+V_{CC}$ 经过 VT1 管的集电极、发射极，过电容 C，再向下流过负载 R_L 到地，R_L 有正向电流流过，此时 u_o 为正半周。

u_i 负半周：VT1 截止，VT2 导通，电流自电容 C 的正极板经过 VT2 管的发射极、集电极到地，再向上流过负载到达电容 C 的负极板，R_L 有负向电流流过，此时 u_o 为负半周。

此电路在 u_i 很小时就能保证至少有一个晶体管导通，和 OCL 甲乙类电路一样也有效地消除交越失真。

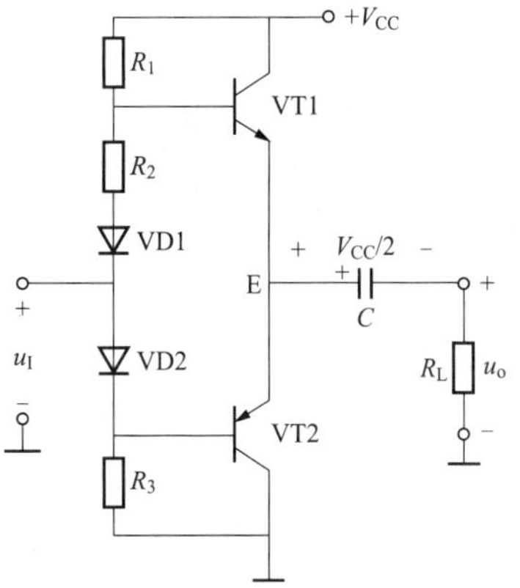

图 7-4 OTL 甲乙类互补功率放大电路

3. 参数计算

在 OCL 电路中给 VT1 和 VT2 供电的分别是 $+V_{CC}$ 和 $-V_{CC}$，在 OTL 电路中给 VT1 和 VT2 供电的分别是正电源和电容 C，其等效电源分别为 $+V_{CC}/2$ 和 $-V_{CC}/2$，所以估算 OTL 电路的动态参数时只需将 OCL 电路计算公式中的 V_{CC} 换成 $V_{CC}/2$ 即可。

（1）静态参数。晶体管静态发射极电位

$$U_E=V_{CC}/2 \tag{7-12}$$

因为电容 C 能够阻隔直流信号，所以电路的静态输出电压

$$U_O=0 \tag{7-13}$$

（2）动态参数。电路的最大不失真输出电压有效值为

$$U_{om}=\frac{\frac{V_{CC}}{2}-|U_{CES}|}{\sqrt{2}} \tag{7-14}$$

电路的最大输出功率为

$$P_{om}=\frac{U_{om}^2}{R_L}=\frac{\left(\frac{V_{CC}}{2}-|U_{CES}|\right)^2}{2R_L} \tag{7-15}$$

直流电源提供的功率为

$$P_V=\frac{1}{\pi}\int_0^{\pi}\frac{\frac{V_{CC}}{2}-|U_{CES}|}{R_L}\sin\omega t\cdot\frac{V_{CC}}{2}\mathrm{d}\omega t$$

$$=\frac{1}{\pi}\cdot\frac{V_{CC}\left(\frac{V_{CC}}{2}-|U_{CES}|\right)}{R_L} \tag{7-16}$$

电路的转换效率为

$$\eta=\frac{P_{om}}{P_V}=\frac{\pi}{2}\cdot\frac{\frac{V_{CC}}{2}-|U_{CES}|}{V_{CC}} \tag{7-17}$$

在忽略晶体管饱和管压降的情况下，晶体管集电极的最大功耗

$$P_{Tmax}\approx 0.2P_{om} \tag{7-18}$$

4. 晶体管的选择

OTL 电路中晶体管的耐压值 $U_{(BR)CEO}$、最大集电极电流 I_{CM} 和最大集电极耗散功率 P_{CM} 应满足

$$U_{(BR)CEO}>V_{CC} \tag{7-19}$$

$$I_{CM}>\frac{V_{CC}}{2R_L} \tag{7-20}$$

$$P_{CM}>0.2P_{om} \tag{7-21}$$

两种常见的功率放大电路及其参数分析见表 7-1。

表 7-1 两种常见的功率放大电路

电路名称	电路结构	静态及动态参数
OCL 甲乙类互补功率放大电路	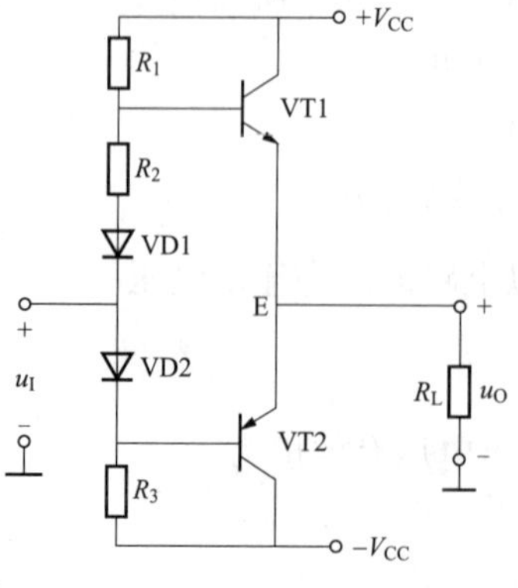	$U_E=0$ $U_{om}=\frac{V_{CC}-\|U_{CES}\|}{\sqrt{2}}$ $P_{om}=\frac{U_{om}^2}{R_L}=\frac{(V_{CC}-\|U_{CES}\|)^2}{2R_L}$ $\eta=\frac{P_{om}}{P_V}=\frac{\pi}{4}\cdot\frac{V_{CC}-\|U_{CES}\|}{V_{CC}}$ $P_{Tmax}\approx 0.2P_{om}$（忽略晶体管的饱和管压降）

续表

电路名称	电路结构	静态及动态参数
OTL甲乙类互补功率放大电路	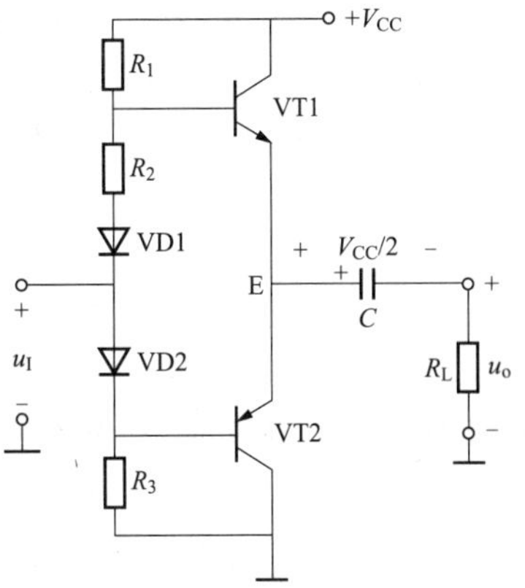	$U_E=\frac{V_{CC}}{2}$ $U_{om}=\frac{\frac{1}{2}V_{CC}-\|U_{CES}\|}{\sqrt{2}}$ $P_{om}=\frac{U_{om}^2}{R_L}=\frac{\left(\frac{1}{2}V_{CC}-\|U_{CES}\|\right)^2}{2R_L}$ $\eta=\frac{P_{om}}{P_V}=\frac{\pi}{2}\cdot\frac{\frac{1}{2}V_{CC}-\|U_{CES}\|}{V_{CC}}$ $P_{Tmax}\approx 0.2P_{om}$（忽略晶体管的饱和管压降）

典型例题

【例 7-4】 电路如图 7-5 所示。已知 $R_L=8\Omega$，要求最大输出功率 $P_{om}=12W$，晶体管的饱和管压降 $|U_{CES}|=3V$。

(1) 电路的电源电压 V_{CC} 至少为多少伏？

(2) 晶体管的耐压值 $U_{(BR)CEO}$ 应为多少伏？

(3) 电容 C_2 上的直流压降是多少？调节什么元件可以改变该压降？

(4) 若电路产生交越失真，应调节什么元件？

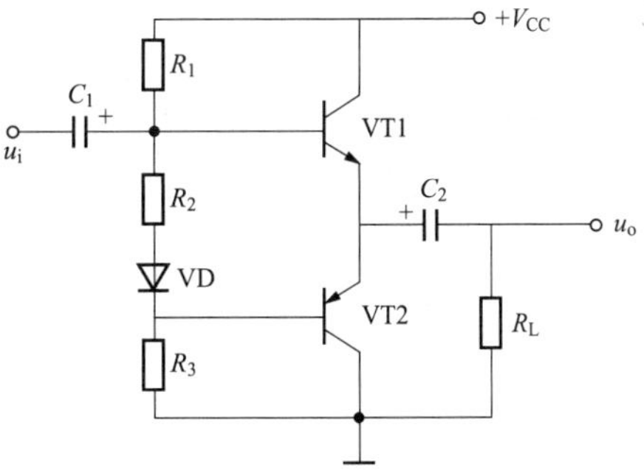

图 7-5　例 7-4 图

解　(1) 该电路为 OTL 功率放大电路，电路的最大输出功率为

$$P_{om}=\frac{U_{om}^2}{R_L}=\frac{\left(\frac{1}{2}V_{CC}-|U_{CES}|\right)^2}{2R_L}$$

故

$$V_{CC}=2(\sqrt{2P_{om}R_L}+|U_{CES}|)\approx 34V$$

该电路的电源电压至少为 34V。

(2) 由式 (7-19) 可知，OTL 电路要求

$$U_{(BR)CEO}\geqslant V_{CC}$$

则晶体管的耐压值至少为 34V。

(3) 电容 C_2 上的直流压降为

$$U_{C2}=\frac{V_{CC}}{2}=17V$$

实际上，调节 R_1、R_2 或 R_3 均可以改变电容 C_2 上的直流压降，但 R_2 的阻值涉及电路的交越失真情况，所以一般调节 R_1 或 R_3 来改变 VT1 或 VT2 管的发射极电位，即 C_2 上的直流

压降。

(4) 若电路出现交越失真，应调节 R_2，将 R_2 调大即可。

【解题指导与点评】 本题的考点是 OTL 互补功率放大电路的分析。第 (1) 小题取值要宽松一点，利用 OTL 电路最大输出功率的公式导出 V_{CC}值即可。第 (2) 小题要求计算的是晶体管的耐压值，因为 OCL 电路中晶体管的耐压值为 $2V_{CC}$，而 OTL 电路的等效电源分别为 $+V_{CC}/2$ 和 $-V_{CC}/2$，所以晶体管的耐压值为 OCL 电路的一半。第 (3)、(4) 小题在内容提要部分可以找到答案。

【例 7 - 5】 OTL 电路如图 7 - 6 所示。已知 $V_{CC}=15V$，$R_L=8\Omega$，晶体管的 $|U_{CES}|=3V$。

(1) 静态时 C_2 两端的电压应为多少？调整哪个元件可以改变该电压？

(2) 说明电容 C_1 的作用；

(3) 若电路出现交越失真，应调整哪个元件？如何调节？

(4) 若输入电压足够大，则电路的最大输出功率 P_{om}和转换效率 η 各为多少？

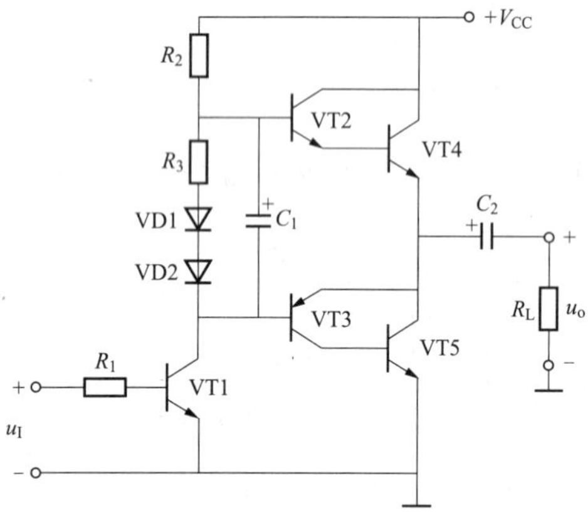

图 7-6 例 7-5 图

解 (1) 静态时电容电压 $U_{C2}=V_{CC}/2=7.5V$；调节 R_2 可以改变该电压。

(2) 电容 C_1 的作用是将 VD1、VD2 和 R_3 上的交流电压短路，使 VT2 和 VT3 的基极交流电压都等于 VT1 管的交流输出电压。

(3) 若电路出现交越失真，应调整 R_3；当产生交越失真时说明 VD1、VD2 和 R_3 上的直流压降不够大，应增大 R_3。

(4) 最大输出功率和效率分别为

$$P_{om}=\frac{\left(\frac{1}{2}V_{CC}-|U_{CES}|\right)^2}{2R_L}\approx 1.27W$$

$$\eta=\frac{\pi}{2}\frac{\frac{1}{2}V_{CC}-|U_{CES}|}{V_{CC}}\approx 47.1\%$$

【解题指导与点评】 本题的考点是 OTL 互补功率放大电路的分析。电路比较复杂，是带推动级的功率放大电路，而且电路中的晶体管还是复合管。前 3 个小题都是概念性问题，这里不再赘述。做第 (4) 小题时将 VT2 和 VT4 当成一个 NPN 管，VT3 和 VT5 当成一个 PNP 管即可，其 P_{om}和 η 的计算公式与普通的 OTL 甲乙类电路完全相同。

自测题

一、已知题图 7 - 2 所示电路中晶体管饱和管压降的数值为$|U_{CES}|$，试写出电路的最大输出功率 P_{om}和转换效率 η 的计算公式。

二、一个单电源互补对称电路如题图 7 - 3 所示，设 VT1、VT2 的特性完全对称，u_i 为正弦波，试回答下列问题：

（1）静态时 U_E 应是多少？调整哪个电阻能满足这一要求？此时静态 U_O 为多少？

（2）动态时，若输出电压 u_o 出现交越失真，应调整哪个电阻消除交越失真？如何调整？

（3）假设 VD1、VD2、R_2 中任何一个开路，将会产生什么后果？

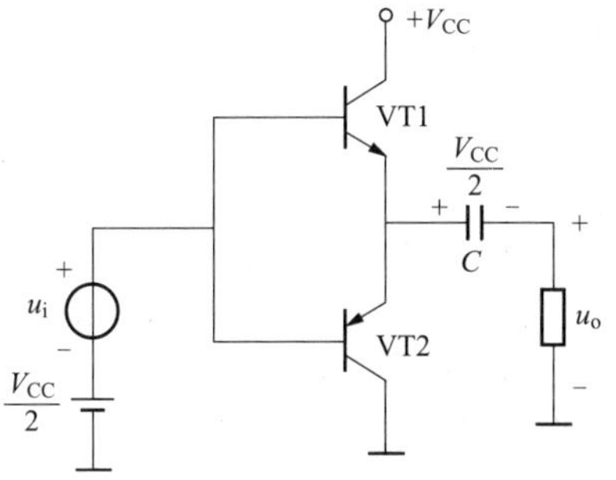

题图 7－2

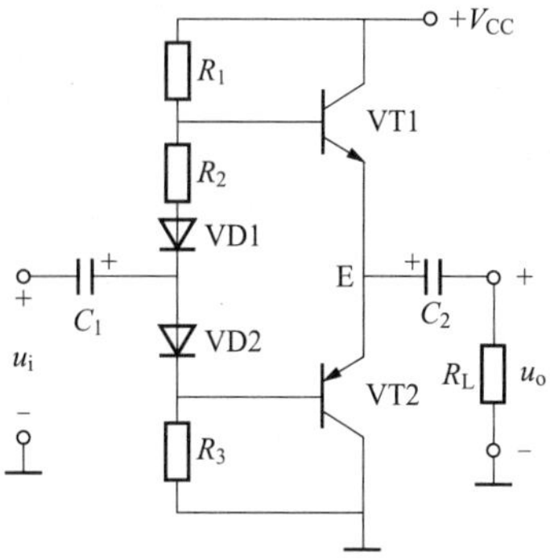

题图 7－3

习题精选

一、题图 7－4 所示的互补对称放大电路，已知 $V_{CC}=6V$，$R_L=8\Omega$，$|U_{CES}|=1V$（浙江师范大学 2012 年硕士研究生考试试题）。

（1）简单说明电路中 VD1、VD2 的作用；

（2）估算最大输出功率 P_{om}、直流电源消耗功率 P_V 和转换效率 η；

（3）为使负载上得到 P_{om}，电路输入端应加的正弦电压有效值为多少？

二、电路如题图 7－5 所示，已知 $V_{CC}=15V$，VT1 和 VT2 管的饱和管压降 $|U_{CES}|=2V$，输入电压足够大（中国科学技术大学 2014 年硕士研究生考试试题）。

（1）求解最大不失真输出电压的有效值；

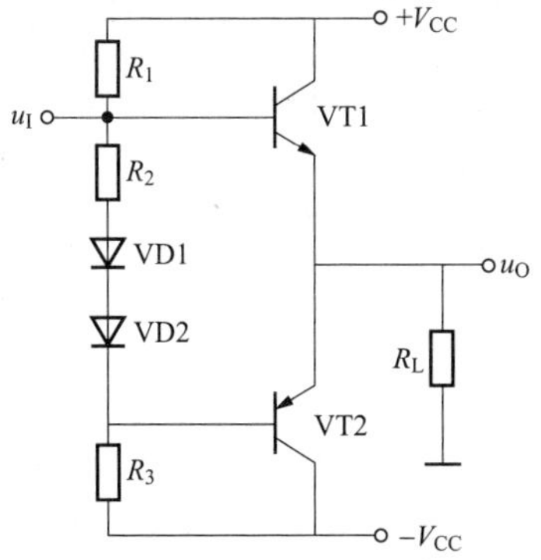

题图 7－4

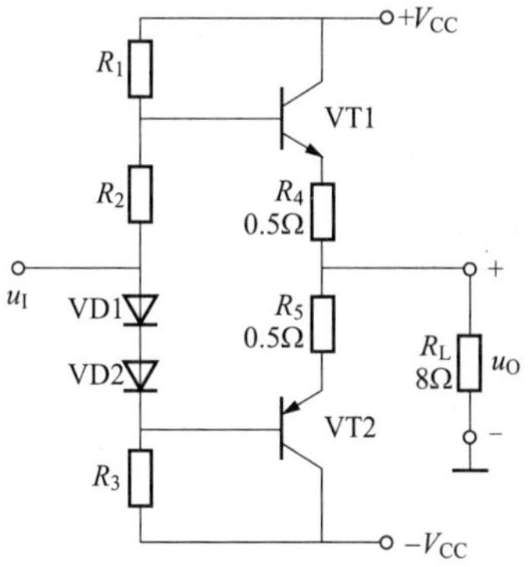

题图 7－5

（2）求解负载电阻 R_L 上电流的最大值；

（3）求解最大输出功率 P_{om} 和转换效率 η；

(4) R_4 和 R_5 可起短路保护作用，晶体管的最大集电极电流和功耗各为多少？

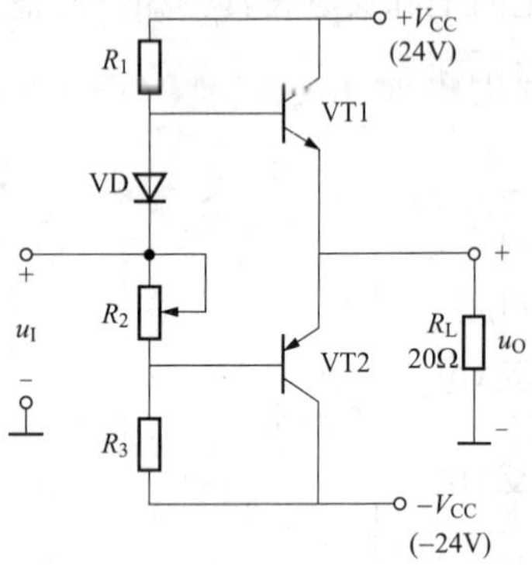

题图 7－6

三、在题图 7－6 所示的 OCL 电路中，已知晶体管的饱和压降 $|U_{CES}|=2V$，输入电压 u_i 为正弦波（军械工程学院 2012 硕士研究生考试试题）。

试求：(1) 负载 R_L 上可能获得的最大输出功率 P_{om} 约为多少？

(2) 当负载 R_L 上获得最大输出功率时，电路的转换效率 η 约为多少？

(3) 晶体管的集电极最大允许功耗 P_{CM} 至少应选取多少？

四、题图 7－7 所示电路中，晶体管的 $|U_{BE}|=0.7V$，VT4 和 VT5 管的饱和管压降 $|U_{CES}|=2V$，输入电压足够大。

(1) 求 A、B、C、D 点的静态电位；

(2) 为了保证 VT4 和 VT5 管工作在放大状态，电路的最大输出功率 P_{om} 和转换效率 η 各为多少？

五、某收音机的输出电路如题图 7－8 所示。

(1) 说出电路的名称；

(2) 说明 C_2、C_3、R_4、R_5 的作用。

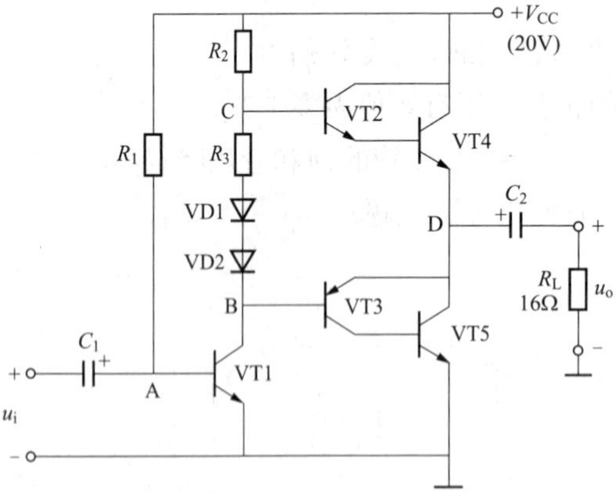

题图 7－7

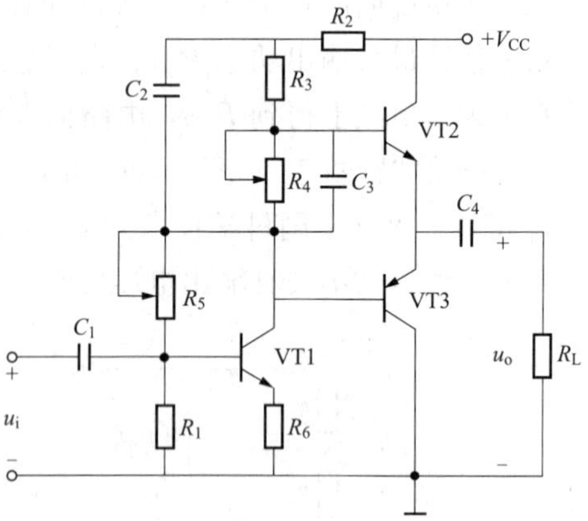

题图 7－8

第八章 直 流 电 源

重点：整流电路及电容滤波电路输出电压平均值的估算，稳压管稳压电路的工作原理和限流电阻的选择，串联型稳压电路的工作原理和输出电压调节范围的确定。

难点：整流电路的参数计算及整流管的选择、电容滤波电路的工作原理、限流电阻的选择，串联型稳压电路的工作原理。

要求：正确理解直流稳压电源的组成及各部分的作用；能够分析整流电路的工作原理，能正确估算输出电压和电流的平均值；了解滤波电路的工作原理，能够估算电容滤波电路输出电压的平均值；掌握稳压二极管稳压电路的工作原理，能够合理选择限流电阻；熟练掌握串联型稳压电路的工作原理、电路组成，并能够估算输出电压的调节范围。

课题一 直流电源的组成

内容提要

直流电源通常包括四个组成部分：电源变压器、整流电路、滤波电路和稳压电路，如图8－1所示。各个部分的作用如下：

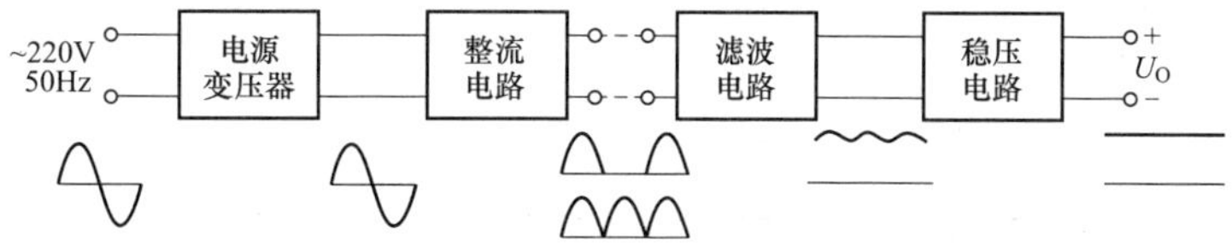

图8－1 直流电源的组成

电源变压器：把220V电网电压变成所需要的交流电压，从而使变压器二次绕组输出的交流电压符合设计需要。

整流电路：将正负交替的正弦交流电压整流成单向脉动直流电压。

滤波电路：减小单向脉动电压中的脉动成分，使输出电压成为比较平滑的直流电压，也就是将整流电路输出的脉动电压中的交流成分滤掉。

稳压电路：在电网电压波动或负载电流变化时保持输出电压基本不变。

典型例题

【例8－1】 选择题

1．直流电源中整流电路的作用是____。

A. 将交流变为直流　　B. 将高频变为低频
C. 将正弦波变为方波　　D. 将高压交流变为低压交流

2. 直流电源中滤波电路的作用是____。

A. 将交流变为直流　　B. 将高频变为低频
C. 将正弦波变为方波　　D. 滤掉交、直流混合量中的交流成分

3. 直流电源中稳压电路的作用是____。

A. 将交流变为直流　　B. 稳定输出电流
C. 稳定输出电压　　D. 滤掉交、直流混合量中的交流成分

解　1. A　2. D　3. C

【解题指导与点评】　本题的考点是直流电源各组成部分的作用，此题答案在内容提要部分均可查到。本课题所涉及题目均比较简单，了解相应内容即可轻松完成。

自测题

一、填空题

1. 直流稳压电源一般由________、________、________和________四部分组成。
2. 直流稳压电源中电源变压器的作用是____________________。

二、简答题

传统电源系统的组成框图如图所示，试说明题图 8-1 所示电路中各部分的作用（深圳大学 2011 年硕士研究生考试试题）。

(1) 电源变压器；
(2) 整流器；
(3) 滤波器；
(4) 稳压电路。

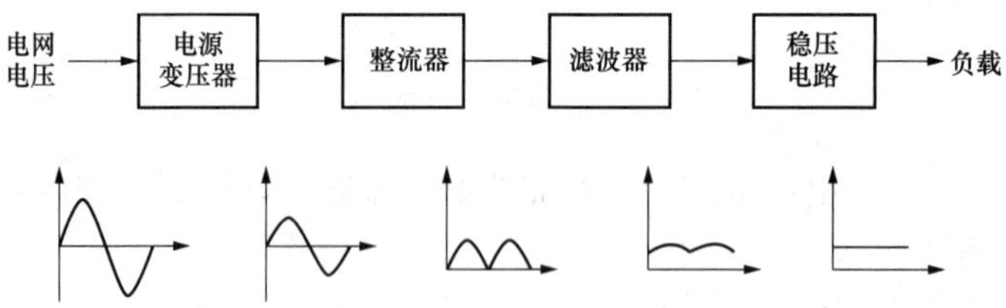

题图 8-1　电源系统组成框图

课题二　整　流　电　路

内容提要

1. 单相半波整流电路

(1) 电路组成及工作原理。利用二极管的单向导电性，将交流信号转变成单一方向的脉

动直流信号，电路如图 8－2（a）所示。

注：分析整流电路时将整流二极管视为理想二极管，且忽略变压器内阻。

当变压器的二次电压 u_2 为正半周时，二极管导通，负载上有电流通过，$u_O=u_2$；u_2 为负半周时，二极管截止，负载上无电流，$u_O=0$。输出波形如图 8－2（b）所示。

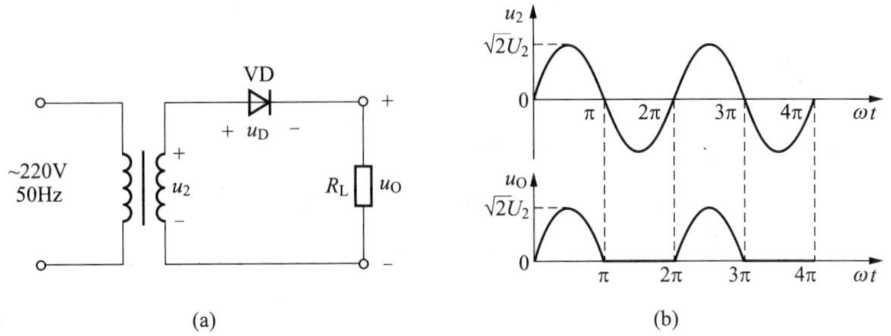

图 8－2　单相半波整流

（a）电路；（b）波形图

（2）主要参数。

1）输出电压平均值 $U_{O(AV)}$。输出电压平均值 $U_{O(AV)}$ 就是负载电阻上电压的平均值。

$$U_{O(AV)}=\frac{1}{2\pi}\int_0^{2\pi}\sqrt{2}U_2\sin\omega t\,d(\omega t)=\frac{\sqrt{2}U_2}{\pi}\approx 0.45U_2 \tag{8-1}$$

2）输出电流平均值 $I_{O(AV)}$。输出电流平均值 $I_{O(AV)}$ 就是流过负载上电流的平均值。

$$I_{O(AV)}=\frac{U_{O(AV)}}{R_L}\approx\frac{0.45U_2}{R_L} \tag{8-2}$$

3）脉动系数 S。脉动系数 S 是整流输出电压的基波峰值 U_{O1M} 与输出电压平均值 $U_{O(AV)}$ 之比。

$$S=\frac{U_{O1M}}{U_{O(AV)}}=\frac{\pi}{2}\approx 1.57 \tag{8-3}$$

（3）二极管的选择。在单相半波整流电路中，二极管的正向电流平均值等于负载的电流平均值，即

$$I_{D(AV)}=I_{O(AV)}\approx\frac{0.45U_2}{R_L} \tag{8-4}$$

二极管承受的最大反向电压等于变压器二次电压的峰值电压，即

$$U_{Rmax}=\sqrt{2}U_2 \tag{8-5}$$

一般情况下，允许电网电压有±10％的波动，因此在选用二极管时，对参数应至少保留10％的余量，以保证二极管安全工作。即选择最大整流电流 I_F 和最高反向电压 U_{RM} 分别为 $I_F>1.1I_{O(AV)}$，$U_{RM}>1.1U_{Rmax}$。

（4）优缺点。单相半波整流电路结构简单，使用元件少。半波整流电路也具有很明显的缺点：输出波形脉动成分大，且负载只有半个周期导电，电源利用率低。该电路一般应用在

对脉动要求不高的场合。

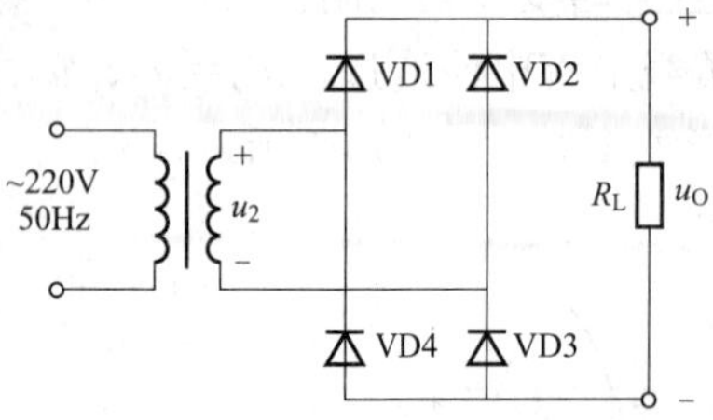

图 8-3　单相桥式整流电路

2. 单相桥式整流电路

为了克服单相半波整流电路的缺点，在实际应用中多采用图 8-3 所示的单相桥式整流电路。图 8-4 所示电路为单相桥式整流电路的其他画法。

(1) 工作原理。u_2 为正半周时，VD1、VD3 导通，VD2、VD4 截止，$u_O=u_2$；u_2 为负半周时，VD1、VD3 截止，VD2、VD4 导通，$u_O=-u_2$。VD1、VD3 和 VD2、VD4 两对二极管交替导通，使负载电阻 R_L 在整个周期内都有电流通过，而且方向相同。输出波形如图 8-5 所示。

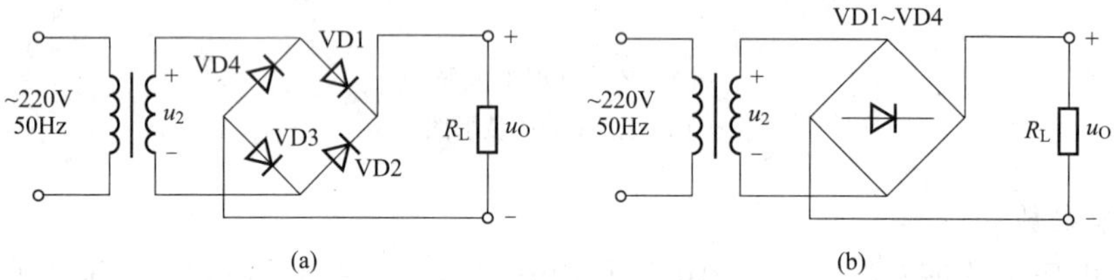

图 8-4　单相桥式整流电路的其他画法

(2) 主要参数。

1) 输出电压平均值 $U_{O(AV)}$。其表达式为

$$U_{O(AV)}=\frac{1}{\pi}\int_0^{\pi}\sqrt{2}U_2\sin\omega t\,d(\omega t)=\frac{2\sqrt{2}U_2}{\pi}\approx 0.9U_2 \tag{8-6}$$

2) 输出电流平均值 $I_{O(AV)}$。其表达式为

$$I_{O(AV)}=\frac{U_{O(AV)}}{R_L}\approx\frac{0.9U_2}{R_L} \tag{8-7}$$

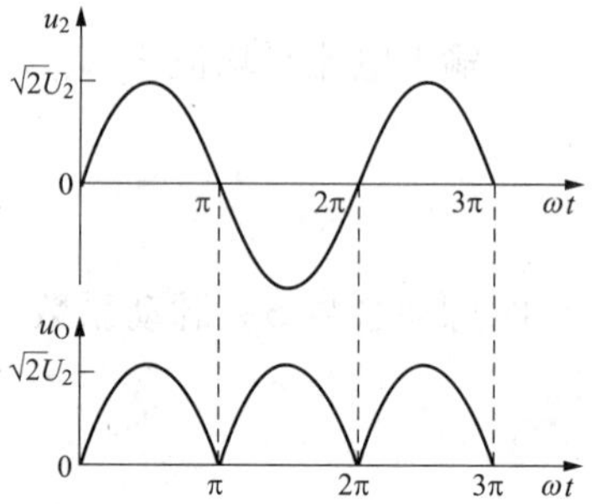

图 8-5　单相桥式整流电路的输出波形

3) 脉动系数为

$$S=\frac{U_{O1M}}{U_{O(AV)}}=\frac{2}{3}\approx 0.67 \tag{8-8}$$

(3) 二极管的选择。

1) 二极管正向平均电流。每个二极管只有半周导通，所以 $I_{D(AV)}=\frac{I_{O(AV)}}{2}\approx\frac{0.45U_2}{R_L}$，与半波整流中二极管的平均电流值相同。

2) 二极管所承受的最大反向电压。二极管所承受的最大反向电压与半波整流中二极管所承受的最大反向电压相同。

(4) 优缺点。单相桥式整流电路与半波整流电路相比，在相同的 u_2 下，对二极管的参数要求相同，但其具有输出电压高、变压器利用率高、脉动成分小等优点，应用十分广泛。电路的主要缺点是所需二极管数量多，整流电路内阻较大，损耗也较大。

典型例题

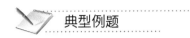

【例 8-2】 判断下列说法的对错，在括号内填入"√"或"×"来表明判断结果。

1. 整流电路可将正弦电压变为脉动的直流电压。（　）

2. 在变压器二次电压和负载电阻相同的情况下，单相桥式整流电路的输出电流是半波整流电路输出电流的 2 倍。（　）

3. 在变压器二次电压和负载电阻相同的情况下，单相桥式整流电路中整流管的平均整流电流为半波整流电路的 2 倍。（　）

解　1. √　2. √　3. ×

【解题指导与点评】 本题的考点是整流电路的作用及其工作原理。整流电路的作用在课题一中已经提到。通过本课题内容提要的介绍，很容易知道第 2 小题是正确的。第 3 小题易出错，同样条件下，单相桥式整流电路的输出电流为单相半波整流电路的 2 倍，很容易想当然地认为整流管中的电流也是 2 倍关系，从而忽略了桥式整流中的整流管是两两交替导通的，所以两种电路的平均整流电流应相等。

【例 8-3】 选择题

1. 在单相桥式整流电路中，若有一只整流管接反，则____。

A. 输出电压约为 $2U_D$　　B. 变为半波整流

C. 整流管将因电流过大而烧坏　　D. 无输出电压

2. 在单相桥式整流电路中，若有一只整流管断开，则____。

A. 输出电压约为 $2U_D$　　B. 变为半波整流

C. 整流管将因电流过大而烧坏　　D. 无输出电压

解　1. C　2. B

【解题指导与点评】 本题的考点仍然是整流电路的工作原理。假设 VD2 管接反，如图 8-6 所示，则在 u_2 的正半周，电流方向如图 8-6 中箭头所示，负载电阻被短路，u_2 直接加在两个导通的二极管 VD1、VD2 上，VD1、VD2 将因电流过大而烧坏。假设图 8-6 的 VD2 管断开，u_2 负半周时 R_L 上没有电流，全波整流变成半波整流。

【例 8-4】 电路如图 8-7 所示，变压器二次电压有效值为 $2U_2$。

（1）画出 u_2 和 u_O 的波形；

（2）写出输出电压平均值 $U_{O(AV)}$ 和输出电流平均值 $I_{O(AV)}$ 的表达式；

（3）写出二极管的平均电流 $I_{D(AV)}$ 和所承受的最大反向电压 U_{Rmax} 的表达式。

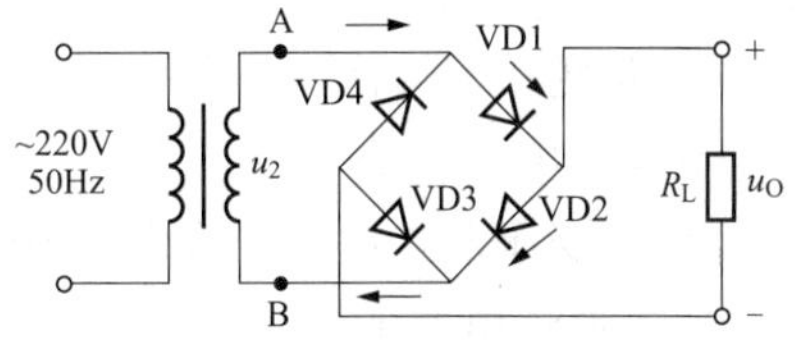

图 8-6　例 8-3 图

解　（1）u_2 和 u_O 的波形如图 8-8 所示。

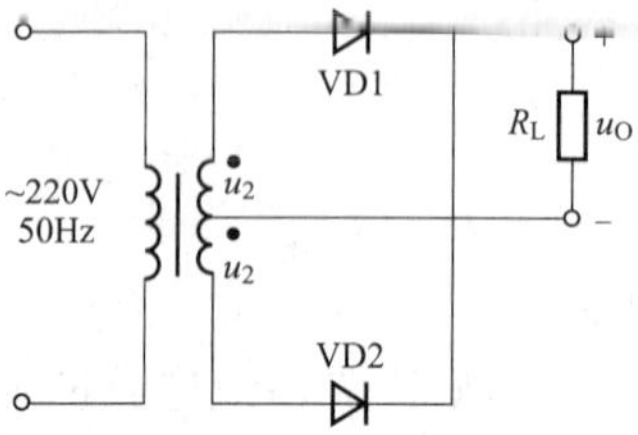

图 8－7　例 8－4 图

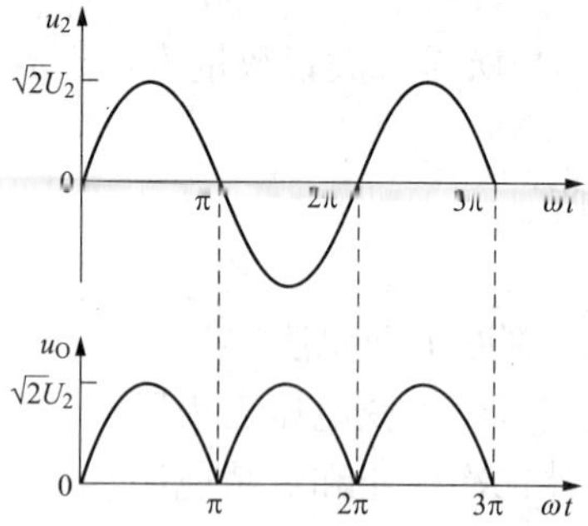

图 8－8　图 8－7 所示电路的波形图

（2）输出电压平均值 $U_{O(AV)}$ 和输出电流平均值 $I_{O(AV)}$ 为

$$U_{O(AV)} \approx 0.9U_2$$

$$I_{O(AV)} \approx \frac{0.9U_2}{R_L}$$

（3）二极管的平均电流 $I_{D(AV)}$ 和所承受的最大反向电压 U_{Rmax} 为

$$I_{D(AV)} \approx \frac{0.45U_2}{R_L}$$

$$U_{Rmax} = 2\sqrt{2}U_2$$

【解题指导与点评】 本题的考点是整流电路中二极管工作状态的判断。图 8－7 所示电路是一种全波整流电路。当变压器二次电压为正半周时，VD1 导通、VD2 截止，二次电压的一半通过 VD1 加到了负载上，VD2 反向承受了整个二次电压；当变压器二次电压为负半周时，VD1 截止、VD2 导通。

自测题

一、判断题（在括号内填入"√"或"×"来表明判断结果）

1. 在变压器二次电压和负载相同的情况下，单相桥式整流电路的输出电压是半波整流电路的 2 倍。（　　）

2. 在变压器二次电压和负载相同的情况下，单相桥式整流电路的负载电流平均值是半波整流电路的 2 倍。（　　）

3. 在变压器二次电压相同的情况下，单相桥式整流电路中整流管承受的最大反向电压是半波整流电路 1/2。（　　）

4. 在变压器二次电压和负载相同的情况下，单相桥式整流电路中整流管的平均整流电流是半波整流电路的 2 倍。（　　）

二、选择题

1. 在单相桥式整流电路中，若有一只整流管被短路，则____。

   A. 输出电压约为 $2U_D$　　　　B. 变为半波直流

   C. 整流管将因电流过大而烧坏　　D. 无输出电压

2. 在如图 8－2（a）所示的半波整流电路中，若 $u_2 = 10\sin\omega t$（V），整流管的导通压降忽略不计，则负载上的 $U_{O(AV)}$ 为____。

A. +4.5V　　B. +9V

C. +3.2V　　D. +6.4V

3. 在如图 8-3 所示桥式整流电路中，若 $u_2=10\sin\omega t$（V），整流管的导通压降忽略不计，则负载上的 $U_{O(AV)}$ 为____。

A. +4.5V　　B. +9V

C. +3.2V　　D. +6.4V

课题三 滤 波 电 路

内容提要

整流电路的输出电压都含有较大的脉动成分，因此它不适于做电子电路的直流电源。通常在整流电路后加入滤波电路，这样既可以减小脉动成分又保留了直流成分，使输出电压变得比较平滑。电容和电感都是基本的滤波元件，利用它们的储能作用可达到滤波的目的。

1. 电容滤波电路

（1）电路组成及工作原理。在整流电路的输出端并联一个电容即可构成电容滤波电路。图 8-9 为桥式整流电容滤波电路。

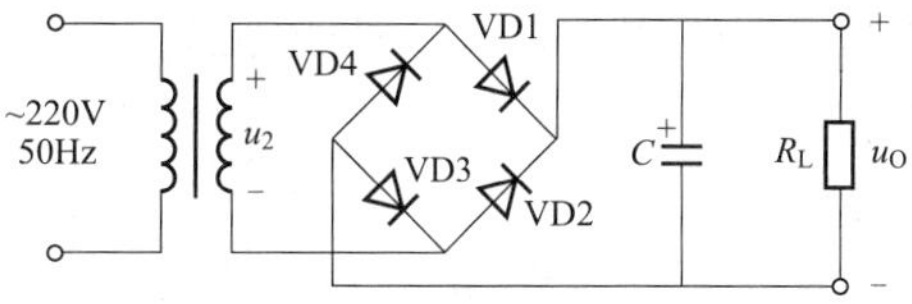

图 8-9　桥式整流电容滤波电路

图 8-10 所示的输出波形描述了桥式整流电容滤波电路的工作原理。ab 段：VD1、VD3 导通，C 充电；bc 段：C 通过 R_L 放电，与 u_2 变化趋势相同；cd 段：VD1、VD3 截止，C 继续按指数规律放电。

（2）输出电压平均值 $U_{O(AV)}$。滤波电路的输出信号的波形很难用解析式表示，输出电压的平均值往往为近似值，估算时一般认为

$$U_{O(AV)}=(1.0\sim1.4)U_2 \quad (8-9)$$

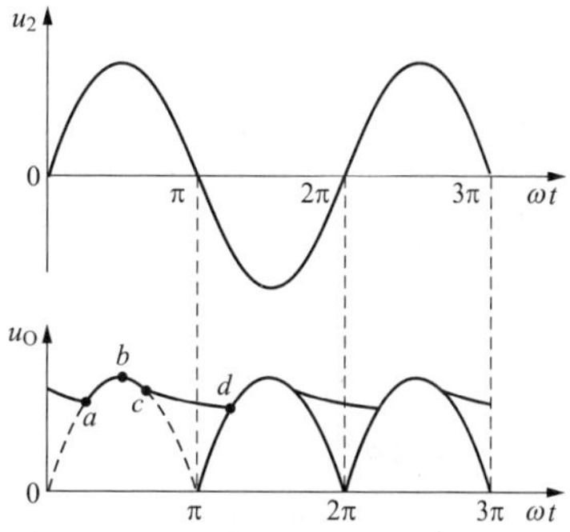

图 8-10　桥式整流电容滤波电路的波形

当负载开路时，

$$U_{O(AV)}=\sqrt{2}U_2 \quad (8-10)$$

当 $R_LC=(3\sim5)T/2$ 时，

$$U_{O(AV)}\approx1.2U_2 \quad (8-11)$$

在大负载电流的场合，由于负载电阻 R_L 很小，若采用电容滤波电路，则所选用的电容必定很大，同时整流管的冲击电流也非常大，这样势必对电容和整流管的要求会很高，所以电容滤波电路适用于小负载电流的场合。

2. 电感滤波电路

电感对于直流分量的电抗基本为 0，而对交流分量的电抗 ωL 可以很大，因此将一个电感与负载串联，即可组成电感滤波电路，如图 8-11 所示。当忽略电感 L 的直流电抗时，负载上输出的平均电压和纯电阻负载相同，即 $U_{O(AV)} \approx 0.9U_2$。只有当 ωL 远远大于 R_L 时，电路才能得到较好的滤波效果，而且 R_L 越小，u_O 的交流分量越小，所以电感滤波电路适用于大负载电流的场合。

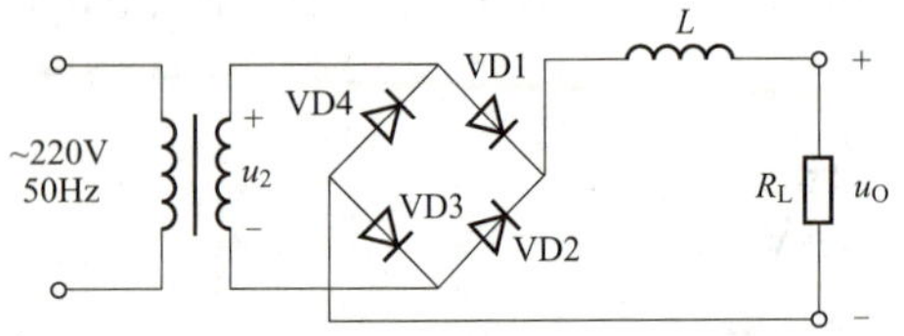

图 8-11　桥式整流电感滤波电路

典型例题

【例 8-5】 判断题（在括号内填入"√"或"×"来表明判断结果）

1. 电容滤波电路适用于大负载电流的场合，而电感滤波适用于小负载电流的场合。（　　）

2. 若 U_2 为电源变压器二次电压的有效值，则半波整流电容滤波电路和全波整流电容滤波电路在空载时的输出电压均为$\sqrt{2}U_2$。（　　）

3. 在单相桥式整流电容滤波电路中，若有一只整流管断开，输出电压平均值变为原来的一半。（　　）

解　1. ×　2. √　3. ×

【解题指导与点评】 本题的考点是滤波电路的工作原理。通过本课题内容提要的介绍，很容易知道第 1 小题是错误的。第 2 小题很容易出错，半波整流电容滤波电路和全波桥式整流电容滤波电路在空载时，由于没有放电回路，电容电压充到$\sqrt{2}U_2$时，输出电压将保持不变。第 3 小题也容易出错，单相桥式整流电容滤波电路中，若有一只整流管断开，整流部分虽然变成了半波整流，但由于滤波电容的存在，输出电压平均值应该高于原来的一半。

自测题

一、选择题

1. 单相桥式整流电容滤波电路，若变压器二次电压有效值 $U_2=10V$，$R_L=50\Omega$，则 $U_{O(AV)}$ 为______。

A. 14V　　B. 12V　　C. 9V　　D. 4.5V

2. 单相桥式整流电容滤波电路，若变压器二次电压有效值 $U_2=10V$，$R_L=\infty$，则 $U_{O(AV)}$ 为____。

A. 14V　　B. 12V　　C. 9V　　D. 4.5V

二、填空题

一个桥式整流电容滤波电路如题图 8-2 所示，已知 $u_2=20\sqrt{2}\sin\omega t$（V），当电容 C 因虚焊未接上，u_O 端对应的直流电压平均值为______；若有电容 C，但 $R_L=\infty$，则输出电压平均值为______（军械工程学院 2011 年硕士研究生考试试题）。

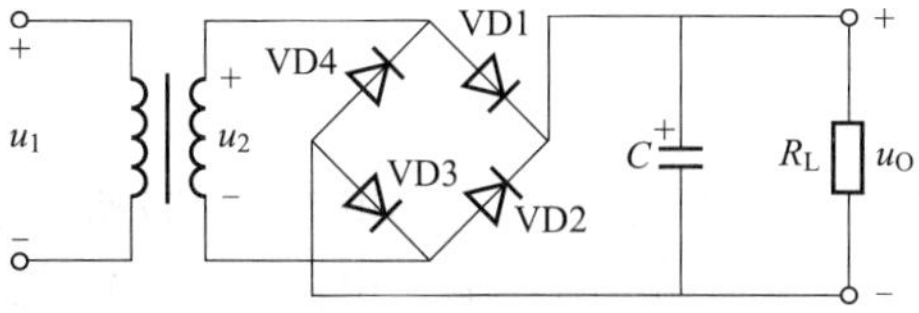

题图 8-2

课题四 稳压管稳压电路

内容提要

1. 电路组成及工作原理

虽然整流滤波电路能将正弦交流电压转换成相对平滑的直流电压，但随着电网电压的波动或负载发生变化，输出电压会出现一定的变化。为了能得到更加稳定的直流电源，需要在整流滤波电路后面加入稳压电路。

图 8-12 为稳压管稳压电路，是由稳压二极管 VS 和限流电阻 R 组成的最简单的直流稳压电路。其中 U_I 为整流滤波后的电压，R 为限流电阻，U_O 为负载 R_L 两端的输出电压，该电压等于稳压管的稳压值 U_S。

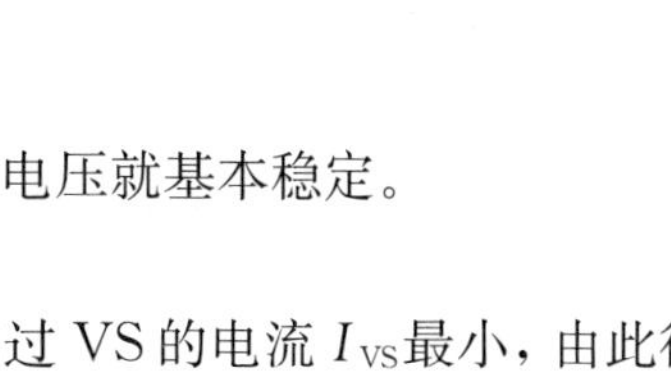

图 8-12 稳压管稳压电路

由稳压管稳压电路可得两个基本关系：

$$U_I=U_R+U_O \tag{8-12}$$

$$I_R=I_{VS}+I_L \tag{8-13}$$

只要保证稳压管的工作电流 I_{VS} 满足 $I_S\leqslant I_{VS}\leqslant I_{SM}$，输出电压就基本稳定。

2. 限流电阻 *R* 的选择

当电网电压 U_I 最低且负载 R_L 流过的电流 I_L 最大时，流过 VS 的电流 I_{VS} 最小，由此得到限流电阻 R 的上限值

$$R_{max}=\frac{U_{Imin}-U_S}{I_S+I_{Lmax}} \tag{8-14}$$

其中 $I_{Lmax}=U_S/R_{Lmin}$。

当电网电压 U_I 最高且负载 R_L 流过的电流 I_L 最小时，流过 VS 的电流 I_{VS} 最大，由此得到限流电阻 R 的下限值

$$R_{min}=\frac{U_{Imax}-U_S}{I_{SM}+I_{Lmin}} \tag{8-15}$$

其中 $I_{Lmin}=U_S/R_{Lmax}$。

综上所述，稳压管稳压电路中限流电阻 R 的阻值应在 R_{min} 和 R_{max} 之间。

典型例题

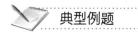

【例 8-6】 在图 8-12 所示稳压电路中，已知稳压管的稳定电压 U_S 为 6V，最小稳定电流 I_S 为 5mA，最大稳定电流 I_{SM} 为 40mA；输入电压 U_I 为 15V，波动范围为±10%；限流电阻 R 为 200Ω。

(1) 电路是否能空载？为什么？

(2) 作为稳压电路的指标，负载电流 I_L 的范围为多少？

解 (1) 空载时稳压管流过的最大电流为

$$I_{VSmax}=I_{Rmax}=\frac{U_{Imax}-U_S}{R}=52.5\text{mA}>I_{SM}=40\text{mA}$$

所以电路不能空载，否则会烧毁稳压管。

(2) 根据 $I_S=\frac{U_{Imin}-U_S}{R}-I_{Lmax}$，负载电流的最大值为

$$I_{Lmax}=\frac{U_{Imin}-U_S}{R}-I_S=32.5\text{mA}$$

根据 $I_{SM}=\frac{U_{Imax}-U_S}{R}-I_{Lmin}$，负载电流的最小值为

$$I_{Lmin}=\frac{U_{Imax}-U_S}{R}-I_{SM}=12.5\text{mA}$$

所以，负载电流的范围为 12.5～32.5mA。

【解题指导与点评】 本题的考点是稳压管稳压的电流条件。稳压管处于稳压状态时，其实际工作电流应在最小稳定电流 I_S 和最大稳定电流 I_{SM} 之间，若工作电流小于 I_S，稳压效果不好；若大于 I_{SM}，稳压管会烧毁。

自测题

一、电路如题图 8-3 所示，已知稳压管的稳定电压为 6V，最小稳定电流为 5mA，允许耗散功率为 240mW；输入电压为 20～24V，$R_1=360\Omega$。试问：

(1) 为保证空载时稳压管能够安全工作，R_2 应选多大？

(2) 当 R_2 按上面原则选定后，负载电阻允许的变化范围是多少？

二、电路如题图 8-4 所示，已知直流电源电压 $U_I=10V$，稳压管的稳定电压 $U_S=6V$，最小稳定电流 $I_S=5mA$，最大稳定电流 $I_{SM}=40mA$；负载电阻 $R_L=600\Omega$。求解限流电阻 R 的取值范围（中国科学技术大学 2013 年硕士研究生考试试题）。

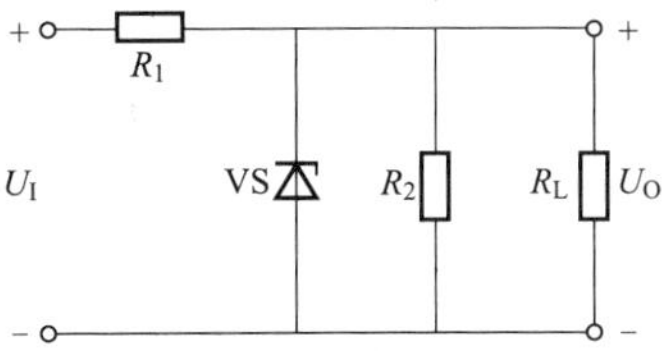

题图 8-3

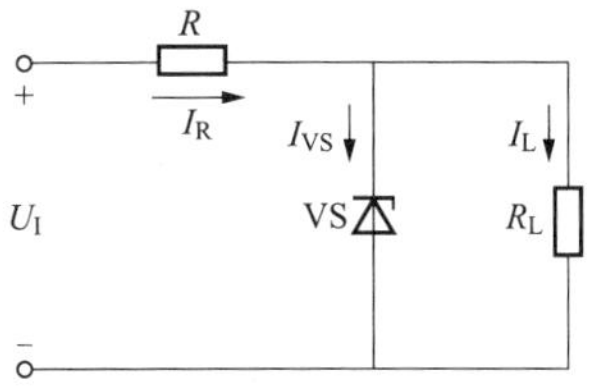

题图 8-4

课题五 串联稳压电路

内容提要

1. 电路组成及工作原理

稳压管稳压电路尽管结构简单，所用元件数量少，但因受稳压管自身参数限制，其输出电流较小，输出电压不可调节，因此它只适用于负载电流较小、负载电压不变的场合。串联型稳压电路以稳压管稳压电路为基础，利用晶体管的电流放大作用来增大负载电流，同时在电路中引入深度电压负反馈使输出电压稳定，并通过改变反馈网络参数使输出电压可调。

串联稳压电路原理图如图 8-13 所示，电路可分为四个部分。

(1) 基准电压电路。基准电压电路由 R 和 VS 构成，向放大电路的同相输入端提供基准电压 U_S。

(2) 采样电路。采样电路由 R_1、R_2 和 R_3 构成，当输出电压发生变化时，采样电阻对变化量进行采样，并传送到放大电路的反相输入端。

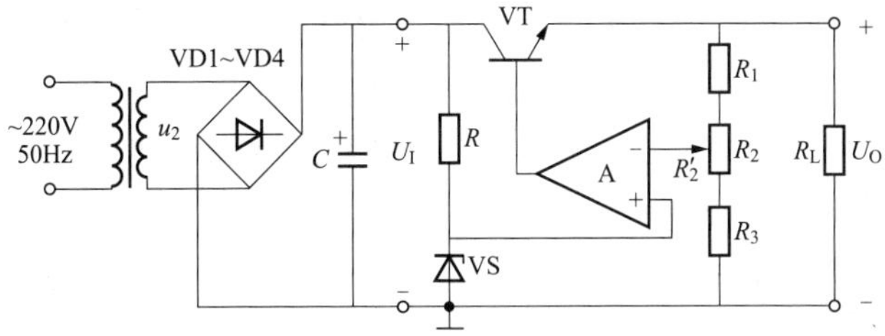

图 8-13 串联稳压电路

(3) 比较放大电路。比较放大电路由运算放大器 A 构成，将采样电压与基准电压进行比较放大，然后传送到调整管 VT 的基极。

(4) 调整电路。调整电路由调整管 VT 构成，对比较放大电路所得的结果进行调整，使输出电压基本稳定。

2. 输出电压调节范围

输出电压在一定范围内可调是串联稳压电路的一个优点。由于运算放大器 A 引入的是深负反馈，所以 A 工作在线性工作区，因此同时具备“虚短”和“虚断”的特性，即 $U_P=U_N=U_S$，$I_P=I_N=0$，故

$$U_O=\frac{R_1+R_2+R_3}{R_2'+R_3}U_S \tag{8-16}$$

当电位器 R_2 滑到最上端时，输出电压最小，输出电压的最小值为

$$U_{Omin}=\frac{R_1+R_2+R_3}{R_2+R_3}U_S \tag{8-17}$$

当电位器 R_2 滑到最下端时，输出电压最大，输出电压的最大值为

$$U_{Omax}=\frac{R_1+R_2+R_3}{R_3}U_S \tag{8-18}$$

典型例题

【例 8-7】 填空题

在图 8-14 所示电路中，调整管为________，采样电路由________组成，基准电压电路由________组成，比较放大电路由________组成，保护电路由________组成；输出电压最小值的表达式为________，最大值的表达式为________。

解 VT1，R_1、R_2、R_3，R、VS，VT2、R_c，R_0、VT3；

$\frac{R_1+R_2+R_3}{R_2+R_3}(U_S+U_{BE2})$，$\frac{R_1+R_2+R_3}{R_3}(U_S+U_{BE2})$。

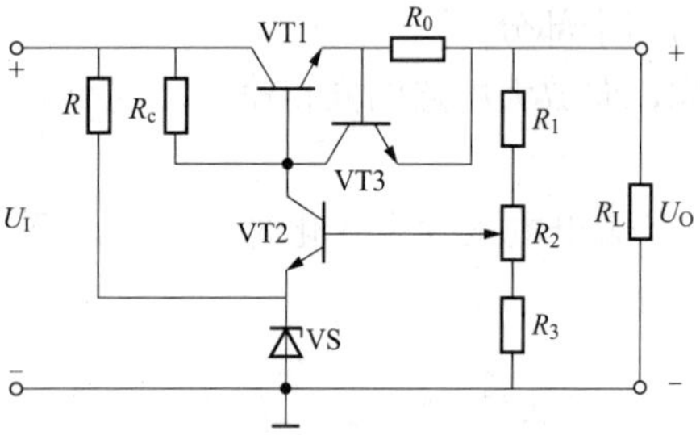

图 8-14 例 8-7 图

【解题指导与点评】 本题的考点是串联稳压电路的电路组成。该电路与图 8-13 所示电路的不同之处在于，比较放大电路由运算电路变成了由 VT2 和 R_c 构成的单管放大电路。

【例 8-8】 直流稳压电源如图 8-15 所示（浙江理工大学 2011 年硕士研究生考试试题）。

(1) 说明电路的整流电路、滤波电路、调整管、基准电压电路、比较放大电路、采样电路等部分各由哪些元件组成。

(2) 标出集成运放的同相输入端和反相输入端。

(3) 写出输出电压的调节范围。

解 (1) 整流电路：VD1～VD4。滤波电路：C_1。调整管：VT1、VT2。基准电压电路：R'、VS$'$、R、VS。比较放大电路：A。取样电路：R_1、R_2、R_3。

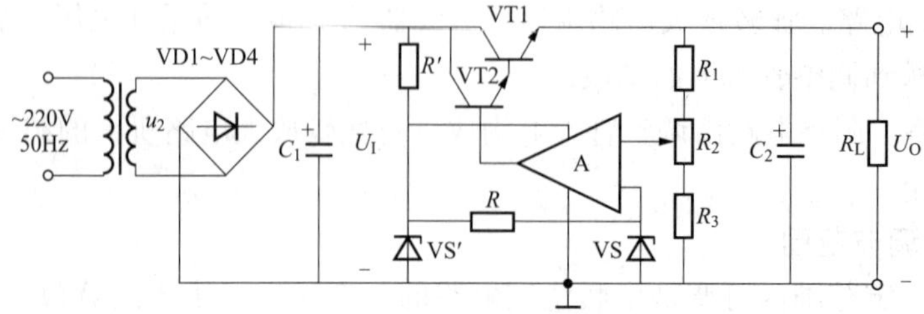

图 8-15 例 8-8 图

(2) 为了使电路引入负反馈，集成运放的输入端上为“－”下为“＋”。

(3) 输出电压的调节范围为

$$\frac{R_1+R_2+R_3}{R_2+R_3}U_S \leqslant U_O \leqslant \frac{R_1+R_2+R_3}{R_3}U_S$$

【解题指导与点评】 本题的考点是串联稳压电路的电路组成及输出电压的求解。第 (1) 小题，电路组成与图 8－13 基本相同，只是调整管变成了复合管，而且电路的基准电压是经过两级稳压产生的，由 R'、VS$'$产生一个稳定电压给运放供电，由 R、VS 稳压产生的是电路的基准电压。后两个小题参见内容提要 1 和 2。

自测题

一、电路如题图 8－5 所示，已知稳压管的稳定电压 $U_S=6$V。

(1) 标出运放 A 的同相和反相输入端；

(2) 试求输出电压 U_O 的调整范围。

二、电路如题图 8－6 所示，已知稳压管的稳定电压 $U_S=6$V，晶体管的 $U_{BE}=0.7$V，$R_1=R_2=R_3=300\Omega$，$U_I=24$V。判断出现下列现象时，分别因为电路产生什么故障（即哪个元件开路或短路），并给出判断依据（南京大学 2012 年硕士研究生考试试题）。

(1) $U_O\approx24$V；

(2) $U_O\approx23.3$V；

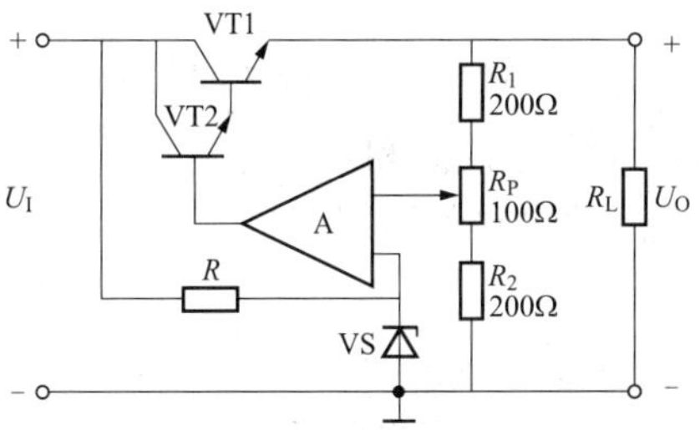

题图 8－5

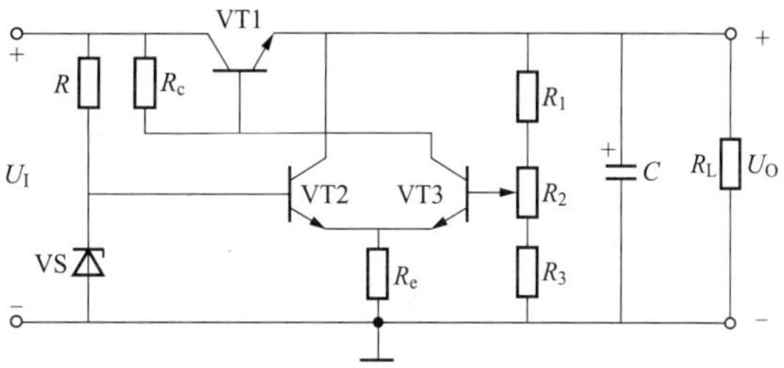

题图 8－6

(3) $U_O\approx12$V 且不可调；

(4) $U_O\approx6$V 且不可调；

(5) U_O 可调范围变为 6～12V。

习题精选

一、判断题（在括号内填入“√”或“×”来表明判断结果）

1. 直流电源是一种将正弦信号转换为直流信号的波形变换电路。 ( )
2. 直流电源是一种能量转换电路，它将交流能量转换为直流能量。 ( )
3. 当输入电压 U_I 和负载电流 I_L 变化时，稳压电路的输出电压是绝对不变的。 ( )
4. 对于理想的稳压电路，$\Delta U_O/\Delta U_I=0$，$R_o=0$。 ( )
5. 因为串联型稳压电路中引入了深度负反馈，因此也可能产生自激振荡。 ( )

6. 在稳压管稳压电路中，稳压管的最大稳定电流必须大于最大负载电流；而且，其最大稳定电流与最小稳定电流之差应大于负载电流的变化范围。（　　）

二、选择题

1. 若要组成输出电压可调、最大输出电流为 3A 的直流稳压电源，应采用____。

A. 电容滤波稳压管稳压电路　　B. 电感滤波稳压管稳压电路

C. 电容滤波串联型稳压电路　　D. 电感滤波串联型稳压电路

2. 串联型稳压电路中的放大环节所放大的对象是____。

A. 基准电压　　B. 采样电压

C. 基准电压与采样电压之差　　D. 基准电压与采样电压之和

3. 在单相桥式整流电容滤波电路中，若变压器二次电压有效值 $U_2=12\text{V}$，$R_LC\geqslant 3T/2$。若 $U_{O(AV)}\approx 10.8\text{V}$，则可能由____引起。

A. 负载开路　　B. 电容虚焊

C. 某一个二极管接反　　D. 某一个二极管虚焊

三、分析计算题

1. 电路如题图 8-7 所示。

(1) 分别标出 u_{O1} 和 u_{O2} 对地的极性；

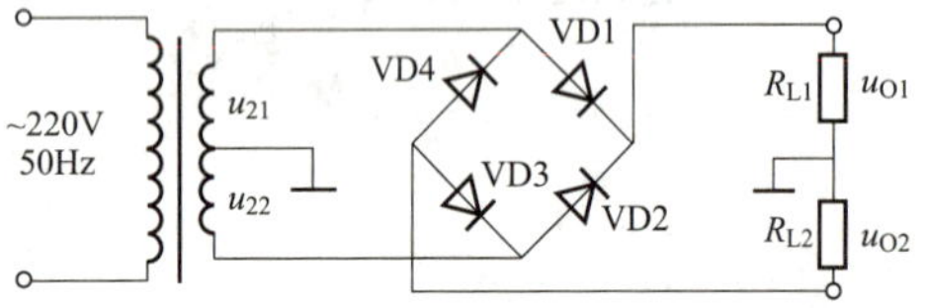

题图 8-7

(2) u_{O1}、u_{O2} 分别是半波整流还是全波整流？

(3) 当 $U_{21}=U_{22}=10\text{V}$ 时，$U_{O1(AV)}$ 和 $U_{O2(AV)}$ 各为多少？

(4) 当 $U_{21}=8\text{V}$，$U_{22}=12\text{V}$ 时，画出 u_{O1}、u_{O2} 的波形并计算 $U_{O1(AV)}$ 和 $U_{O2(AV)}$。

2. 整流滤波电路如题图 8-8 所示。

(1) 改正图中的错误，使之能够正常工作；

(2) 试定性画出电路正常工作后有负载及无负载时的输出电压波形。

3. 题图 8-9 所示电路中稳压管的稳定电压 $U_S=6\text{V}$，最小稳定电流 $I_S=5\text{mA}$，最大稳定电流 $I_{SM}=25\text{mA}$（中山大学 2012 年硕士研究生考试试题）。

(1) 分别计算 U_I 为 10、15、35V 三种情况下输出电压 U_O 的值；

(2) 若 $U_I=35\text{V}$ 时负载开路，则会出现什么现象，为什么？

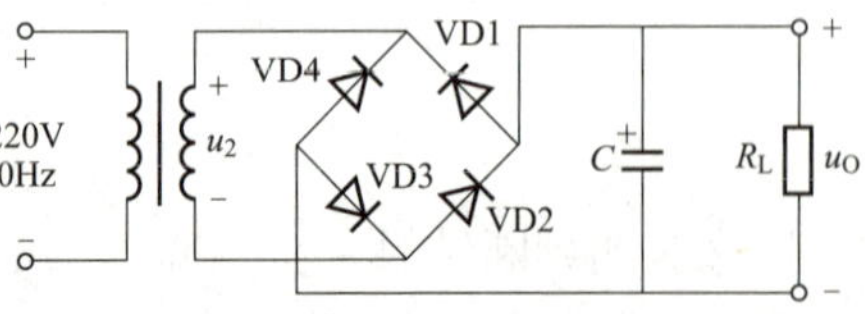

题图 8-8

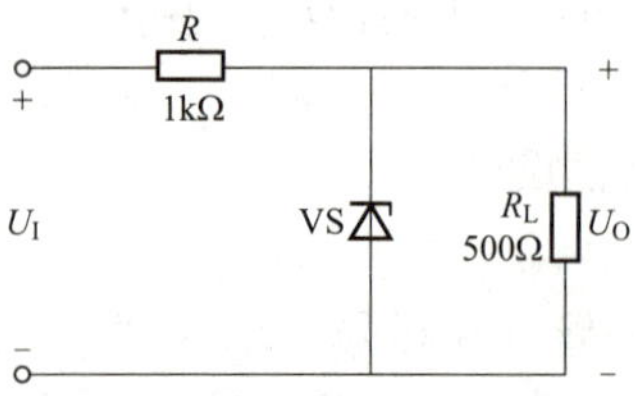

题图 8-9

4. (10 分) 如题图 8-10 所示串联型稳压电路，$U_S=9\text{V}$，$R_1=R_2=R_3=300\Omega$。

(1) 画出整流桥中的四个整流管；

(2) 标出集成运放的同相输入端和反相输入端；

（3）若 $U_2=30V$，则 U_I 为多少？

（4）试计算 U_O 的调整范围。

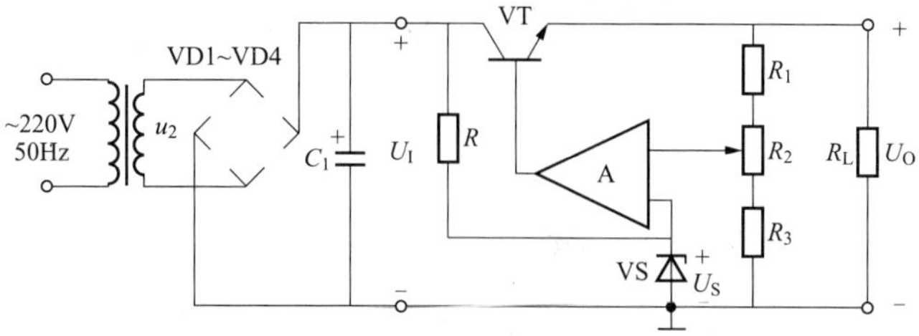

题图 8－10

附录A　样　　卷

样　卷　一

一、在如图A-1所示放大电路中，已知$V_{CC}=12V$，集电极静态电位为6V，按要求答题（每空2分，共10分）。

(1) 该电路是____放大电路。

A. 共集　　B. 共射　　C. 共基

(2) 当电路空载时，若增大输入电压，则将首先____。

A. 产生饱和失真　　B. 产生截止失真　　C. 不会失真

(3) 负载电阻开路时增大输入电压使输出得到最大不失真电压。若带上负载输出电压将____。

A. 减小　　B. 基本不变　　C. 增大

(4) 若输入电压有效值U_i为1mV时，输出电压有效值U_o为100mV，则电路的电压放大倍数$A_u=$________。若带上负载电阻R_L（阻值为3kΩ），输出电压有效值U_o变为50mV，则电路的输出电阻$R_o=$________ kΩ。

二、已知如图A-2所示电路的β_1、β_2，U_{BEQ1}、U_{BEQ2}，r_{be1}、r_{be2}（20分）。

(1) 说明两级放大电路之间的耦合方式；

(2) 两级放大电路的类型（共射、共集、共基）；

(3) 求VT1管的U_{CEQ1}；

(4) 画出电路的交流等效电路图；

(5) 写出电路的A_u、R_i和R_o的表达式。

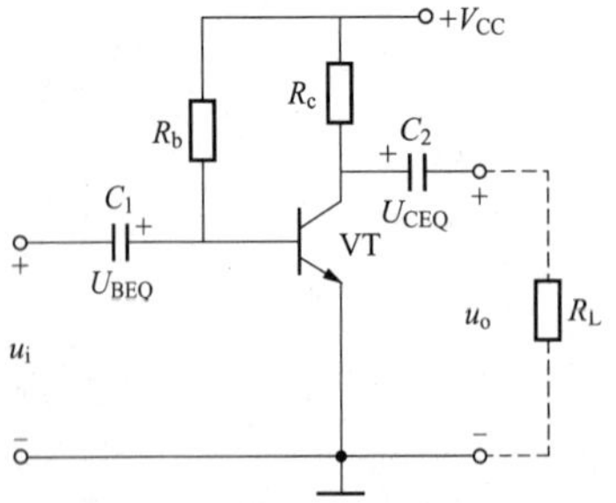

图A-1

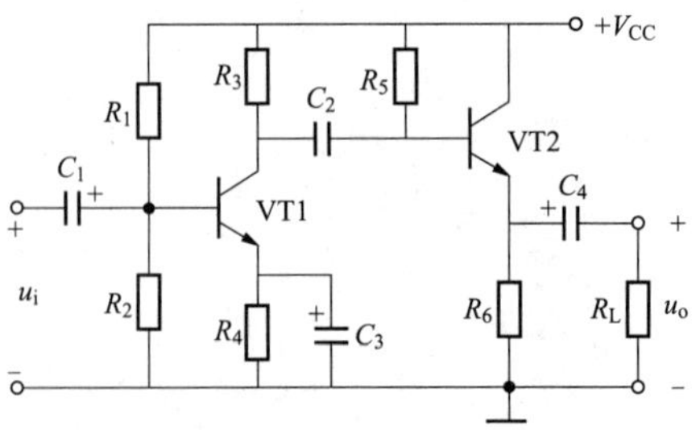

图A-2

三、串联型稳压电路如图A-3所示，已知变压器副边电压有效值U_2为20V，稳压管VS2的稳定电压$U_S=6V$，晶体管的$U_{BE}=0.7V$，$R_3=R_4=R_5=300\Omega$（2012年北京科技大学研究生考试试题，20分）。

(1) 说明电路的整流电路、滤波电路、调整管、基准电压电路、比较放大电路、采样电路等部分各由哪些元件组成；

(2) 在图中画出整流桥中的二极管；

(3) 正常情况下，U_I 为多少？若 A、B 处断开则 U_I 为多少？

(4) 标出集成运放的同相输入端和反相输入端；

(5) 假设电路正常，求出输出电压的调节范围；

(6) 若 U_O 可调范围变为 6～12V，则因为电路产生什么故障（即哪个元件开路或短路）造成。

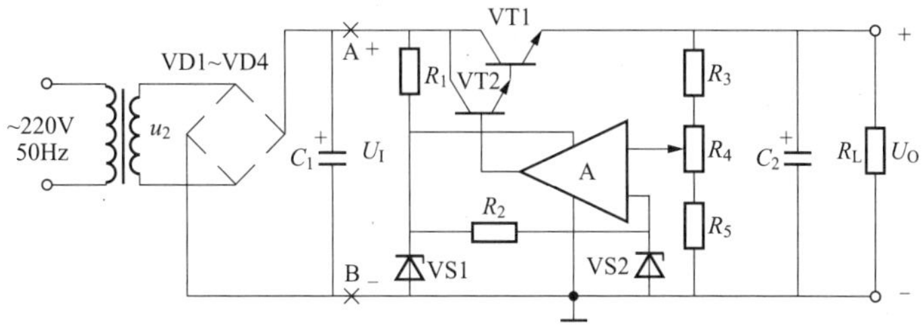

图 A-3

四、电路如图 A-4 所示，已知 $u_{I1}=0.1V$、$u_{I2}=0.6V$（14 分）。

(1) 说明 A1、A2、A3 各构成何种运算电路；

(2) 计算电路中的 u_{O1}、u_{O2}、u_O。

五、放大电路如图 A-5 所示（16 分）。

(1) 指出电路中引入的反馈是直流反馈还是交流反馈，是正反馈还是负反馈（请用瞬时极性法在图中标明）。

(2) 若反馈含交流负反馈，判断其组态；反馈在电路中的作用是使（A. 输出电流 B. 输出电压）稳定，使输入电阻（A. 增大 B. 减小）。

(3) 估算深度负反馈情况下的电压放大倍数。

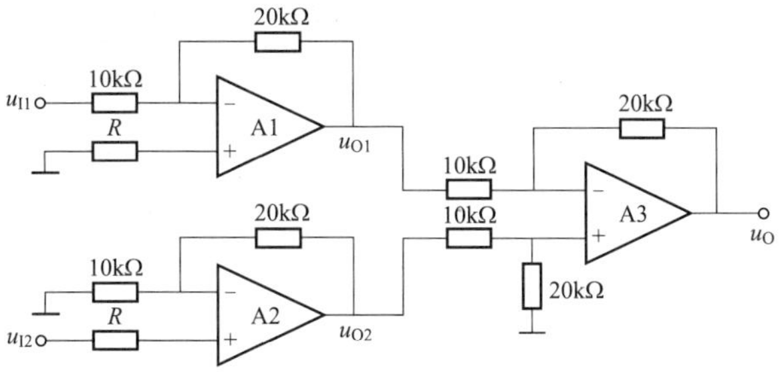

图 A-4

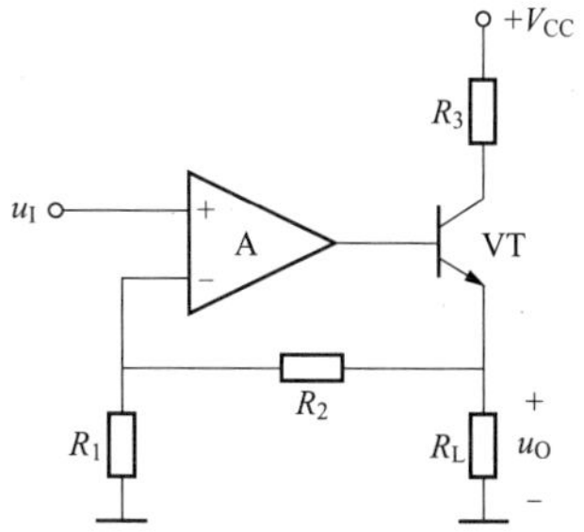

图 A-5

六、图 A-6 所示电路中 A 为理想运放，u_I 波形如图所示（20 分）。

(1) 分别说明 A1 和 A2 各构成哪种基本电路，A1 和 A2 的工作状态（A. 线性 B. 非线性）；

(2) 画出 u_{O1} 与 u_I 的电压传输特性；

(3) 设 $t=0$ 时，$u_O=0V$，试根据 u_I 波形画出 u_{O1}、u_O 的波形图（要求有必要的计算步

骤，在图中标出关键点数值)。

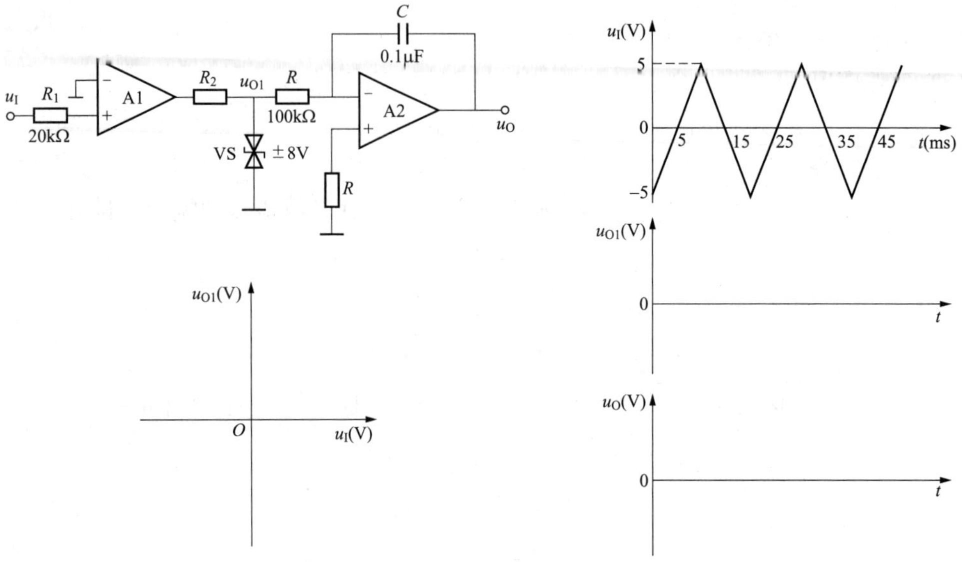

图 A-6

样 卷 二

一、选择题（每空 2 分，共 10 分）

1. 测得某放大电路中晶体管三个电极的静态电位分别为 0V、−10V、−9.3V，则这只晶体管是____。

A. NPN 型硅管　　B. NPN 型锗管

C. PNP 型硅管　　D. PNP 型锗管

2. 集成运放的输入级采用差分放大电路，这是因为它的____。

A. 输入电阻大　　B. 输出电阻小

C. 共模抑制比大　　D. 电压放大倍数大

3. RC 桥式正弦波振荡电路由两部分电路组成，即 RC 串并联选频网络和____。

A. 基本共射放大电路　　B. 基本共集放大电路

C. 反相比例运算电路　　D. 同相比例运算电路

4. 已知某电路输入电压和输出电压的波形如图 A-7 所示，该电路可能是____。

A. 积分运算电路　B. 微分运算电路　C. 过零比较器　D. 滞回比较器

5. 图 A-8 所示稳压二极管的 $U_S = 6V$，则电路中其 PN 结工作在____状态。

A. 反向击穿　B. 反向截止　C. 正向导通　D. 不确定

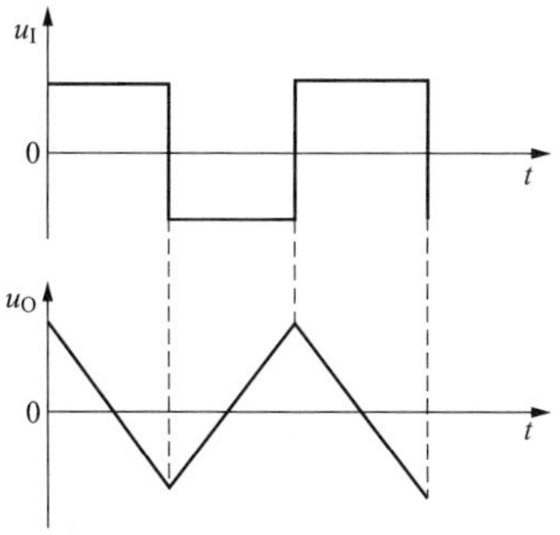

图 A-7

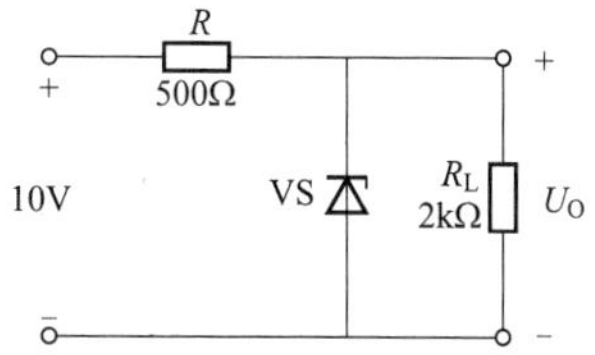

图 A-8

二、分析计算题

1. 放大电路如图 A-9 所示，已知 $V_{CC}=12V$、$R_{b1}=120k\Omega$、$R_{b2}=40k\Omega$、$R_c=4k\Omega$、$R_e=2k\Omega$、$R_L=4k\Omega$、$r_{be}=1.5k\Omega$、$U_{BEQ}=0.7V$。电流放大倍数 $\beta=50$，电路的电容足够大（10 分）。

（1）试求电路的静态 U_{CEQ}；

（2）画出电路的微变等效电路；

（3）求电路的 A_u、R_i、R_o。

2. 放大电路如图 A-10 所示，已知电路满足深度负反馈条件（北京科技大学 2014 年硕士研究生考试试题，10 分）。

（1）指出电路中引入的反馈，并判断是直流反馈还是交流反馈，是正反馈还是负反馈（请用瞬时极性法在图中标明）；

(2) 若反馈含交流负反馈，判断其组态；

(3) 估算深度负反馈情况下的电压放大倍数 A_{uf}。

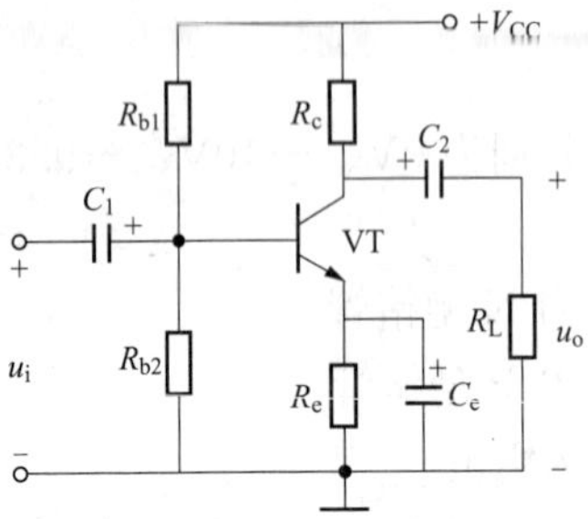

图 A-9

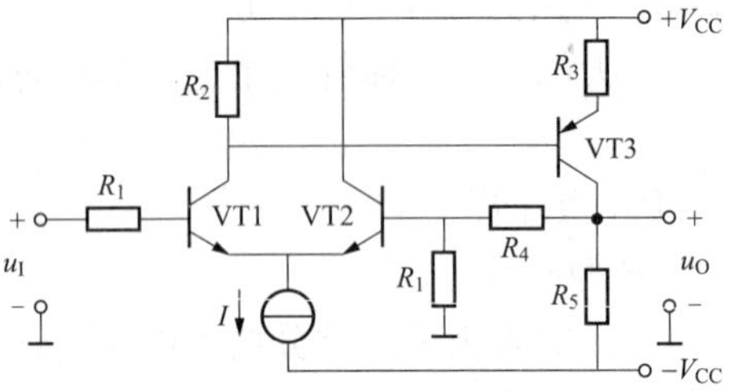

图 A-10

3. 在图 A-11 所示电路中，设 A1、A2、A3 均为理想运算放大器，其最大输出电压幅值为±12V（10 分）。

(1) 试说明 A1、A2、A3 各组成什么电路；

(2) A1、A2、A3 分别工作在线性区还是非线性区？

(3) 若输入为 1V 的直流电压，则各输出端的电压 u_{O1}、u_{O2}、u_{O3} 为多大？

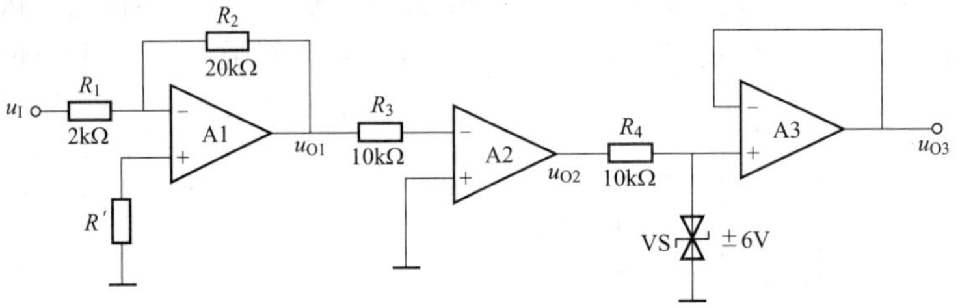

图 A-11

4. 在图 A-12 所示电路中，$R_L=10\Omega$，R_f 为反馈元件，设晶体管饱和压降为 0V（10 分）。

(1) 说明 VD1、VD2 的作用；

(2) 若使闭环电压增益 $A_{uf}=10$，确定 R_f；

(3) 计算最大输出功率 P_{om} 和效率 η。

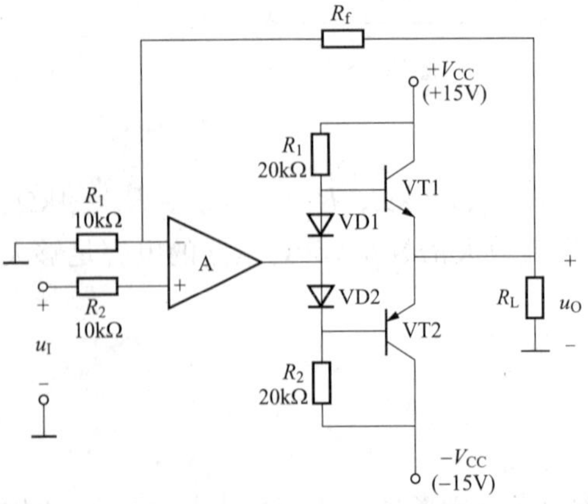

图 A-12

5. 电路如图 A-13 所示（10 分）。

(1) 说明电路的功能（或电路的名称）；

(2) 求 R_f 的下限值；

(3) 求振荡频率 f_0。

6. 电路如图 A-14 所示，已知 r_{be1}、r_{be2}、β_1、β_2，且电路的静态工作点均合适（北京科技大学 2013 年硕士研究生考试试题，10 分）。

(1) 说明第一级放大电路的接法（共射、共集或共基）和两级间的耦合方式（阻容耦合、直接耦合或变压器耦合）；

(2) 画出交流等效电路并写出 A_u、R_i 和 R_o 的表达式。

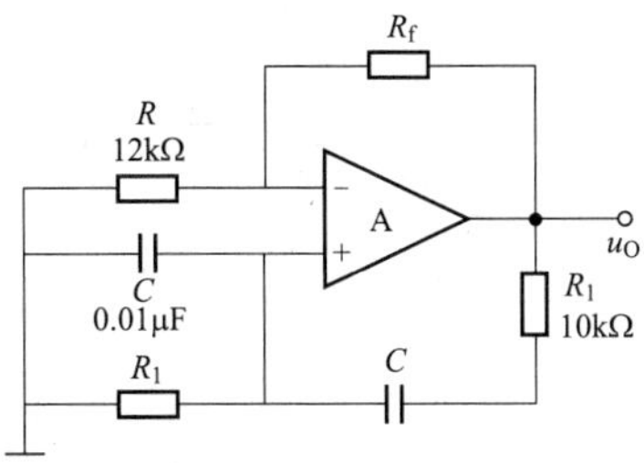

图 A-13

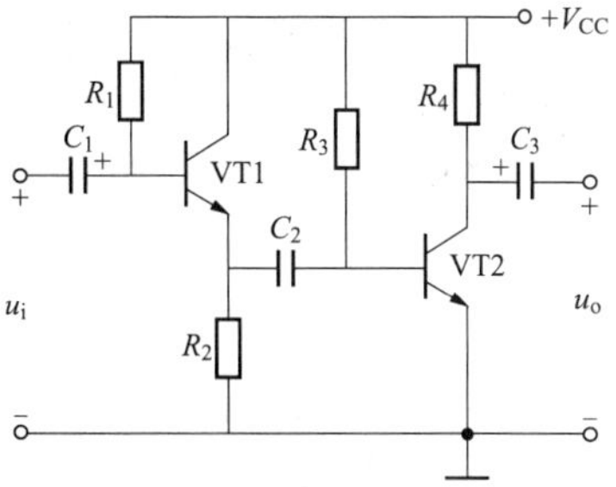

图 A-14

7. 已知某放大电路的波特图如图 A-15 所示（军械工程学院 2011 年硕士研究生考试试题，10 分）。

(1) 求电路的中频电压增益 $20\lg|A_{um}|$ 和 A_{um}；

(2) 求电路的下限截止频率 f_L 和上限截止频率 f_H；

(3) 求电路的电压放大倍数的表达式。

8. 电路如图 A-16 所示，晶体管参数 $\beta_1=\beta_2=\beta$，$r_{be1}=r_{be2}=r_{be}$，$U_{BE1}=U_{BE2}=U_{BEQ}$（10 分）。

(1) 说明该电路的类型和引入此种电路的目的；

(2) 计算静态时电路的 I_{C1}、I_{C2}、U_{C1}、U_{C2}；

(3) 计算 A_d、R_i 和 R_o（只写表达式）。

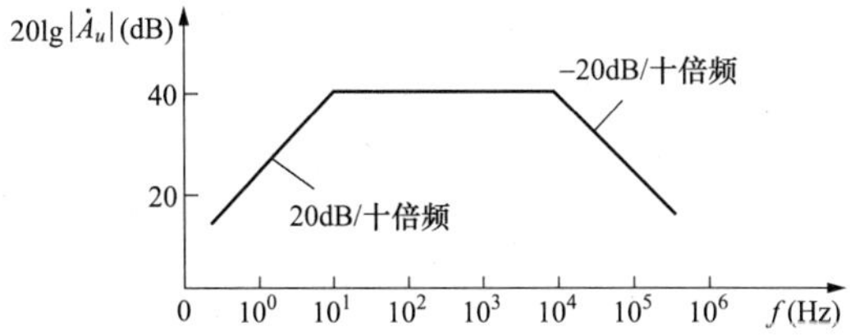

图 A-15

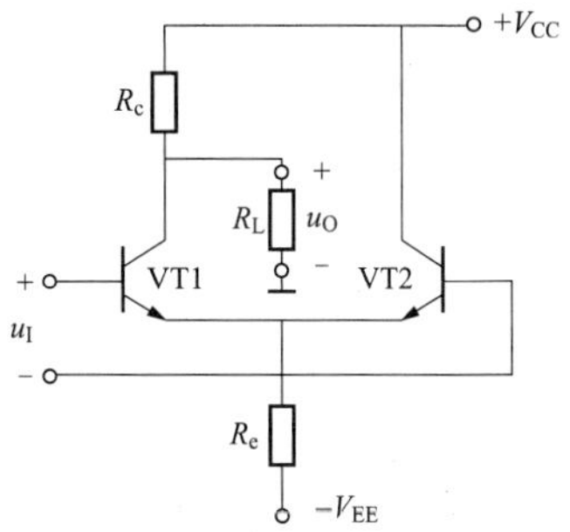

图 A-16

9. 直流稳压电源如图 A-17 所示。已知变压器二次电压有效值 U_2、稳压管的稳定电压 U_S 及电阻 R_1、R_2、R_3（10 分）。

(1) 说明电路的整流电路、滤波电路、调整管、基准电路、比较放大电路、采样电路等部分各由哪些元器件组成。

(2) 写出输出电压 U_O 的最大、最小值表达式。

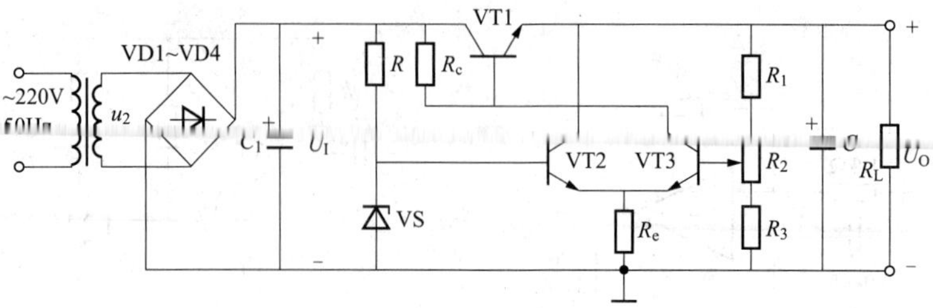

图 A-17

样 卷 三

一、选择题（每题1分，共10分）

1. 当晶体管工作在放大区时，发射结和集电结应____。

A. 前者反偏、后者也反偏　　B. 前者正偏、后者反偏

C. 前者正偏、后者也正偏

2. 下列复合管接法不合理的是____。

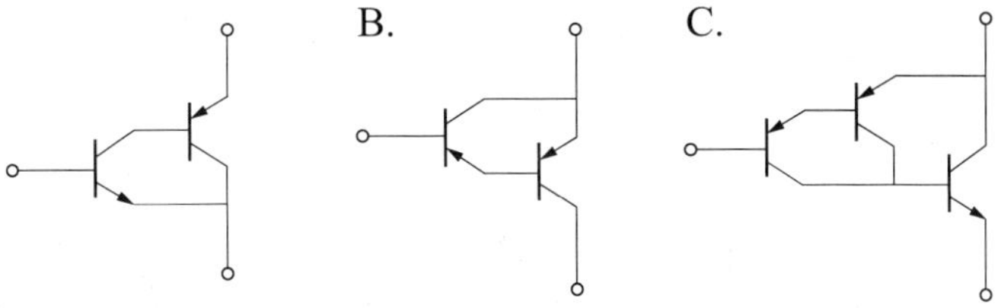

3. 放大电路在低频信号作用时放大倍数数值下降的原因是____。

A. 耦合电容和旁路电容的存在　　B. 半导体极间电容和分布电容的存在

C. 半导体的非线性特性　　D. 放大电路的静态工作点不合适

4. 要实现电压—电流转换电路，应选择____负反馈。

A. 电压串联　　B. 电压并联　　C. 电流串联　　D. 电流并联

5. 要实现输入电阻低、输出电流稳定的电流放大电路，应选择____负反馈。

A. 电压串联　　B. 电压并联　　C. 电流串联　　D. 电流并联

6. ____比例运算电路的输入电阻大，而____比例运算电路的输入电阻小。

A. 同相　　B. 反相

7. ____比例运算电路的比例系数大于1，而____比例运算电路的比例系数小于零。

A. 同相　　B. 反相

8. 在图A-18中，已知变压器二次电压的有效值U_2为10V，$R_LC \geqslant \frac{3T}{2}$（$T$为电网电压的周期），若电容虚焊，则$U_{O(AV)} \approx$____。

A. 14V　　B. 12V　　C. 9V　　D. 4.5V

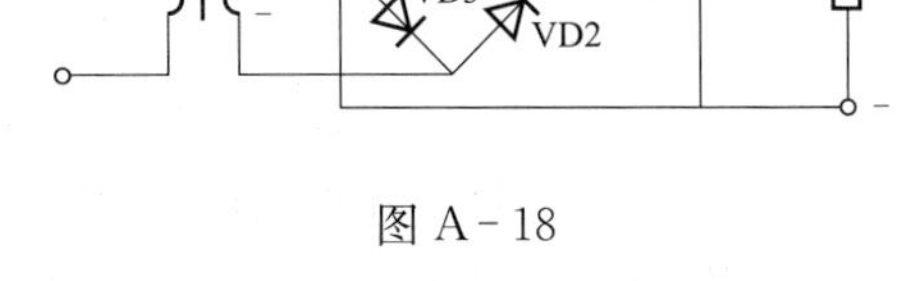

图A-18

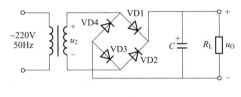

9. 在图A-18中，已知条件同上题，若一只整流管和滤波电容同时开路，则$U_{O(AV)} \approx$____。

A. 14V　　B. 12V　　C. 9V　　D. 4.5V

10. 在单相桥式整流电路中，若有一只整流管接反，则____。

A. 输出电压约为 $2U_D$ B. 变为半波整流

C. 整流管将因电流过大而烧坏 D. 无法整流

二、判断题（在括号内填入“√”或“×”来表明判断结果，每题 1 分，共 10 分）

1. 可以说任何放大电路都有功率放大作用。 （ ）

2. 直接耦合多级放大电路各级的 Q 点相互影响，它只能放大直流信号。 （ ）

3. 深度负反馈放大电路的放大倍数仅与反馈网络有关。 （ ）

4. 既然电流负反馈稳定输出电压，那么必然稳定输出电流。 （ ）

5. 凡是运算电路都可利用“虚断”和“虚短”的概念求解运算关系。 （ ）

6. 运算电路中一般均引入正反馈。 （ ）

7. 电路只要满足 $|\dot{A}\dot{F}|=1$，就一定产生正弦波振荡。 （ ）

8. 当集成运放工作在非线性区时，输出电压不是高电平就是低电平。 （ ）

9. 直流电源将交流能量转换为直流能量，是能量转换电路。 （ ）

10. 在变压器二次电压和负载电阻相同的情况下，桥式整流电路的输出电流是半波整流电路输出电流的 2 倍。 （ ）

三、简答题（每题 10 分，共 20 分）

1. 判断图 A－19 所示电路引入的反馈类型（交流、直流，正反馈、负反馈）。若有交流负反馈，试判断反馈组态，并计算深度负反馈条件下的 A_{usf}（北京科技大学 2013 年硕士研究生考试试题）。

2. 电路如图 A－20 所示，稳压管 VS 起稳幅作用，其稳定电压 $\pm U_S=\pm 6V$。试估算：

(1) 输出电压不失真情况下的有效值；

(2) 振荡频率。

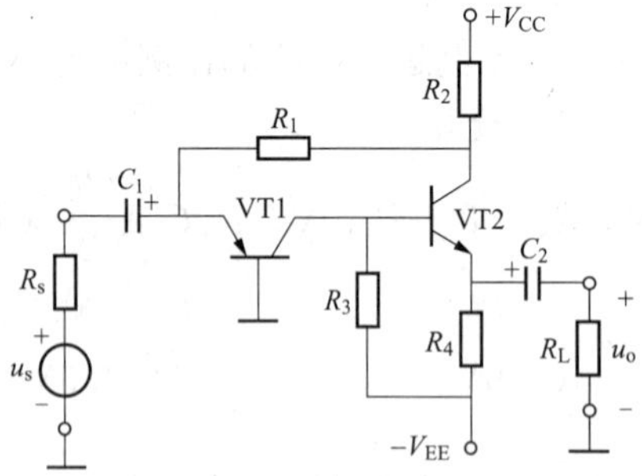

图 A－19

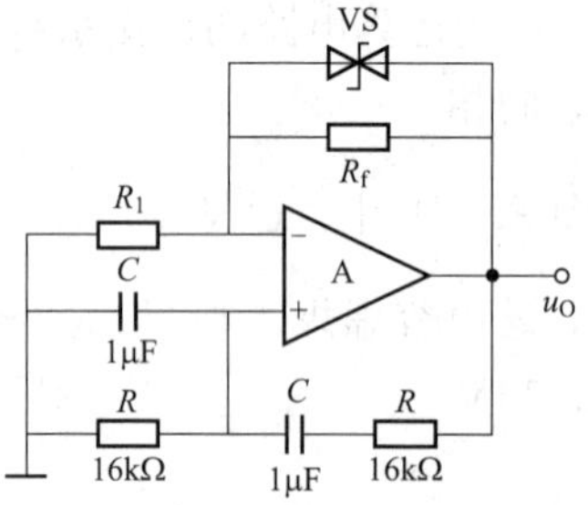

图 A－20

四、分析计算题（每题 10 分，共 50 分）

1. 放大电路如图 A－21（a）、（b）所示，试画出各电路图的交流等效电路图。

2. 电路如图 A－22 所示，VT1～VT5 的电流放大系数分别为 β_1～β_5，b－e 之间的动态电阻分别为 r_{be1}～r_{be5}，写出 A_u、R_i、R_o 的表达式。

3. 已知图 A－23 所示电路中晶体管的 $|U_{BE}|=0.7V$，VT4 和 VT5 管的饱和管压降 $|U_{CES}|=2V$，输入电压足够大。

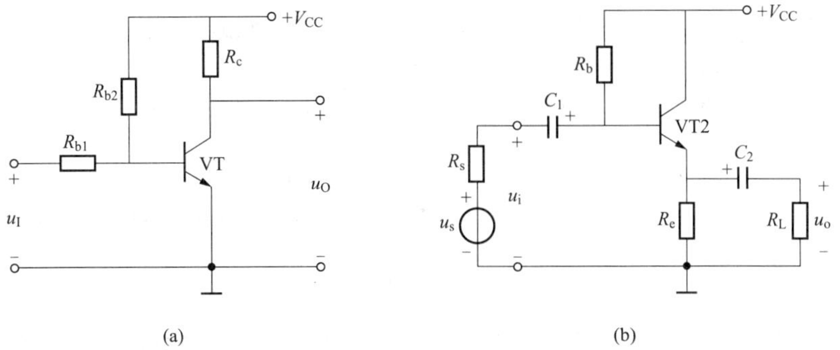

图 A-21

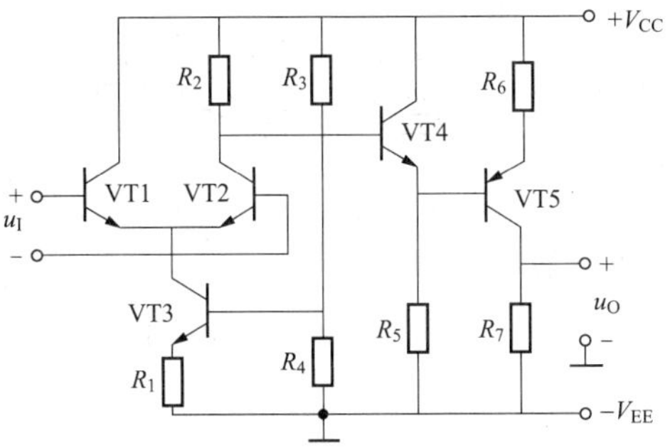

图 A-22

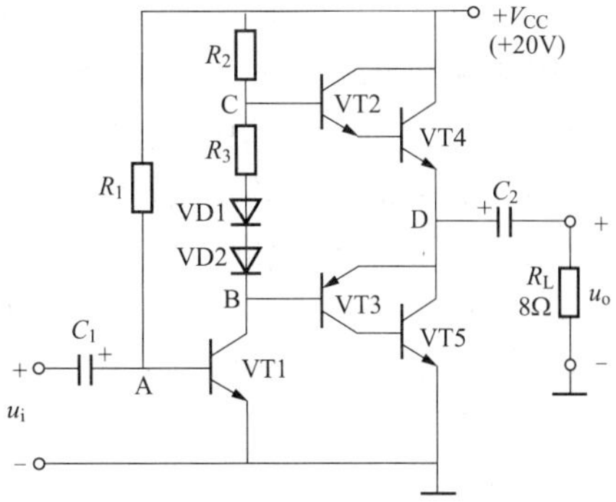

图 A-23

(1) 求 A、B、C、D 点的静态电位；

(2) 电路中起消除交越失真作用的元器件有哪些？

(3) 为了保证 VT4 和 VT5 管工作在放大状态，管压降 $|U_{CE}| \geq 2V$，则电路的最大输出功率 P_{om} 和效率 η 各为多少？

4. 试求图 A-24（a）、（b）所示各电路输出电压与输入电压的运算关系。

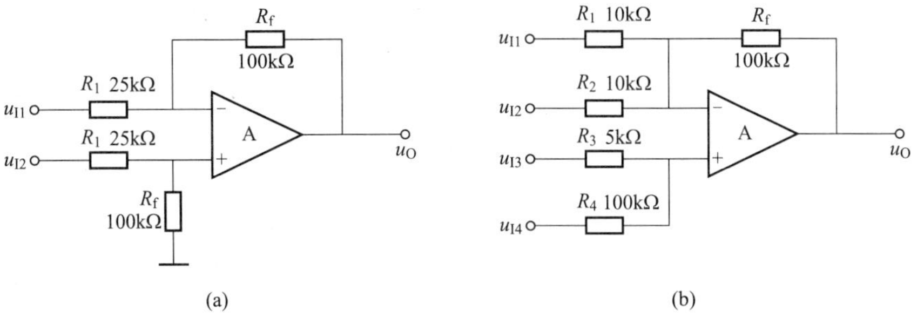

图 A-24

5. 直流稳压电源如图 A-25 所示。

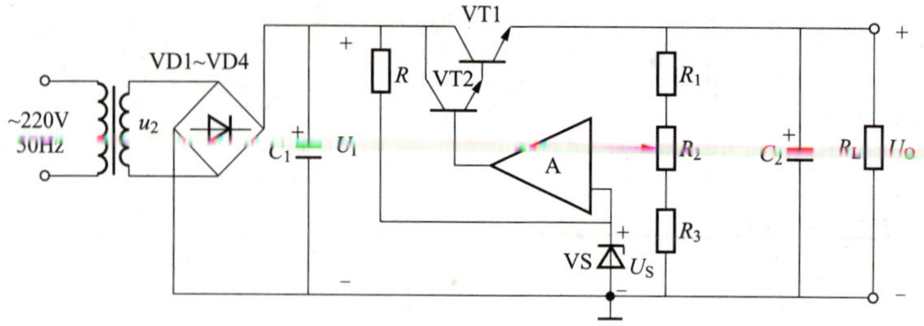

图 A-25

(1) 说明电路的整流电路、滤波电路、调整管、基准电路、比较放大电路、采样电路各由哪些元器件组成;

(2) 标出集成运放的同相输入端和反相输入端;

(3) 写出输出电压的最大值、最小值表达式。

五、作图题(每题 5 分,共 10 分)

1. 在图 A-26 所示电路中,已知 $u_I=15\sin\omega t$ (V),请画出 u_I 和 u_O 的波形,并写出计算过程。

2. 在图 A-27 所示电路中,已知 u_i 的波形,设 $t=0$ 时,$u_o=0V$,试画出 u_o 的波形图。要求写出计算步骤并在图中标出关键点的值。

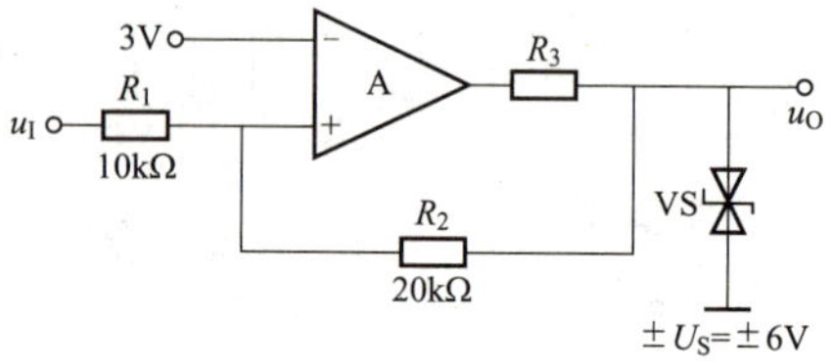

图 A-26

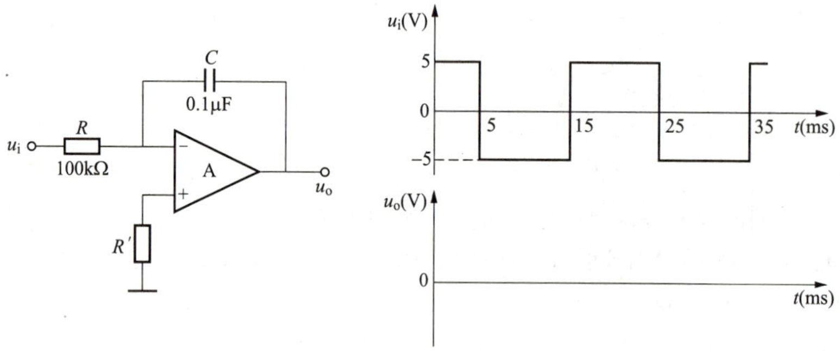

(a) (b)

图 A-27

样　卷　四

一、选择题（每题2分，共20分）

1. PN结加正向电压时，空间电荷区将____。

A. 变窄　B. 基本不变　C. 变宽　D. 消失

2. 工作在放大区的某晶体管，如果当 I_B 从 12μA 增大到 22μA 时，I_C 从 1mA 变为 2mA，那么它的电流放大倍数 β 约为____。

A. 83　B. 91　C. 100　D. 60

3. 欲减小电路从信号源索取的电流，稳定输出电流，应在放大电路中引入____。

A. 电压并联负反馈　B. 电流串联负反馈

C. 电流并联负反馈　D. 电压串联负反馈

4. 选用差分放大电路的原因是____。

A. 克服温漂　B. 减小输入电阻

C. 稳定放大倍数　D. 提高输出电阻

5. 在输入量不变的情况下，若引入反馈后____，则说明引入的反馈是负反馈。

A. 输入电阻增大　B. 输出量增大

C. 净输入量增大　D. 净输入量减小

6. 在单相桥式整流电路中，若有一只整流管虚焊，则____。

A. 输出电压不变　B. 变为半波整流

C. 整流管烧坏　D. 无影响

7. 功率放大电路的最大输出功率是在输入电压为正弦波时，输出基本不失真的情况下，负载上可能获得的最大____。

A. 交流功率　B. 直流功率　C. 平均功率　D. 总功率

8. 对于放大电路，所谓闭环是指____。

A. 考虑信号源内阻　B. 存在反馈通路

C. 接入电源　D. 接入负载

9. 稳压管的稳压区是其工作在____区。

A. 正向导通　B. 反向截止　C. 反向击穿　D. 截止

10. 正弦波振荡电路必须由以下四部分组成：放大电路、____、正反馈网络和稳幅环节。

A. 负反馈网络　B. 滤波环节　C. 选频网络　D. 消除失真电路

二、判断题（在括号内填入“√”或“×”来表明判断结果，每题1分，共10分）

1. 因为N型半导体的多子是自由电子，所以它带负电。（　）

2. 只有电路既放大电流又放大电压，才称其有放大作用。（　）

3. 可以说任何放大电路都有功率放大作用。（　）

4. 在变压器二次电压和负载电阻相同的情况下，桥式整流电路的输出电压是半波整流电路输出电压的2倍。（　）

5. 若放大电路引入负反馈，则负载电阻变化时，输出电压基本不变。（　）

6. 运算电路中一般均引入负反馈。 (　　)

7. 若放大电路的放大倍数为负，则引入的反馈一定是负反馈。 (　　)

8. 凡是运算电路都可利用“虚短”和“虚断”的概念求解运算关系。 (　　)

9. 只要电路引入了正反馈，就一定会产生正弦波振荡。 (　　)

10. 现测的两个共射放大电路空载时的电压放大倍数均为－100，将它们连成两级放大电路，其放大倍数应为 10000。 (　　)

三、分析计算题（共 70 分）

1. 运放电路如图 A－28 (a)(b) 所示，集成运放输出电压的最大幅值为±12V（10 分）。

(1) 写出 u_{O1} 与 u_I、u_{O2} 与 u_I 的关系式；

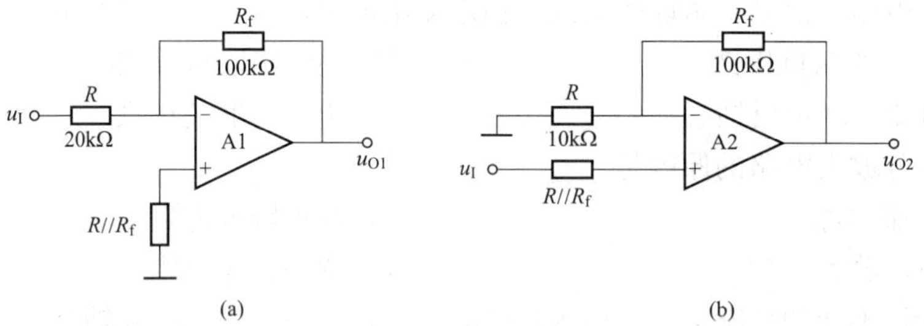

图 A－28

(2) 填表。

u_I (V)	0.2	0.6	1.4
u_{O1} (V)			
u_{O2} (V)			

2. 试分别求解如图 A－29 所示各电路的电压传输特性（16 分）。

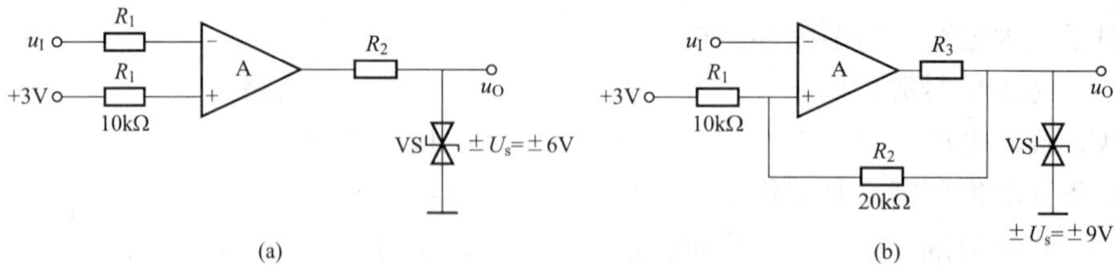

图 A－29

3. 电路如图 A－30 所示，晶体管的参数 $\beta=100$，$r_{be}=1k\Omega$（10 分）。

(1) 估算电路在静态时的 U_{CEQ}；

(2) 画出交流等效电路；

(3) 计算电路的动态参数 A_u、R_i 和 R_o。

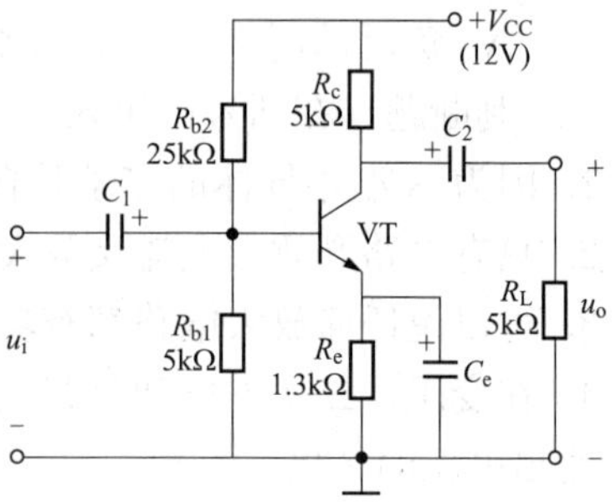

图 A－30

4. 如图 A－31 所示放大电路（18 分）。

(1) 指出电路中的反馈网络，并判断反馈是直流反馈还是交流反馈，是正反馈还是负反馈（用瞬时极性法在图中标明)；

(2) 若反馈含有交流负反馈，判断其反馈组态，并估算深度负反馈情况下的电压放大倍数。

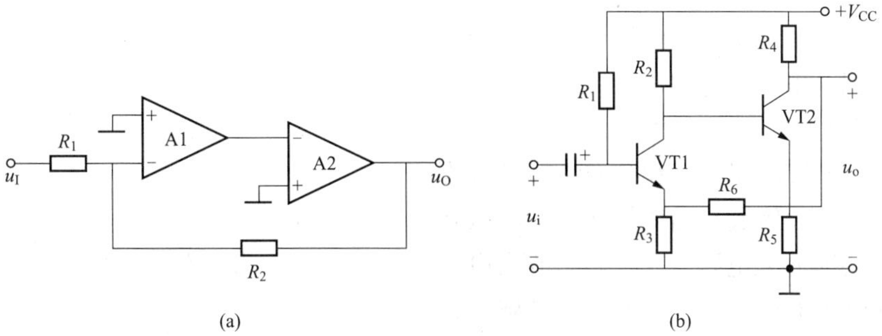

图 A-31

5. 直流稳压电源如图 A-32 所示。已知 $U_2=20V$，$R_1=R_2=R_3=300\Omega$，$U_S=6V$ (16 分)。

(1) 说明电路的整流电路、滤波电路、调整管、基准电路、比较放大电路、采样电路各由哪些元件组成；

(2) 求电路正常工作时的 U_I、电容 C_1 断路时的 U_I、电容 C_1 短路时的 U_I；

(3) 计算输出电压的最大值、最小值。

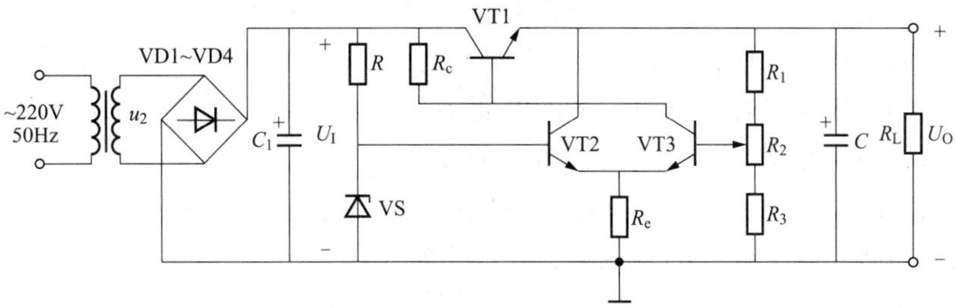

图 A-32

样 卷 五

一、选择题（每题 2 分，共 10 分）

1. 放大电路在低频信号作用时，放大倍数数值下降的原因是____。

A. 耦合电容和旁路电容的存在

B. 放大电路的静态工作点不合适

C. 晶体管极间电容和分布电容的存在

2. 为增大放大倍数，晶体管构成的集成运放的中间级多采用____。

A. 共射放大电路　B. 共集放大电路　C. 共基放大电路

3. 差分放大电路的差模信号是两个输入信号的____。

A. 差　B. 和　C. 平均值

4. LC 并联谐振回路在振荡时，电路呈____性质。

A. 电容　B. 电感　C. 电阻

5. 消除交越失真的功率放大电路中，晶体管工作在____状态。

A. 甲类　B. 乙类　C. 甲乙类

二、判断题（在括号内填入“√”或“×”来表明判断结果，每题 1 分，共 10 分）

1. 阻容耦合多级放大电路各级的 Q 点相互独立，它只能放大交流信号。（　）

2. 放大电路的输出电阻越大，带负载的能力越强。（　）

3. 只有直接耦合放大电路中的晶体管参数才随温度而变化。（　）

4. 集成运放开环时工作在线性区。（　）

5. 整流后的电压经电容滤波后，平均值变小。（　）

6. 在反馈放大电路中，反馈量仅和输出量有关。（　）

7. 若放大电路引入负反馈，当负载电阻变化时，输出电流基本不变。（　）

8. 放大电路必须加上合适的直流电源才能正常工作。（　）

9. 在运算放大电路中集成运放的反相输入端均为“虚地”。（　）

10. 单限电压比较器比滞回电压比较器灵敏度高，而滞回电压比较器比单限电压比较器抗干扰能力强。（　）

三、填空题（每空 1 分，共 20 分）

1. PN 结加________时导通，反偏时________，所以 PN 结具有________导电性。

2. 如图 A-33 中所示二极管电路，设二极管导通电压 $U_D = 0.7V$。电路的输出电压 $U_{O1} \approx$________ V，$U_{O2} \approx$________ V。

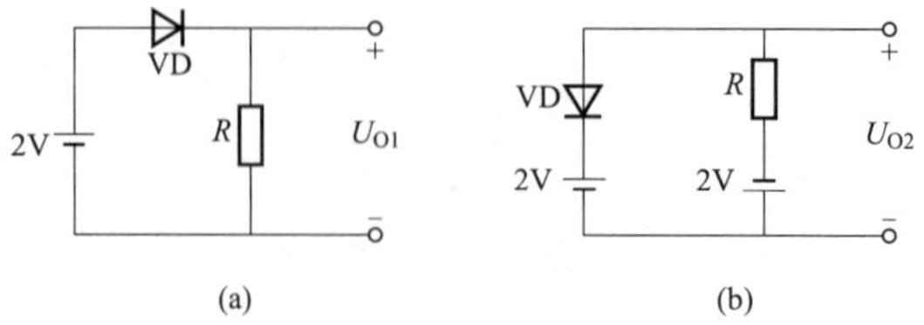

图 A-33

3. 共集放大电路的特点是电压放大倍数小于 1 且近似等于________，输入电阻________，输出电阻________。

4. 晶体管放大电路共有三种基本接法，分别是________、________、________放大电路。

5. ________运算电路可将三角波信号转换为方波信号。

6. 为了稳定静态工作点，应引入________负反馈。

7. ________运算电路中集成运放两个输入端的电位等于输入电压。

8. 正弦波振荡电路组成包含________、________、________和稳幅环节。

9. 在单限比较器和滞回比较器中，____________________有两个阈值电压。

10. 直流稳压电源由变压器、________、________和稳压电路组成。

四、分析计算题（每题 10 分，共 60 分）

1. 电路如图 A-34 所示。

(1) 计算电路的静态工作点；(写出表达式)

(2) 画出电路的交流等效电路；

(3) 写出电压放大倍数、输入电阻、输出电阻的表达式。

2. 电路如图 A-35 所示。

(1) 为保证电路正常工作，在图中正确标注集成运放的同相、反相输入端；

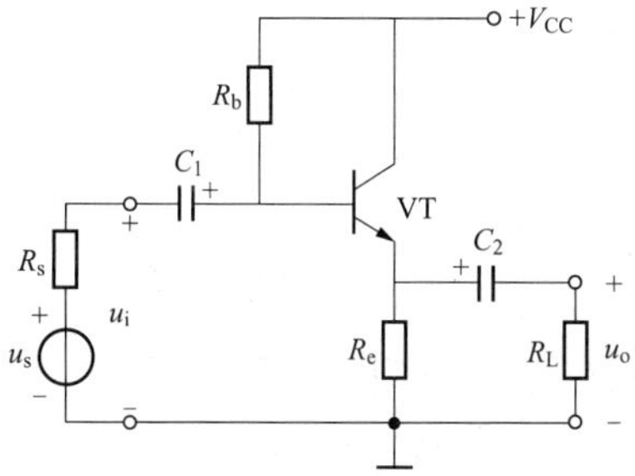

图 A-34

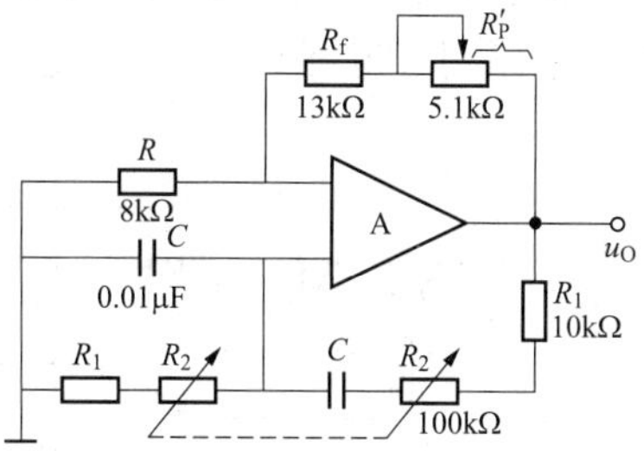

图 A-35

(2) 求解 R_P 的下限值；

(3) 求解振荡频率的调节范围。

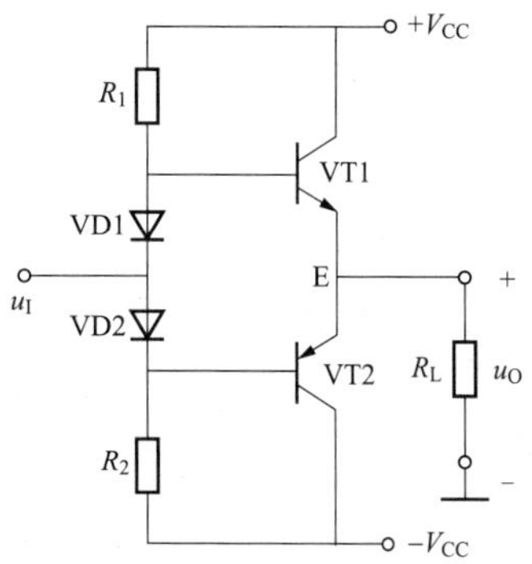

图 A-36

3. 如图 A-36 所示电路已知 $V_{CC}=14V$，$R_L=4\Omega$，晶体管 VT1、VT2 的饱和压降 $|U_{CES}|=2V$，输入电压足够大。

(1) 电路正常工作时 VT1、VT2 的工作状态是(　　)。(A. 甲类　B. 乙类　C. 甲乙类)

(2) VD1、VD2 在电路中的作用是什么？

(3) 如果 $U_E\neq0$，应调节哪个元件？

(4) 求最大输出功率 P_{om} 和转换效率 η。

4. 在图 A-37 所示电路中，3 个运放具有理想特性，已知输入电压 $u_{I1}=10mV$，$u_{I2}=20mV$，求 u_{O1}、u_{O2}、u_O 的数值。

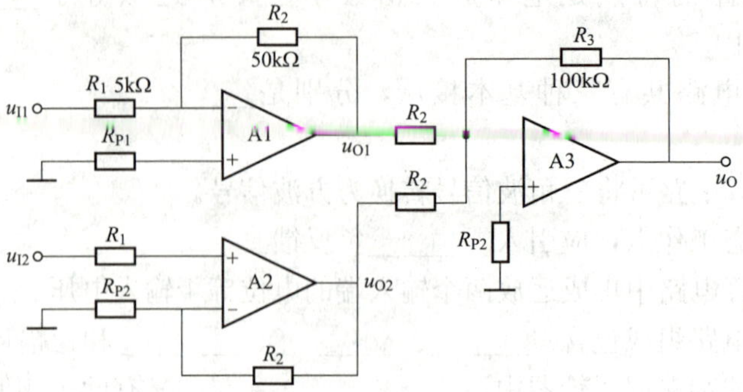

图 A-37

5．电路如图 A-38 所示，晶体管参数 $\beta_1=\beta_2=\beta$，$r_{be1}=r_{be2}=r_{be}$，$U_{BE1}=U_{BE2}=U_{BEQ}$。

(1) 计算静态时电路的 I_{C1}、I_{C2}、U_{C1}、U_{C2}；

(2) 计算 A_d、R_i 和 R_o。

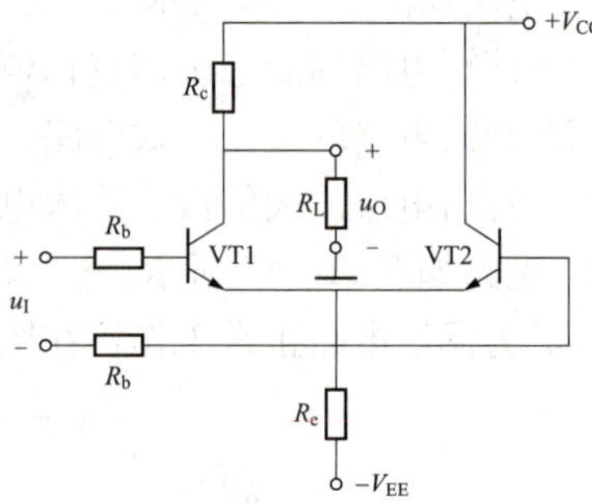

图 A-38

6．如图 A-39 所示串联型稳压电路，已知变压器二次电压有效值 $U_2=20V$，稳压管的稳定电压 $U_S=5V$，$R_1=R_2=R_3=200\Omega$。

(1) 画出整流桥中的二极管；

(2) 求正常情况下的 U_I 及 AB 处断开时的 U_I；

(3) 求输出电压调节范围 U_{Omax}、U_{Omin}。

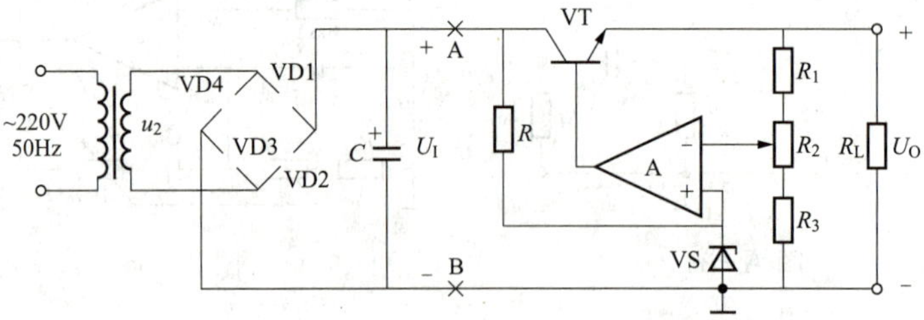

图 A-39

样卷一答案

一、(1) B　(2) A　(3) A　(4) −100，3。

二、(1) 两级放大电路之间为阻容耦合方式。

(2) 第一级为共射放大电路，第二级为共集放大电路。

(3) VT1 管的 U_{CEQ1} 的求解过程如下：

$$U_{BQ1} \approx \frac{R_2}{R_1 + R_2} V_{CC}$$

$$I_{CQ1} \approx I_{EQ1} = \frac{U_{BQ1} - U_{BEQ1}}{R_4}$$

$$U_{CEQ1} \approx V_{CC} - I_{CQ1}(R_3 + R_4)$$

(4) 电路的交流等效电路如图 A-40 所示。

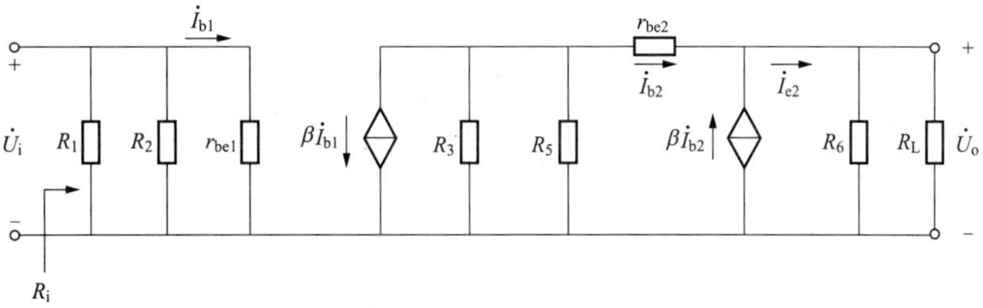

图 A-40

(5) 该电路的 A_u、R_i 和 R_o 的表达式如下：

$$A_{u1} = -\beta_1 \frac{R_3 /\!/ R_5 /\!/ [r_{be2} + (1+\beta_2)(R_6 /\!/ R_L)]}{r_{be1}}$$

$$A_{u2} = \frac{(1+\beta_2)(R_6 /\!/ R_L)}{r_{be2} + (1+\beta_2)(R_6 /\!/ R_L)} \approx 1$$

$$A_u = A_{u1} \cdot A_{u2}$$

$$R_i = R_1 /\!/ R_2 /\!/ r_{be1}$$

$$R_o = R_6 /\!/ \frac{r_{be2} + R_3 /\!/ R_5}{1+\beta_2}$$

三、(1) 整流电路：VD1～VD4。滤波电路：C_1。调整管：VT1、VT2。基准电压电路：R_1、VS1、R_2、VS2。比较放大电路：A。采样电路：R_3、R_4、R_5。

(2) 在图中画出整流桥中的二极管如图 A-41 所示。

(3) 正常情况下，$U_I = 1.2 \times 20 = 24$ (V)；若 A、B 处断开则 $U_I = 1.4 \times 20 = 28$ (V)。

(4) 标出集成运放的同相输入端和反相输入端，如图 A-41 所示。

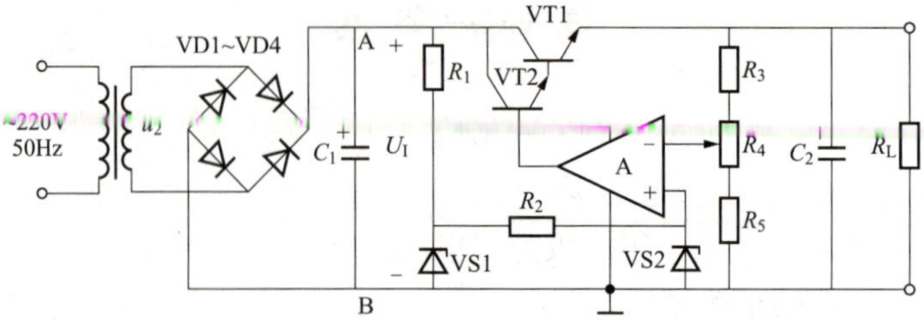

图 A-41

(5) 假设电路正常，则输出电压的调节范围如下。

$$U_{\mathrm{Omin}}=\frac{R_3+R_4+R_5}{R_4+R_5}\cdot U_{\mathrm{S}}=9\mathrm{V}$$

$$U_{\mathrm{Omax}}=\frac{R_3+R_4+R_5}{R_5}\cdot U_{\mathrm{S}}=18\mathrm{V}$$

(6) U_{O} 可调范围变为 6～12V 是因为电路 R_3 短路造成。

四、(1) A1 构成反相比例运算电路；A2 构成同相比例运算电路；A3 构成加减运算电路。

(2) 电路中的 u_{O1}、u_{O2}、u_{O} 计算如下：

$$u_{\mathrm{O1}}=-\frac{20\mathrm{k}\Omega}{10\mathrm{k}\Omega}u_{\mathrm{I1}}=-0.2\mathrm{V}$$

$$u_{\mathrm{O2}}=\left(1+\frac{20\mathrm{k}\Omega}{10\mathrm{k}\Omega}\right)u_{\mathrm{I2}}=1.8\mathrm{V}$$

$$u_{\mathrm{O}}=\frac{20\mathrm{k}\Omega}{10\mathrm{k}\Omega}(u_{\mathrm{O2}}-u_{\mathrm{O1}})=4\mathrm{V}$$

五、(1) 电路中引入的反馈是交、直流负反馈，瞬时极性法如图 A-42 所示。

(2) 反馈含交流负反馈，其组态是电压串联负反馈；反馈在电路中的作用是使（B. 输出电压）稳定，使输入电阻（A. 增大）。

(3) 深度负反馈情况下的电压放大倍数

$$A_{uf}=\frac{u_{\mathrm{O}}}{u_{\mathrm{I}}}\approx\frac{u_{\mathrm{O}}}{u_{\mathrm{f}}}=\frac{R_1+R_2}{R_1}=1+\frac{R_2}{R_1}$$

六、(1) A1 构成过零单限电压比较器，A2 构成积分电路；A1 工作状态（B. 非线性），A2 工作状态（A. 线性）；

(2) 电路输出信号的高、低电平值 $U_{\mathrm{OH}}=+8\mathrm{V}$，$U_{\mathrm{OL}}=-8\mathrm{V}$；电路中 $u_{\mathrm{P}}=u_{\mathrm{I}}$，$u_{\mathrm{N}}=0$，令 $u_{\mathrm{N}}=u_{\mathrm{P}}$，则 $u_{\mathrm{I}}=0$，即 $U_{\mathrm{T}}=0$；因为输入信号在运放的同相输入端，所以 u_{O1} 与 u_{I} 的电压传输特性如图 A-43 所示。

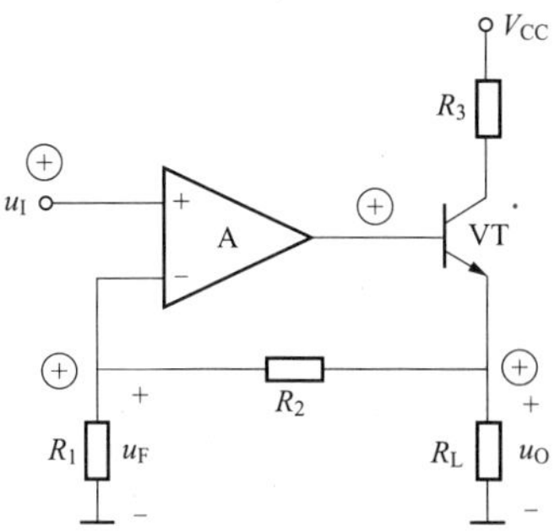

图 A-42

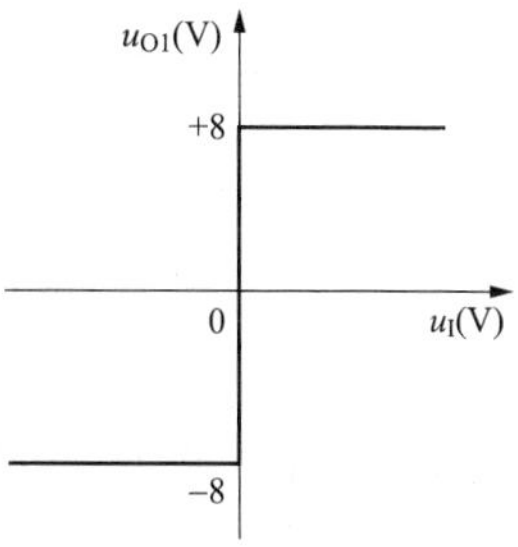

图 A-43

（3）已知 $t=0$ 时，$u_O=0V$，根据图 A-43 所示的电压传输特性画出 u_{O1} 的波形，$u_I>0$，$u_{O1}=8V$；$u_I<0$，$u_{O1}=-8V$，如图 A-44 所示。

A2 为积分电路，u_O 与 u_{O1} 为积分关系。

$$u_O=-\frac{1}{RC}\int_{t_1}^{t_2}u_{O1}\,dt+u_O(t_1)$$

$$=100u_{O1}(t_2-t_1)+u_O(t_1)$$

从上式可知，$t=0$ 时，$u_O=0V$；

$t=5ms$ 时，$u_O=-100\times(-8)\times(5-0)\times10^{-3}+0=+4(V)$；

$t=15ms$ 时，$u_O=-100\times(+8)\times(15-5)\times10^{-3}+4=-4(V)$；

$t=25ms$ 时，$u_O=-100\times(-8)\times(25-15)\times10^{-3}-4=+4(V)$；

由此画出 u_O 的波形如图 A-44 所示。

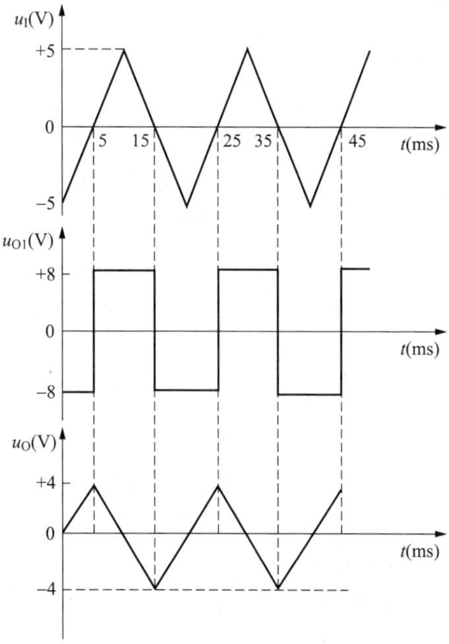

图 A-44

样卷二答案

一、选择题

1. A　2. C　3. D　4. A　5. A

二、分析计算题

1. (1) 电路的静态工作点 U_{CEQ} 计算如下：

$$U_{BQ}=\frac{R_{b2}}{R_{b1}+R_{b2}}V_{CC}=3V$$

$$I_{CQ}\approx I_{EQ}=\frac{U_{BQ}-U_{BEQ}}{R_e}=1.15mA$$

$$U_{CEQ}\approx V_{CC}-I_{CQ}(R_C+R_e)=5.1V$$

(2) 微变等效电路如图 A-45 所示。

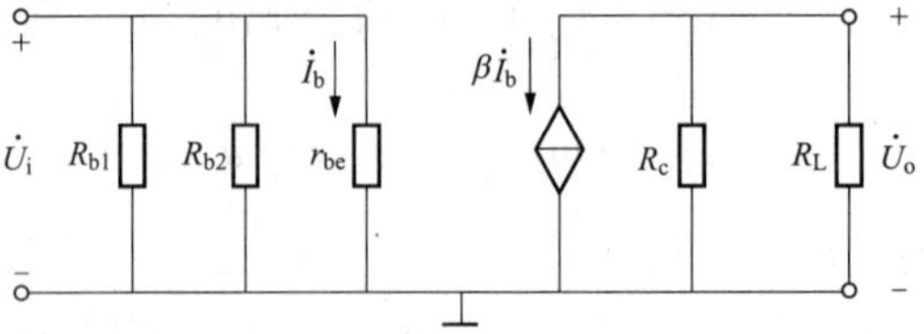

图 A-45

(3) 电路的 $\dot{A}_u$、R_i 和 R_o 为

$$\dot{A}_u=-\frac{\beta(R_c\,//\,R_L)}{r_{be}}=-66.7$$

$$R_i=R_{b1}\,//\,R_{b2}\,//\,r_{be}\approx 1.5k\Omega$$

$$R_o=R_c=4k\Omega$$

2. (1) 该电路引入交直流负反馈（利用瞬时极性法标注极性如图 A-46 所示）。

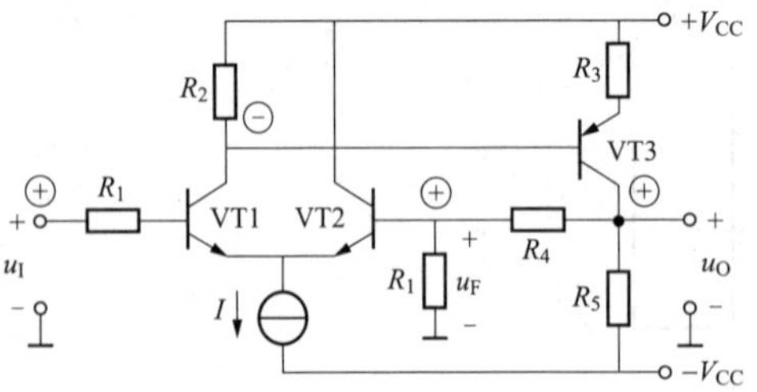

图 A-46

(2) 反馈含交流负反馈，其组态是电压串联负反馈。

(3) 深负反馈情况下的电压放大倍数为

$$A_{uf}=\frac{u_O}{u_I}\approx\frac{u_O}{u_F}=\frac{R_1+R_4}{R_1}$$

3. (1) A1 组成反相比例运算电路；A2 组成单限电压比较器；A3 组成电压跟随器。

(2) A1、A3 工作在线性区；A2 工作在非线性区。

(3) $u_{O1}=-10V$；$u_{O2}=12V$；$u_{O3}=6V$。

4. (1) VD1、VD2 的作用是消除交越失真。

(2) 因为 $A_{uf}=1+\frac{R_f}{R_1}=10$，所以 $R_f=90k\Omega$。

(3) 电路的最大输出功率和效率为

$$P_{om}=\frac{V_{CC}^2}{2R_L}=11.25W$$

$$\eta=\frac{\pi}{4}\approx 78.5\%$$

5.（1）电路为正弦波振荡电路。

（2）因为电路产生正弦波振荡的条件是$|AF|\geqslant 1$，而且

$$F_{max}=\frac{1}{3}$$

要求电路的放大倍数$A=1+\frac{R_f}{R}\geqslant 3$，即$R_f\geqslant 2R=24k\Omega$，所以$R_f$的下限值为24kΩ。

（3）电路的振荡频率为

$$f=\frac{1}{2\pi R_1C}=1592Hz\approx 1.6kHz$$

6.（1）第一级放大电路为共集放大电路；两级间的耦合方式为阻容耦合。

（2）画出交流等效电路，如图A-47所示。

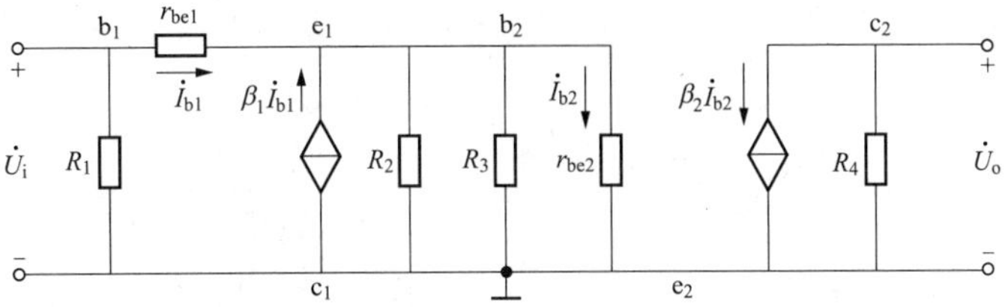

图 A-47

电路的A_u、R_i和R_o为

$$\dot{A}_u=\frac{(1+\beta_1)(R_2/\!/R_3/\!/r_{be2})}{r_{be1}+(1+\beta_1)(R_2/\!/R_3/\!/r_{be2})}\cdot\left(-\frac{\beta_2R_4}{r_{be2}}\right)$$

$$R_i=R_1/\!/[r_{be1}+(1+\beta_1)(R_2/\!/R_3/\!/r_{be2})]$$

$$R_o=R_4$$

7.（1）电路的中频电压增益$20\lg|\dot{A}_{um}|=40dB$，$\dot{A}_{um}=\pm 100$；

（2）电路的下限截止频率$f_L\approx 10Hz$，上限截止频率$f_H\approx 10kHz$；

（3）电路的电压放大倍数

$$A_u=\frac{\pm 10jf}{\left(1+j\frac{f}{10}\right)\left(1+j\frac{f}{10^4}\right)}$$

8.（1）差分（差动）放大电路，抑制温漂（零漂）；

（2）计算静态时电路的I_{C1}、I_{C2}、U_{C1}、U_{C2}，过程如下：

$$R_L'=R_c/\!/R_L$$

$$V_{CC}'=\frac{R_L}{R_c+R_L}\cdot V_{CC}$$

$$I_{C1}=I_{C2}=I_{CQ}\approx I_{EQ}\approx\frac{V_{EE}-U_{BEQ}}{2R_e}$$

$$U_{C1}=V'_{CC}-I_{CQ}R'_L$$
$$U_{C2}=V_{CC}$$

（3）电路的 A_d、R_i、R_o 分别为

$$A_d=-\frac{\beta(R_c /\!/ R_L)}{2r_{be}}$$
$$R_i=2r_{be}$$
$$R_o=R_c$$

9.（1）整流电路：VD1～VD4；滤波电路：C_1；调整管：VT1；基准电路：R、VS；比较放大电路：VT2、VT3、R_e、R_c；采样电路：R_1、R_2、R_3。

（2）输出电压 U_O 的最小值和最大值表达式

$$U_{Omin}=\frac{R_1+R_2+R_3}{R_2+R_3}\cdot U_S$$
$$U_{Omax}=\frac{R_1+R_2+R_3}{R_3}\cdot U_S$$

样卷三答案

一、选择题

1. B 2. B 3. A 4. C 5. D 6. A、B 7. A、B 8. C 9. D 10. C

二、判断题

1. √ 2. × 3. √ 4. × 5. √ 6. × 7. × 8. √ 9. √ 10. √

三、简答题

1. 因为反馈信号是从输出端经过 R_1 引回到输入端，既有交流信号又有直流信号，而且利用瞬时极性法判断，反馈信号（通过 R_1 的电流）使净输入电流（流入到 VT1 基极的电流）减小，所以电路引入的反馈是交、直流负反馈，反馈组态为电流并联负反馈，深度负反馈条件下

$$A_{usf}=\frac{u_o}{u_s}=\frac{i_oR_4 /\!/ R_L}{i_iR_s}\approx\frac{i_o(R_4 /\!/ R_L)}{i_fR_s}=\frac{i_o(R_4 /\!/ R_L)}{\frac{R_2}{R_1+R_2}i_oR_s}=\frac{(R_1+R_2)(R_4 /\!/ R_L)}{R_2R_s}$$

2. 已知稳定电压 $\pm U_S=\pm 6V$。

(1) R_f 上的电压峰值是稳压管的稳定电压 U_S，R_1 上的电压峰值是 R_f 上的电压峰值的二分之一，所以输出电压不失真情况下的峰值是稳压管稳定电压的 1.5 倍，故有效值

$$U_{om}=1.5U_S/\sqrt{2}\approx 6.36V$$

(2) 电路的振荡频率 $f_0=\frac{1}{2\pi RC}\approx 9.95Hz$。

四、分析计算题

1. 画出电路的交流等效电路，如图 A-48（a）、（b）所示。

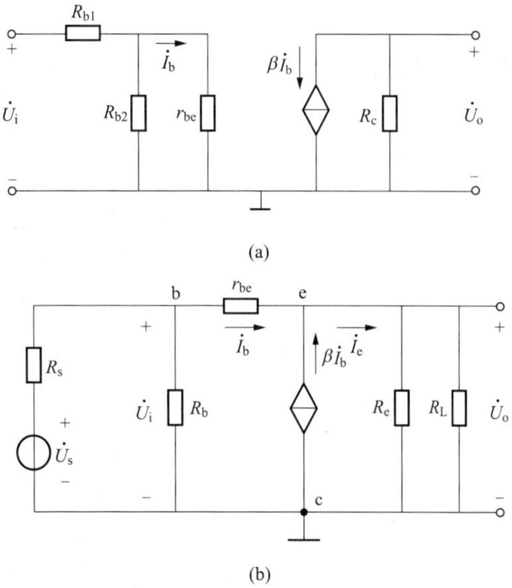

图 A-48

2. 放大电路构成了三级放大，第一级是双端输入、单端输出的差分放大电路，第二级是共集放大电路，第三级是共射放大电路。所以放大倍数是三级放大倍数的乘积。

设第三级放大电路的输入电阻为 R_{i3}，第二级放大电路的输入电阻为 R_{i2}，三级放大电路的放大倍数分别为 A_{u1}、A_{u2} 和 A_{u3}，则

$$R_{i3}=r_{be5}+(1+\beta_5)R_6$$

$$R_{i2}=r_{be4}+(1+\beta_4)(R_5 /\!/ R_{i3})$$

$$\dot{A}_{u1}=\frac{\beta_2(R_2 /\!/ R_{i2})}{2r_{be2}}$$

$$\dot{A}_{u2}=\frac{(1+\beta_4)(R_5 /\!/ R_{i3})}{r_{be4}+(1+\beta_4)(R_5 /\!/ R_{i3})}\approx 1$$

$$\dot{A}_{u3}=-\frac{\beta_5R_7}{r_{be5}+(1+\beta_5)R_6}$$

$$\dot{A}_u=\dot{A}_{u1}\cdot\dot{A}_{u2}\cdot\dot{A}_{u3}$$

$$R_i = r_{be1} + r_{be2}$$

$$R_o = R_7$$

3. (1) A、B、C、D点的静态电位分别为：$U_A=0.7V$，$U_B=9.3V$，$U_C=11.4V$，$U_D=10V$。

(2) 电路中消除交越失真的元器件由 R_3、VD1、VD2 组成。

(3) 电路的最大输出功率和效率分别为

$$P_{om} = \frac{(V_{CC}/2 - U_{CES})^2}{2R_L} = \frac{(10-2)^2}{2\times 8} = 4(W)$$

$$\eta = \frac{\pi}{4} \cdot \frac{V_{CC}/2 - U_{CES}}{V_{CC}/2} = 62.8\%$$

4. 因为 $R_P=R_N$，所以图 A-24 (a) 所示电路的输出电压与输入电压的运算关系为

$$u_O = 4(u_{I2} - u_{I1})$$

因为 $R_P=R_N$，所以图 A-24 (b) 所示电路的输出电压与输入电压的运算关系为

$$u_O = -10u_{I1} - 10u_{I2} + 20u_{I3} + u_{I4}$$

5. (1) 电路的整流电路：VD1～VD4；滤波电路：C_1；调整管：VT1、VT2；基准电路：R、VS；比较放大电路：A；采样电路：R_1、R_2、R_3。

(2) 标出集成运放的同相输入端和反相输入端，如图 A-49 所示。

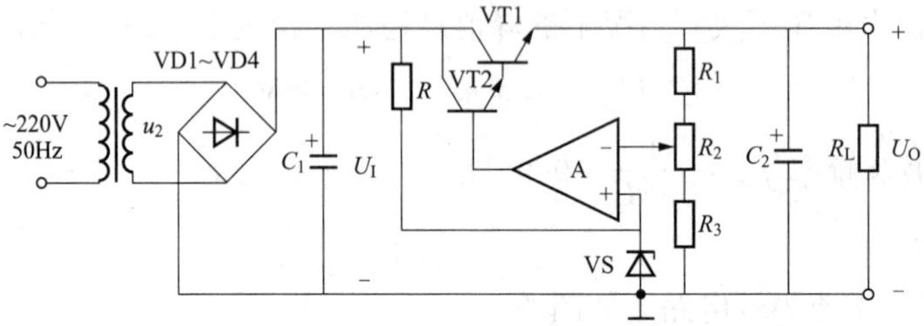

图 A-49

(3) 输出电压的最小值、最大值表达式

$$U_{Omin} = \frac{R_1+R_2+R_3}{R_2+R_3}U_S$$

$$U_{Omax} = \frac{R_1+R_2+R_3}{R_3}U_S$$

五、作图题

1. 电路为滞回电压比较器。(1) 电路输出信号的高、低电平 $u_O=\pm 6V$。

(2) 求阈值电压。根据电路，因为

$$u_P = \frac{R_2}{R_1+R_2}u_I + \frac{R_1}{R_1+R_2}(\pm U_S)$$

$$u_N = +3V$$

当 $u_P=u_N$ 时对应的 u_I 就是阈值电压，则阈值电压为

$$U_{T1}=1.5V$$
$$U_{T2}=7.5V$$

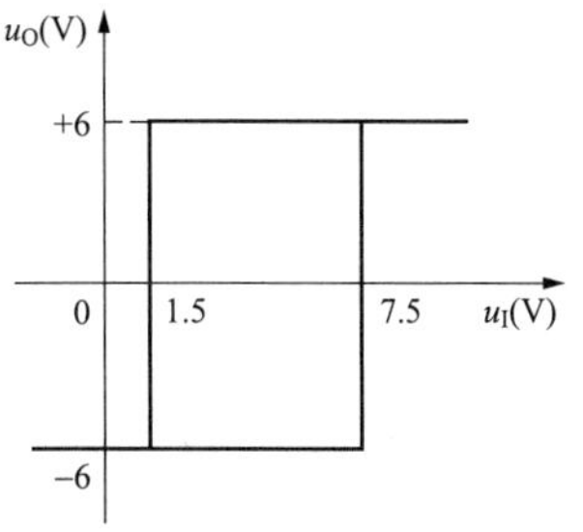

图 A-50

(3) 画出电压传输特性。又由于输入信号在同相输入端，所以电压传输特性如图 A-50 所示。

(4) 根据电压传输特性和输入信号波形得到输出信号波形如图 A-51 所示。

2. 该电路是积分电路，其输入输出信号关系为

$$u_O=-\frac{1}{RC}\int_{t_1}^{t_2}u_I\mathrm{d}t+u_O(t_1)$$

$$u_O=-100u_I(t_2-t_1)+u_O(t_1)$$

当 $t=0$ 时，$u_O=0$

当 $t=5\text{ms}$ 时，$u_O=-100\times5\times5\times10^{-3}\text{V}=-2.5\text{V}$

当 $t=15\text{ms}$ 时，$u_O=[-100\times(-5)\times10\times10^{-3}+(-2.5)]\text{V}=2.5\text{V}$

当 $t=25\text{ms}$ 时，$u_O=[-100\times(+5)\times10\times10^{-3}+(+2.5)]\text{V}=-2.5\text{V}$

以此类推，画出电路的输出电压波形，如图 A-52 所示。

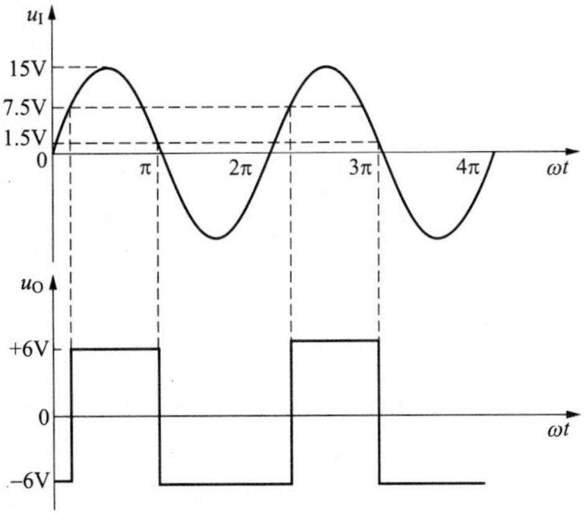

图 A-51

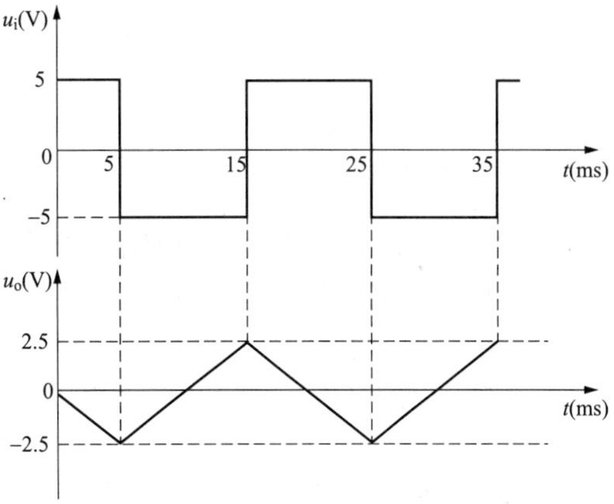

图 A-52

样卷四答案

一、选择题

1. A 2. C 3. B 4. A 5. D 6. B 7. A 8. B 9. C 10. C

二、判断题

1. × 2. × 3. √ 4. √ 5. × 6. √ 7. × 8. √ 9. × 10. ×

三、分析计算题

1.（1）写出 u_{O1} 与 u_I、u_{O2} 与 u_I 的关系式：

$$u_{O1}=-\frac{R_f}{R}u_I=-5u_I$$

$$u_{O2}=(1+\frac{R_f}{R})u_I=11u_I$$

（2）填表

u_I（V）	0.2	0.6	1.4
u_{O1}（V）	−1	−3	−7
u_{O2}（V）	2.2	6.6	12

2. 图（a）所示电路为单限电压比较器。

输出信号的高、低电平 $u_O=\pm 6V$；

阈值电压 $U_T=3V$；

由于输入信号在反相输入端，所以 $u_I>3V$，$u_O=-6V$；$u_I<3V$，$u_O=+6V$。其电压传输特性如图 A－53（a）所示。

图（b）所示电路为滞回电压比较器。

输出信号的高、低电平 $u_O=\pm 9V$；

阈值电压 U_T 的求解：

$$u_N=u_I$$

$$u_P=\frac{R_2}{R_1+R_2}\times 3+\frac{R_1}{R_1+R_2}u_O$$

当 $u_N=u_P$ 时，对应的 u_I 就是阈值电压，所以

$$U_T=\frac{R_2}{R_1+R_2}\times 3\pm\frac{R_1}{R_1+R_2}\times 9$$

$$U_{T1}=-1V$$

$$U_{T2}=5V$$

输入信号在反相输入端，其电压传输特性如图A-53（b）所示。

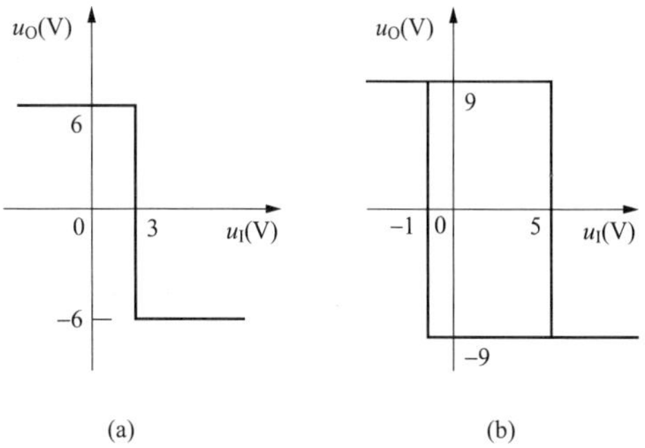

图A-53

3.（1）电路静态时U_{CEQ}的求解如下：

$$U_{BQ}=\frac{R_{b1}}{R_{b1}+R_{b2}}V_{CC}=2V$$

$$I_{CQ}\approx I_{EQ}=\frac{U_{BQ}-U_{BEQ}}{R_e}=1mA$$

$$U_{CEQ}\approx V_{CC}-I_{CQ}(R_c+R_e)=5.7V$$

（2）交流等效电路如图A-54所示。

（3）电路的A_u、R_i和R_o。

$$A_u=-\frac{\beta(R_c\ /\!/\ R_L)}{r_{be}}=-250$$

$$R_i=R_{b1}\ /\!/\ R_{b2}\ /\!/\ r_{be}\approx 0.83k\Omega$$

$$R_o=R_c=5k\Omega$$

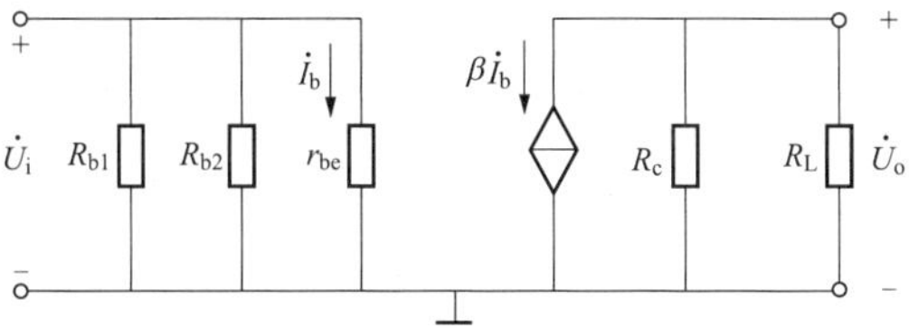

图A-54

4. 图（a）所示电路：

（1）电路中的反馈网络由R_1、R_2组成，直流反馈、交流反馈都有，是正反馈，如图A-55（a）所示。

（2）由于是正反馈，这步就不再分析。

对图（b）所示电路：

（1）电路中的反馈网络由R_3、R_6组成，直流反馈、交流反馈都有，是负反馈，如图A-55（b）所示。

（2）含有交流负反馈，反馈组态为电压串联负反馈；

深度负反馈情况下的电压放大倍数为

$$A_{uf}\approx 1+\frac{R_6}{R_3}$$

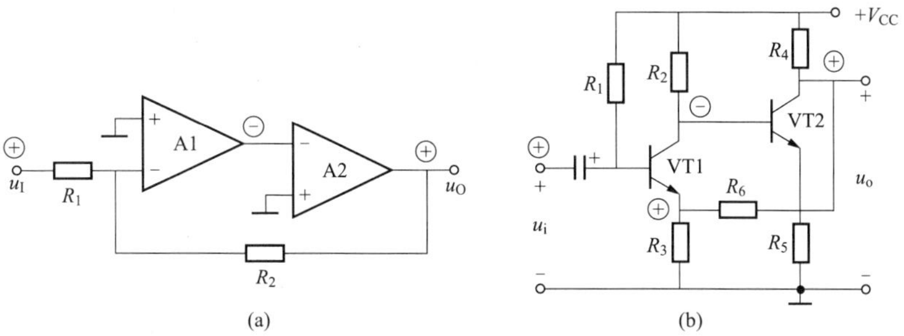

图A-55

5.（1）整流电路：VD1～VD4；滤波电路：C_1；调整管：VT1；基准电路：R、VS；比较放大电路：VT2、VT3、R_c和R_e；采样电路：R_1、R_2、R_3。

（2）电路正常工作时$U_I\approx 1.2U_2=24V$；电容C_1断路时$U_I\approx 0.9U_2=18V$；电容C_1短路时$U_I=0V$。

(3) 输出电压的最大值、最小值为

$$U_{Omin}=\frac{R_1+R_2+R_3}{R_2+R_3}U_S=9V$$

$$U_{Omax}=\frac{R_1+R_2+R_3}{R_3}U_S=18V$$

样卷五答案

一、选择题

1. A 2. A 3. A 4. C 5. C

二、判断题

1. √ 2. × 3. × 4. × 5. × 6. √ 7. × 8. √ 9. × 10. √

三、填空题

1. 正向电压，截止，单向。
2. 1.3，−2。
3. 1，大，小。
4. 共射、共集、共基。
5. 微分。
6. 直流。
7. 同相比例。
8. 放大电路、正反馈网络、选频网络。
9. 滞回比较器。
10. 整流电路、滤波电路。

四、分析计算题

1.（1）电路的静态工作点

$$I_{BQ}=\frac{V_{CC}-U_{BEQ}}{R_b+(1+\beta)R_e}$$

$$I_{EQ}=(1+\beta)I_{BQ}$$

$$U_{CEQ}=V_{CC}-I_{EQ}R_e$$

（2）交流等效电路如图 A-56 所示。

（3）电压放大倍数、输入电阻、输出电阻表达式：

$$\dot{A}_u=\frac{(1+\beta)(R_e /\!/ R_L)}{r_{be}+(1+\beta)(R_e /\!/ R_L)}$$

$$R_i=R_b /\!/ [r_{be}+(1+\beta)(R_e /\!/ R_L)]$$

$$R_o=R_e /\!/ \frac{r_{be}+R_b /\!/ R_s}{1+\beta}$$

2.（1）完善电路如图 A-57 所示，A 的输入端为上“−”下“+”。

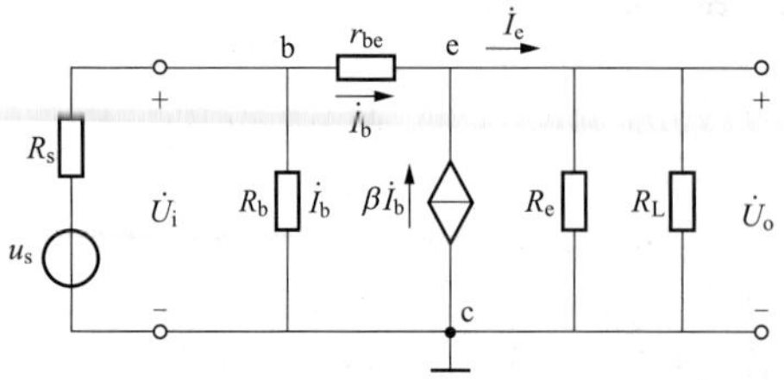

图 A-56

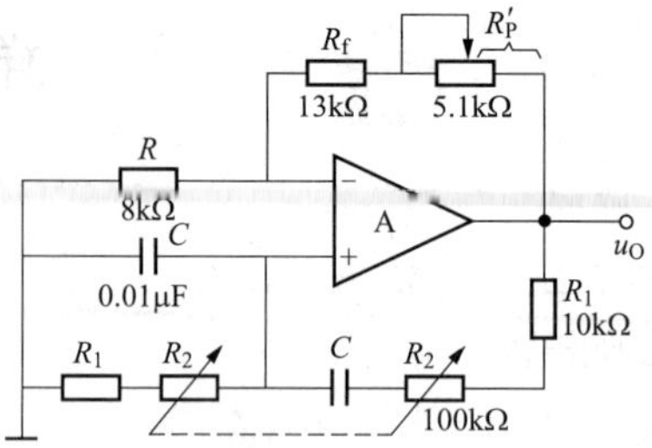

图 A-57

（2）根据起振条件 $R_f+R'_P\geqslant 2R$，$R'_P\geqslant 3k\Omega$， 故 R_P 的下限值为 3kΩ。

（3）振荡频率的最大值和最小值分别为

$$f_{0max}=\frac{1}{2\pi R_1C}\approx 1.6kHz$$

$$f_{0min}=\frac{1}{2\pi(R_1+R_2)C}\approx 145Hz$$

3.（1）电路正常工作时 VT1、VT2 的工作状态是（C. 甲乙类）。

（2）VD1、VD2 在电路中的作用是消除交越失真。

（3）如果 $U_E\neq 0$，应调节 R_1 或 R_2。

（4）最大输出功率和转换效率分别为

$$P_{om}=\frac{(V_{CC}-|U_{CES}|)^2}{2R_L}=18W$$

$$\eta=\frac{\pi}{4}\cdot\frac{V_{CC}-|U_{CES}|}{V_{CC}}\approx 67.3\%。$$

4. A1 构成反相比例运算电路，其运算关系为

$$u_{O1}=-\frac{R_2}{R_1}u_{I1}=-10u_{I1}=-0.1V$$

A2 构成同相比例运算电路，其运算关系为

$$u_{O2}=\left(1+\frac{R_2}{R_1}\right)u_{I2}=11u_{I2}=0.22V$$

A3 构成反相求和运算电路，其运算关系为

$$u_O=-\frac{R_3}{R_2}u_{O1}-\frac{R_3}{R_2}u_{O2}=-2(u_{O1}+u_{O2})=-0.24V$$

5.（1）计算静态时电路的 I_{C1}、I_{C2}、U_{C1}、U_{C2}：

$$I_{C1}=I_{C2}=I_C\approx I_E\approx\frac{V_{EE}-U_{BEQ}}{2R_e}$$

$$U_{C1}=\frac{R_L}{R_c+R_L}\cdot V_{CC}-I_{CQ}(R_c\,/\!/\,R_L)$$

$$U_{C2}=V_{CC}$$

（2）计算 A_d、R_i 和 R_o：

$$A_d=-\frac{\beta(R_c\,/\!/\,R_L)}{2(R_b+r_{be})}$$

$$R_i = 2(R_b + r_{be})$$

$$R_o = R_c$$

6.（1）画出整流桥中的二极管，如图 A－58 所示。

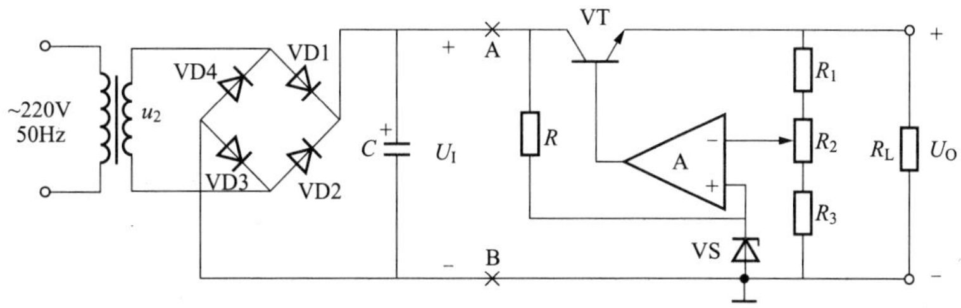

图 A－58

（2）正常情况下，$U_I = 1.2 \times 20 = 24$（V）；若 AB 处断开时 $U_I = 1.4 \times 20 = 28$（V）。

（3）输出电压调节范围 U_{Omax} 和 U_{Omin} 分别为

$$U_{Omin} = \frac{R_1 + R_2 + R_3}{R_2 + R_3} \cdot U_S = 7.5(\text{V})$$

$$U_{Omax} = \frac{R_1 + R_2 + R_3}{R_3} \cdot U_S = 15(\text{V})$$

附录 B　自测题答案

第一章课题一

一、选择题

1. B，C，A　2. A　3. B　4. C　5. B　6. A，D

二、判断题

1. ×　2. ×　3. √　4. √　5. √

三、填空题

1. 自由电子，高，空穴，低。
2. 扩散运动，漂移运动，浓度差，电场。
3. 高，低。
4. 单向导电性，导通，截止。
5. 势垒电容，扩散电容。
6. 齐纳，雪崩。

第一章课题二

一、选择题

1. A　2. A　3. B　4. C　5. C

二、填空题

1. 单向导电性，最大整流电流，最高反向工作电压。
2. 零，无穷大。
3. 少数，温度，无关。
4. 反向，正向。
5. 13。
6. 0.5，0.7；0.1，0.2。
7. 7.7。
8. 电容，反向击穿。

三、分析解答题

1. (1) 二极管 VD1 截止、VD2 导通。

(2) $U_O=-5V$。

2. $u_i>0$，二极管导通，$u_O=u_i$；$u_i\leqslant 0$，二极管截止，$u_O=0$。u_i 与 u_o 的波形如图 B-1 所示。

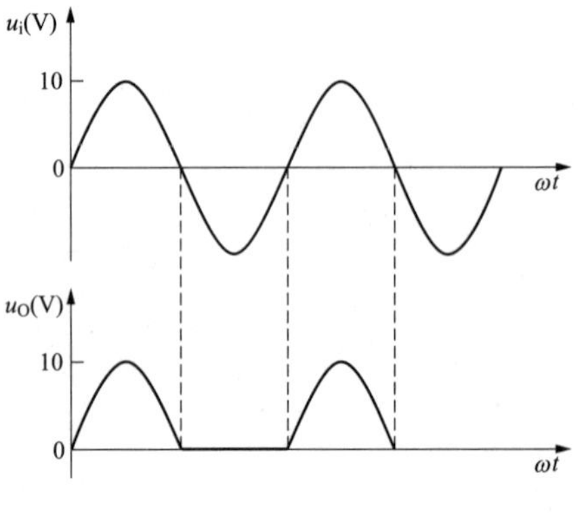

图 B-1

3. 静态电阻 $R_D=0.67/20=0.0335$ (kΩ)

$=33.5\Omega$；

动态电阻 $r_d=0.026/(30-10)=0.0013\ (k\Omega)\ =1.3\Omega$。

4. $u_O=-2V$。

第一章课题三

一、填空题

1. βI_b，电流。

2. 增大，增大。

3. 基，集电，发射，PNP，锗。

4. < <。

5. 饱和状态。

二、分析题

1. 晶体管三个极分别为上、中、下管脚，答案如表 B-1 所示。

表 B-1

管号	VT1	VT2	VT3	VT4	VT5	VT6
上	e	c	e	b	c	b
中	b	b	b	e	e	e
下	c	e	c	c	b	c
管型	PNP	NPN	NPN	PNP	PNP	NPN
材料	Si	Si	Si	Ge	Ge	Ge

2.（1）当 $V_{BB}=0$ 时，VT 截止，$U_O=12V$。

（2）当 $V_{BB}=1V$ 时，因为

$$I_{BQ}=\frac{V_{BB}-U_{BEQ}}{R_b}=60\mu A$$

$$I_{CQ}=\beta I_{BQ}=3mA$$

$$U_O=V_{CC}-I_{CQ}R_c=9V>U_{BE}$$

所以 VT 处于放大状态。

（3）当 $V_{BB}=3V$ 时，因为

$$I_{BQ}=\frac{V_{BB}-U_{BEQ}}{R_b}=460\mu A$$

$$I_{CQ}=\beta I_{BQ}=23mA$$

$$U_O=V_{CC}-I_{CQ}R_c<U_{BE}$$

所以 VT 处于饱和状态，$U_O=U_{CES}=0.3V$。

3. 晶体管及另一极电流如图 B-2 所示。

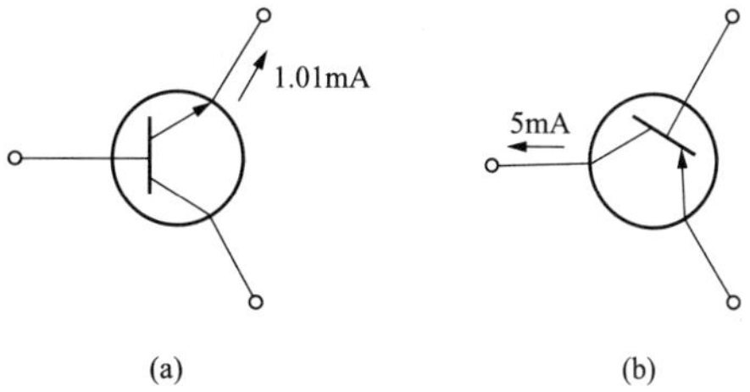

图 B-2

第二章课题一

一、$R_{iA} < R_{iB}$

二、题图 2-1 中各图的直流通路和交流通路如图 B-3 所示。

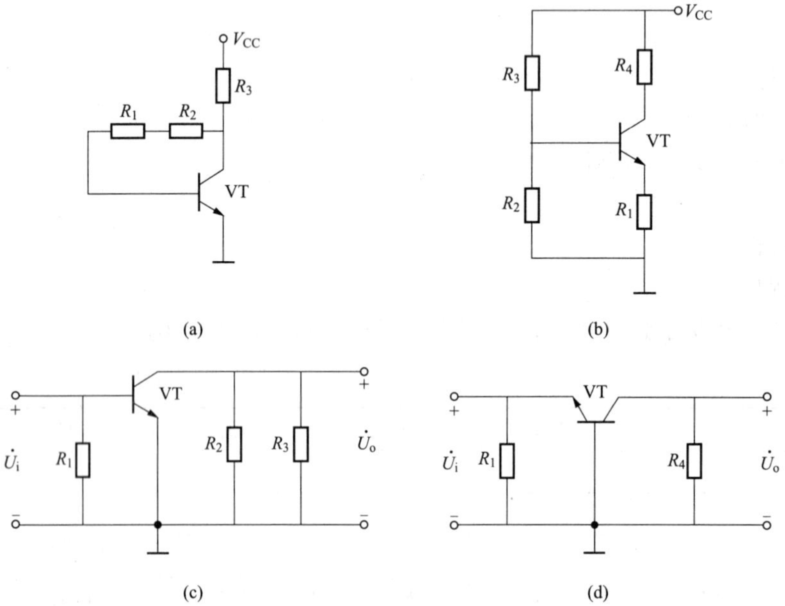

图 B-3

(a) 题图 2-1 (a) 直流通路；(b) 题图 2-1 (b) 直流通路；

(c) 题图 2-1 (a) 交流通路；(d) 题图 2-1 (b) 交流通路

第二章课题二

一、(1) $R_L=\infty$时的 Q 点、$\dot{A}_u$、R_i、R_o的求解：

$$I_{BQ}=\frac{V_{CC}-U_{BEQ}}{R_b}-\frac{U_{BEQ}}{R_s}=\frac{15-0.7}{56}-\frac{0.7}{3}\approx 0.022(\text{mA})$$

$$I_{CQ}=\beta I_{BQ}\approx 1.76\text{mA}$$

$$U_{CEQ}=V_{CC}-I_{CQ}R_c=6.2\text{V}$$

$$r_{be}=r_{bb'}+\beta\frac{U_T}{I_{CQ}}=1.28\text{k}\Omega$$

$$\dot{A}_u=-\frac{\beta R_c}{r_{be}}=-312.5$$

$$R_i=R_b /\!/ r_{be}=1.25\text{k}\Omega$$

$$R_o=R_c=5\text{k}\Omega$$

(2) $R_L=5\text{k}\Omega$ 时的 Q 点、$\dot{A}_u$、R_i、R_o的求解：

$$I_{BQ}=\frac{V_{CC}-U_{BEQ}}{R_b}-\frac{U_{BEQ}}{R_s}=\frac{15-0.7}{56}-\frac{0.7}{3}\approx 0.022(\text{mA})$$

$$I_{CQ}=\beta I_{BQ}\approx 1.76\text{mA}$$

$$U_{CEQ}=\frac{R_L}{R_c+R_L}V_{CC}-I_{CQ}(R_c\,/\!/\,R_L)=3.1\text{V}$$

$$r_{be}=r_{bb'}+\beta\frac{U_T}{I_{CQ}}=1.28\text{k}\Omega$$

$$\dot{A}_u=-\frac{\beta(R_c\,/\!/\,R_L)}{r_{be}}=-156.25$$

$$R_i=R_b\,/\!/\,r_{be}=1.25\text{k}\Omega$$

$$R_o=R_c=5\text{k}\Omega$$

(3) 负载电阻减小，放大倍数$|\dot{A}_u|$减小。

二、(1) 求解 R_b

$$I_{CQ}=\frac{V_{CC}-U_{CEQ}}{R_c}=2\text{mA}$$

$$I_{BQ}=\frac{I_{CQ}}{\beta}=20\mu\text{A}$$

$$R_b=\frac{V_{CC}-U_{BEQ}}{I_{BQ}}\approx 565\text{k}\Omega$$

(2) 求解 R_L

$$\dot{A}_u=-\frac{\dot{U}_o}{\dot{U}_i}=-100$$

$$\dot{A}_u=-\frac{\beta R'_L}{r_{be}}$$

$$R'_L=R_c\,/\!/\,R_L=1\text{k}\Omega$$

$$\frac{1}{R_c}+\frac{1}{R_L}=1\qquad R_L=1.5\text{k}\Omega$$

第二章课题三

一、1. 共射放大电路、共集放大电路、共基放大电路。

2. 共射放大，共集放大，共集放大。

3. 截止，减小。

4. 近似等于 1，大，小。

5. 共集放大电路；共射放大电路；共基放大电路。

6. 减小，好。

7. 截止，上移。

8. 等于；大于；小于。

二、1. ×　2. √　3. ×　4. ×　5. √　6. ×　7. √　8. √　9. √

三、1. B　2. A　3. C

四、分析解答题

1. (a) 将电源$-V_{CC}$改为$+V_{CC}$。

(b) 在$+V_{CC}$和晶体管基极之间串入电阻R_b。

(c) 将V_{BB}的极性改为下正上负，并将u_i串接在V_{BB}和R_b之间。

(d) 在V_{BB}和晶体管的基极之间串入电阻R_b，并在$-V_{CC}$和晶体管集电极之间串入电阻R_c。

2. (1) $R_P=0$时电路的静态工作点为

$$U_{BQ}=\frac{R_{b1}}{R_{b1}+R_{b2}}V_{CC}=6V$$

$$I_{CQ}\approx I_{EQ}=\frac{U_{BQ}-U_{BEQ}}{R_e}=1.61mA$$

$$I_{BQ}=\frac{I_{CQ}}{\beta}=16.1\mu A$$

$$U_{CEQ}=V_{CC}-I_{CQ}(R_c+R_e)=-0.88V$$

由于$U_{CEQ}<0.3V$，晶体管处于饱和状态，则

$$U_{CEQ}=0.3V$$

$$I_{CQ}\approx I_{EQ}=\frac{V_{CC}-U_{CES}}{R_c+R_e}=1.46mA$$

(2) 因为要保证晶体管导通，需

$$U_{BQ}=\frac{R_{b1}}{R_{b1}+R_{b2}+R_P}\cdot V_{CC}=\frac{120}{20+R_P}>0.7V$$

解得

$$R_P<151.4k\Omega$$

要保证晶体管处于放大状态，需

$$U_{CEQ}=V_{CC}-(U_{BQ}-0.7)\frac{R_c+R_e}{R_e}>0.3V$$

解得

$$R_P>1.7k\Omega$$

综上所述，为使晶体管工作在放大区需要满足$1.7k\Omega<R_P<151.4k\Omega$。

(3) 交流等效电路如图B-4所示。

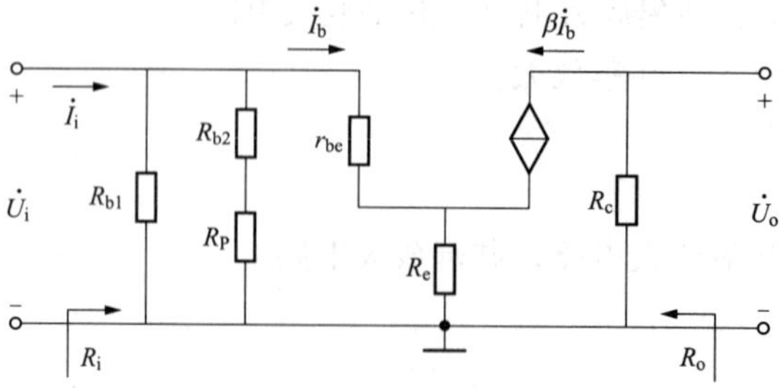

图B-4

(4) $I_{CQ}=1mA$时的$\dot{A}_u$、R_i和R_o求解如下：

$$U_{BQ}=I_{EQ}\cdot R_e+U_{BEQ}=4V$$

$$U_{BQ}=\frac{R_{b1}}{R_{b1}+R_{b2}+R_P}\cdot V_{CC}=\frac{120}{20+R_P}=4V$$

$$R_P=10k\Omega$$

$$r_{be}=r_{bb'}+\beta\frac{U_T}{I_{CQ}}=2.8k\Omega$$

$$\dot{A}_u=-\frac{\beta R_c}{r_{be}+(1+\beta)R_e}=-1.4$$

$$R_i=R_{b1}\ /\!/\ (R_{b2}+R_P)\ /\!/\ [r_{be}+(1+\beta)R_e]\approx 6.53k\Omega$$

$$R_o=R_c=4.7k\Omega$$

3.（1）电路的静态工作点为

$$I_{BQ}=\frac{V'_{CC}-U_{BEQ}}{R'_b+(1+\beta)R_e}$$

$$V'_{CC}=\frac{R_s}{R_b+R_s}V_{CC}$$

$$R'_b=R_b\ /\!/\ R_s$$

$$I_{EQ}=(1+\beta)I_{BQ}$$

$$U_{CEQ}=V_{CC}-I_{EQ}R_e$$

（2）交流等效电路如图 B-5 所示。

（3）电路的动态参数为

$$\dot{A}_u=\frac{(1+\beta)R_e}{r_{be}+(1+\beta)R_e}$$

$$R_i=R_b\ /\!/\ [r_{be}+(1+\beta)R_e]$$

$$R_o=R_e\ /\!/\ \frac{R_b\ /\!/\ R_s+r_{be}}{1+\beta}$$

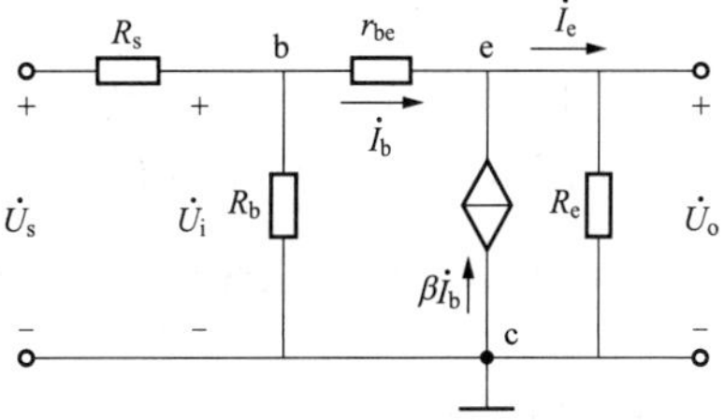

图 B-5

第二章课题四

一、1. β^2。　2. 相同，相反。　3. 负载，信号源内阻。　4. 小于。　5. 输入。

二、分析解答题

1.（1）第一级为共集放大电路；第二级为共射放大电路。

（2）求解静态工作点

$$I_{BQ1}=\frac{V_{CC}-U_{BEQ1}}{R_1+(1+\beta_1)R_2}$$

$$I_{EQ1}=(1+\beta_1)I_{BQ1}$$

$$U_{CEQ1}=V_{CC}-I_{EQ1}R_2$$

$$I_{BQ2}=\frac{V_{CC}-U_{BEQ2}}{R_3}$$

$$I_{CQ2}=\beta_2 I_{BQ2}$$

$$U_{CEQ2}=V_{CC}-I_{CQ2}R_4$$

(3) 交流等效电路如图 B-6 所示。

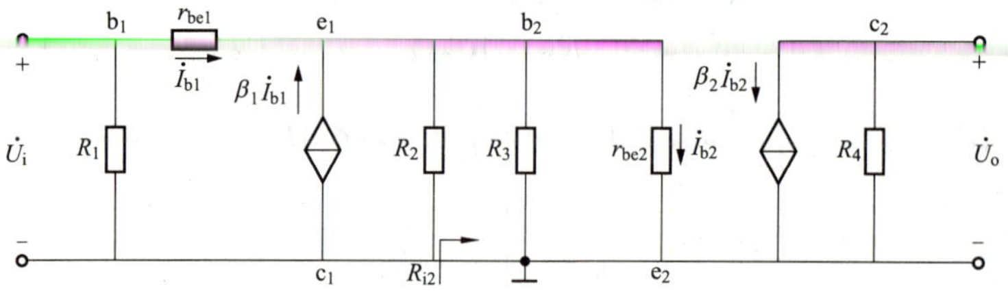

图 B-6

(4) 动态参数的计算

$$R_{i2}=R_3 \mathbin{/\mkern-6mu/} r_{be2}$$

$$\dot{A}_{u1}=\frac{(1+\beta_1)(R_2 \mathbin{/\mkern-6mu/} R_{i2})}{r_{be1}+(1+\beta_1)(R_2 \mathbin{/\mkern-6mu/} R_{i2})}$$

$$\dot{A}_{u2}=-\frac{\beta_2 R_4}{r_{be2}}$$

$$\dot{A}_u=\dot{A}_{u1}\cdot\dot{A}_{u2}$$

$$R_i=R_1 \mathbin{/\mkern-6mu/} [r_{be1}+(1+\beta_1)(R_2 \mathbin{/\mkern-6mu/} R_{i2})]$$

$$R_o=R_4$$

2. (1) 图 (d) (e) 所示电路的输入电阻较大。

(2) 图 (c) (e) 所示电路的输出电阻较小。

(3) 图 (e) 所示电路的 $|\dot{A}_{us}|$ 最大。

第三章课题一

一、填空题

1. 放大倍数的幅值；放大倍数的相位。

2. 下限截止，上限截止，通频带。

二、选择题

1. C　2. B

第三章课题二

一、填表

$\|\dot{A}_u\|$	0.01	0.1	0.707	10	100	1000
$20\lg\|\dot{A}_u\|$ (dB)	−40	−20	−3	20	40	60

二、填空题

1. 高通，低通。

2. 下降。

3. $-180°$，$-135°$，$-225°$；$0°$，$+45°$，$-45°$。

4. -300，10，10^4，1。

三、分析计算题

1. (1) $\dot{A}_{um}=-31.6$，$f_L=10\text{Hz}$，$f_H=10^5\text{Hz}$。

(2) 相频特性如图 B-7 所示。

2. 电路的$\dot{A}_{um}=-100$，$f_L=100\text{Hz}$，$f_H=10^5\text{Hz}$。波特图如图 B-8 所示。

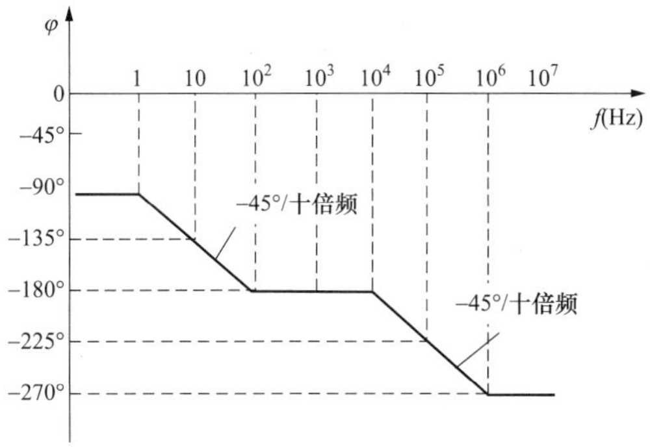

图 B-7

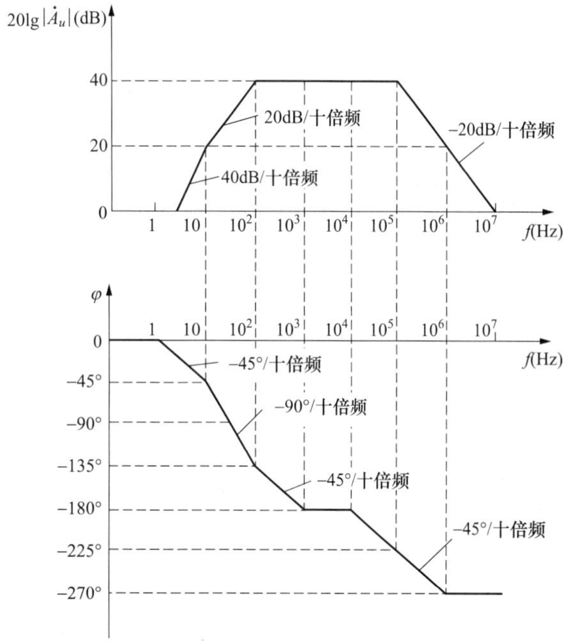

图 B-8

第三章课题三

一、填空题

1. 1000，5。

2. (1) 60，± 1000。

(2) 10，10^5。

(3) $\dfrac{\pm 100\mathrm{j}f}{\left(1+\mathrm{j}\dfrac{f}{10}\right)\left(1+\mathrm{j}\dfrac{f}{10^5}\right)\left(1+\mathrm{j}\dfrac{f}{10^6}\right)}$。

二、分析计算题

(1) 从给出的放大电路放大倍数的计算公式可以看出放大电路有两个上限截止频率，说明存在两个极间电容，即该电路

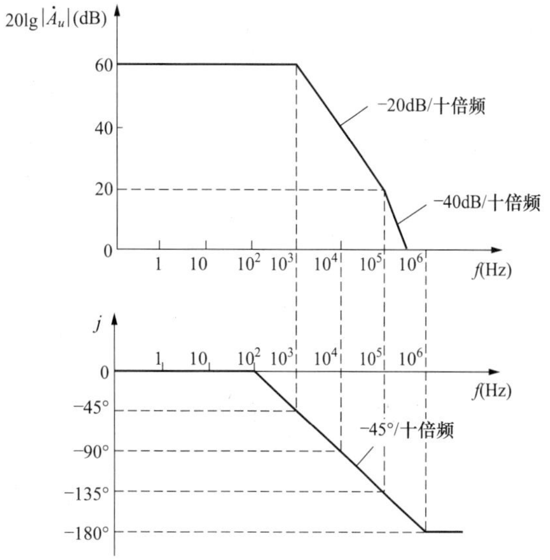

图 B-9

为两级放大电路。低频段没有下限截止频率，说明电路没有耦合电容，为直接耦合。

(2) $\dot{A}_{um}=1000$，$f_H \approx f_{H1}=10^3$Hz。

(3) 电路的波特图如图 B-9 所示。

第四章课题一

一、填空题

1. 差，平均值。

2. 提高。

3. 不变。

4. 5，200，2，10。

二、分析计算题

1. (1) 静态时 VT1 管和 VT2 管的集电极电流和集电极电位分别为

$$I_{C1}=I_{C2}=I_C \approx \frac{V_{EE}-U_{BEQ}}{2R_e}=0.265\text{mA}$$

$$U_{C1}=\frac{R_L}{R_c+R_L}\cdot V_{CC}-I_C(R_c \mathbin{/\!/} R_L) \approx 3.23\text{V}$$

$$U_{C2}=V_{CC}=15\text{V}$$

(2) 首先求解电路的差模放大倍数：

$$r_{be}=r_{bb'}+(1+\beta)\frac{26\text{mA}}{I_{EQ}} \approx 5.1\text{k}\Omega$$

$$A_d=-\frac{\beta(R_c \mathbin{/\!/} R_L)}{2(R_b+r_{be})} \approx -32.1$$

当输入信号为直流信号时，输出电压为静态参数 U_{C1} 和直流量引起的输出变化量之和，即

$$U_O=U_{C1}+A_dU_I$$

当输出电压为 2V 时，输入电压为

$$U_I=\frac{U_O-U_{C1}}{A_d}=38.3\text{mV}$$

当 $U_I=10$mV 时，则

$$U_O=U_{C1}+A_dU_I \approx 2.9\text{V}$$

2. (1) 电路的静态参数 I_{C1}、I_{C2}、U_{C1}、U_{C2}分别为

$$I_{C1}=I_{C2} \approx \frac{I}{2}$$

$$U_{C1}=U_{C2}=V_{CC}-I_{C1}R_c$$

(2) 电路的 A_d、R_i 和 R_o 求解如下

$$A_d = -\frac{\beta R_c}{r_{be}}$$

$$R_i = 2r_{be}$$

$$R_o = 2R_c$$

第四章课题二

一、填空题

1. 输入级、中间级、输出级、偏置电路。

2. 线性，非线性。线性。

3. 虚短，虚断。

二、选择题

1. C　2. A　3. A

第四章课题三

一、填空题

1. 反相。

2. 同相，反相。

3. 积分；微分。

二、分析计算题

1.（1）A构成加减运算电路电路，且电路的 $R_P = R_N = 10 // 100\text{k}\Omega$，则该电路的运算关系为

$$u_O = -\frac{R_f}{R_1}u_{I1} + \frac{R_f}{R_2}u_{I2} + \frac{R_f}{R_3}u_{I3} = -10u_{I1} + 10u_{I2} + u_{I3}$$

（2）开关S打开时A构成反相比例运算电路，其运算关系为

$$u_O = -\frac{R_f}{R_1}u_I = -u_I$$

开关S闭合时运放的同相输入端电位 $u_P = u_I$，由于"虚短"，电路的反相输入端的电位 $u_N = u_P = u_I$。因为左右两端为等电位点，所以 R_1 上无电流，运放的反相输入端因为"虚断"也无电流，所以电阻 R_f 上电流为零，电压也为零，这样电路的输出信号 $u_O = u_I$。

2.（a）A1构成差分比例电路，设其输出电压为 u_{o1}，则

$$u_{o1} = \frac{R_2}{R_1}(u_1 - u_2)$$

A2构成微分电路，其输出电压为

$$u_{out} = -\frac{RR_2C}{R_1} \cdot \frac{d(u_1 - u_2)}{dt}$$

（b）该电路与仪表放大器类似，假设电路图中间的 R_2 两端分别为A点和B点，且运放A1和A2的输出电压分别为 u_{O1} 和 u_{O2}。

因为"虚短"，所以 $u_A = u_1$，$u_B = u_2$；又因为"虚断"，运放A1和A2的反相输入端电

流均为零，u_{O1}和u_{O2}之间的所有电阻上的电流均为i，因此

$$\frac{u_{O1}-u_{O2}}{R_1+2R_2}=\frac{u_1-u_2}{R_2}$$

即

$$u_{O1}-u_{O2}=\left(2+\frac{R_1}{R_2}\right)(u_1-u_2)$$

A2 为差分比例电路，其输出电压为

$$u_{out}=-\frac{R_3}{R_4}(u_{O1}-u_{O2})=-\frac{R_3}{R_4}\left(2+\frac{R_1}{R_2}\right)(u_1-u_2)$$

三、设计题

要实现的运算关系中有两个输入信号而且二者前面均为负系数，说明该运算关系为反相求和运算，那么要设计的电路为反相求和运算电路。两个输入信号的反相求和运算电路原理图如图 B-10 所示。

图 B-10 中电路中输出电压与输入电压的关系为

$$u_O=R_f\left(-\frac{u_{I1}}{R_1}-\frac{u_{I2}}{R_2}\right)$$
$$=-u_{I1}-5u_{I2}$$

选择$R_f=100\text{k}\Omega$，由比较系数得$R_1=100\text{k}\Omega$，$R_2=20\text{k}\Omega$。R_3为平衡电阻，其阻值应为$R_3=R_1/\!/R_2/\!/R_f=14.3\text{k}\Omega$。在电路上标注电阻值如图 B-11 所示。

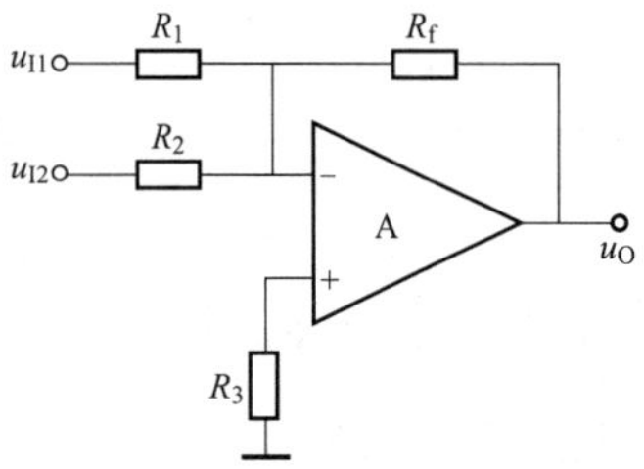

图 B-10

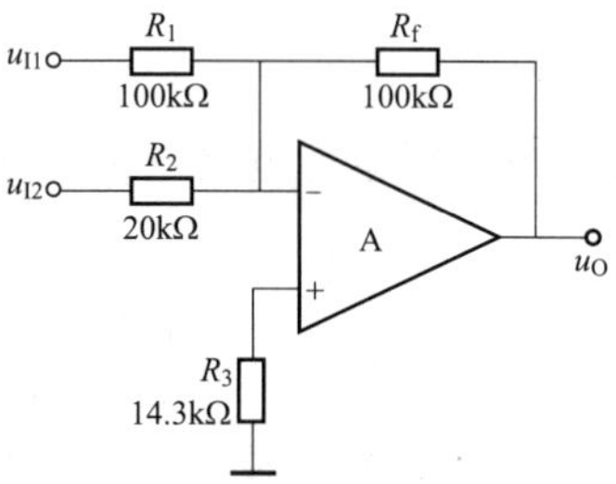

图 B-11

四、作图题

该电路为典型的积分电路，电路在$t=t_1\sim t_2$时间段的输出电压为

$$u_O=-\frac{1}{RC}\int_{t1}^{t}u_I\text{d}t+u_O(t_1)$$
$$=-\frac{u_I}{10^5\cdot 10^{-7}}(t-t_1)+u_O(t_1)$$
$$=-100u_I(t-t_1)+u_O(t_1)$$

按时间段分析输出波形，要分析够一个周期。

(1) $t=0\sim0.005\text{s}$时，$u_I=+5\text{V}$，u_O (0) $=0\text{V}$

$$u_O=-100u_I(t-0)+u_O(0)=-500t$$

当$t=0.005\text{s}$时，$u_O(0.005)=-500\times0.005=-2.5\text{V}$。

显然，当输入信号为正电压时，输出波形是一条负斜率的线段，且起点为坐标原点，终

止点的纵坐标为－2.5V。

(2) $t=0.005\sim0.015$s 时，$u_I=-5$V

$$u_O=-100u_I(t-0.005)+u_O(0.005)=500t-5$$

当 $t=0.015$s 时，$u_O(0.015)=500\times0.015-5=2.5$V。

即当输入信号为负电压时，输出波形是一条正斜率的线段，且起点的纵坐标为－2.5V，终止点的纵坐标为 2.5V。

(3) $t=0.015\sim0.025$s 时，$u_I=+5$V，因此

$$u_O=-100u_I(t-0.015)+u_O(0.015)=-500t+10$$

当 $t=0.025$s 时，$u_O(0.025)=-500\times0.025+10=-2.5$V。

在该时间段输出波形又变成一条负斜率的线段，且起点的纵坐标为 2.5V，终止点的纵坐标为－2.5V。

画出输出波形如图 B－12 所示，其他周期的波形复制第一个周期即可。

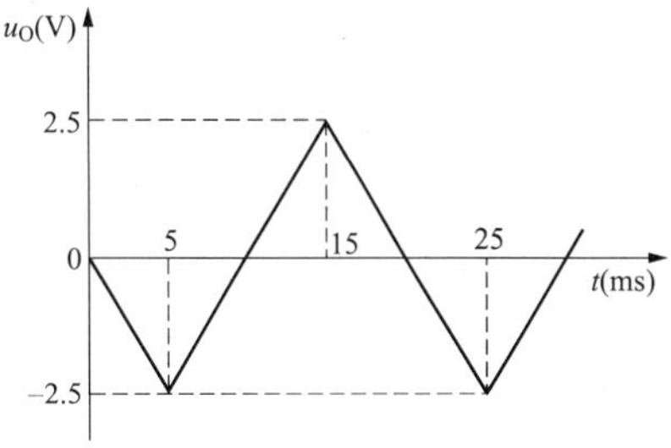

图 B－12

第五章课题一

一、选择题

1. B　2. B　3. D　4. C　5. C

二、分析题

(a) 交流负反馈。(b) 交、直流负反馈。

第五章课题二

一、以集成运放作为放大电路，分别引入电压串联、电压并联、电流串联、电流并联负反馈，定性画出电路图，如图 B－13 所示（本题答案不唯一）。

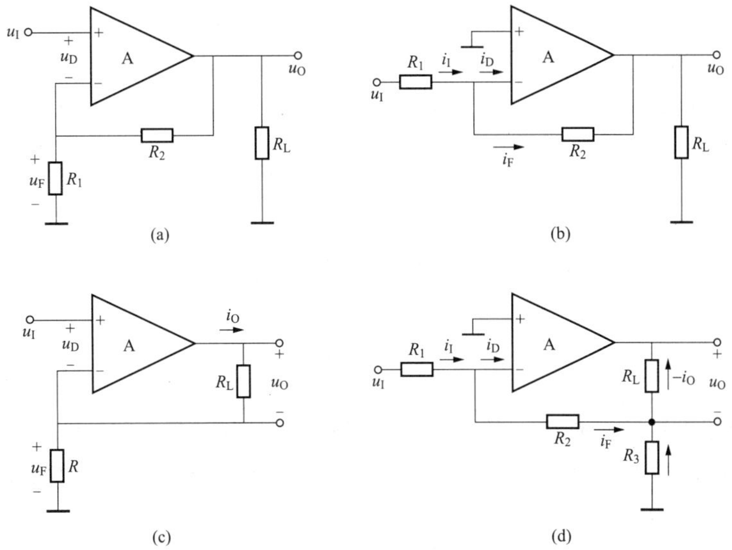

图 B－13

二、图（a）所示电路为单运放电路，反馈引回反相输入端，为负反馈；输出电压一端接地，为电压反馈；反馈引回到非输入端，为串联反馈。标注输入量、反馈量、净输入量和输出量如图 B-14（a）所示，该电路引入电压串联负反馈。

图（b）所示电路为单运放电路，反馈引回反相输入端，为负反馈；输出电压一端接地，为电压反馈；反馈引回到非输入端，为串联反馈。标注输入量、反馈量、净输入量和输出量如图 B-14（b）所示，该电路引入电压串联负反馈。

图（c）所示电路中反馈引回到输入端，为并联反馈；且反馈信号与输入信号极性相反，为负反馈；反馈信号取自输出电压，为电压反馈。标注输入量、反馈量、净输入量和输出量如图 B-14（c）所示，该电路引入电压并联负反馈。

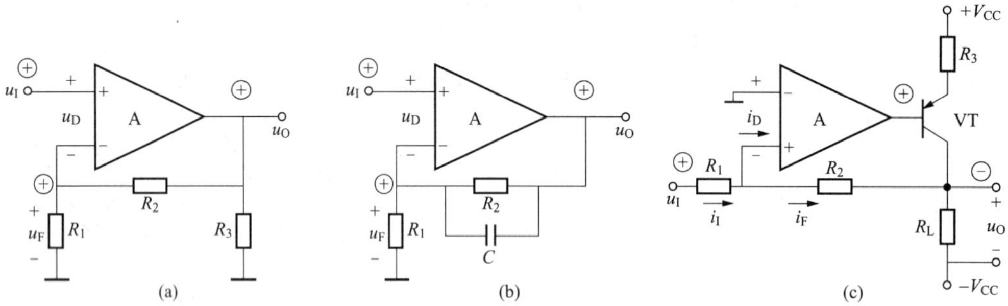

图 B-14

第五章课题三

一、用瞬时极性法判断电路为负反馈。反馈取自非输出端，为电流反馈。反馈引回到非输入端，为串联反馈。该电路引入电流串联负反馈。深负反馈条件下电路的电压放大倍数为

$$A_{uf} \approx \frac{R_1 + R_2 + R_3}{R_1 R_3} \cdot R_A$$

二、用瞬时极性法判断电路为负反馈。反馈取自非输出端，为电流反馈。反馈引回到输入端，为并联反馈。该电路引入电流并联负反馈。深负反馈条件下电路的电压放大倍数为

$$A_{usf} \approx \frac{(R_f + R_{e2})(R_{c2} /\!/ R_L)}{R_{e2} R_s}$$

三、用瞬时极性法判断电路为负反馈。反馈取自输出端，为电压反馈。反馈引回到非输入端，为串联反馈。该电路引入电压串联负反馈。深负反馈条件下电路的电压放大倍数为

$$A_{uf} \approx \frac{R_1 + R_3}{R_1} = 11$$

四、(1) 电路中有反馈通路，所以引入了反馈。利用瞬时极性法给输入信号加正极性，则 VT1 管的集电极为正极性，VT2 管的集电极为负极性，该电路的反馈引回到输入端，且反馈信号与输入信号极性相反，为负反馈。

(2) 从电路中可以看出反馈信号既有交流信号又有直流反馈，因此电路交、直流反馈共

存。反馈信号取自非输出信号端，为电流反馈；反馈信号引回到输入信号端，为并联反馈。所以电路反馈组态为电流并联负反馈。

（3）电路的放大倍数为

$$A_{usf} \approx \left(\frac{R_3 + R_4}{R_4}\right)\frac{R_2 /\!/ R_L}{R_s}$$

五、(a)（1）电路引入了反馈，利用瞬时极性法判断电路引入了负反馈，而且交流、直流反馈共存，反馈组态为电流串联负反馈；

（2）$A_{uf} \approx -\dfrac{R_c /\!/ R_L}{R_e}$。

(b)（1）电路引入了反馈，利用瞬时极性法判断电路引入了负反馈，而且交流、直流反馈共存，反馈组态为电压串联负反馈；

（2）$A_{uf} \approx 1$。

第五章课题四

一、(1) $A_f = \dfrac{A}{1+AF} = \dfrac{10^5}{1+10^5 \times 2 \times 10^{-3}} \approx 500$

或可以根据 $1+AF=201 \gg 1$，得 $A_f \approx 1/F = 500$。

（2）若 A 的相对变化率为 20%，A_f 的相对变化率为

$$\frac{dA_f}{A_f} = \frac{1}{1+AF} \cdot \frac{dA}{A} \approx 0.1\%$$

二、(1) 电压并联负反馈；(2) 电流串联负反馈；(3) 电压串联负反馈；(4) 电流并联负反馈。

三、(1) 电压串联负反馈，⑧与⑩、⑨与③、④与⑥连接，电路的电压放大倍数为

$$A_{uf} = 1 + \frac{R_f}{R_{b2}}$$

（2）电流并联负反馈，⑦与⑩、⑨与②、④与⑥连接，电路的电压放大倍数为

$$A_{uf} = \frac{(R_f + R_{e3})R_{c3}}{R_{e3} \cdot R_{b1}}$$

（3）电压并联负反馈，⑧与⑩、⑨与②、⑤与⑥连接，电路的电压放大倍数为

$$A_{uf} \approx -\frac{R_f}{R_{b1}}$$

（4）电流串联负反馈，⑦与⑩、⑨与③、⑤与⑥连接，电路的电压放大倍数为

$$A_{uf} = -\frac{(R_{e3} + R_f + R_{b2})R_{c3}}{R_{e3} \cdot R_{b2}}$$

第六章课题一

一、判断题

1. × 2. × 3. × 4. ×

二、选择题

1. B，A，C　2. C　　3. B

三、填空题

1. 放大电路，选频网络，正反馈网络，稳幅环节。

2. $|\dot{A}\dot{F}|=1$，$\varphi_A+\varphi_F=2n\pi$（其中 n 取整数）。

四、分析计算题

1. 图（a）所示电路有可能产生正弦波振荡。该电路由共射放大电路和三级超前移相网络构成，共射放大电路的 $\varphi_A=-180°$，三级移相网络在信号频率为 0 到无穷大时相移为 $+270°\sim0°$，其中包含使 $\varphi_F=+180°$的频率，即存在满足正弦波振荡相位条件的频率 f_0 且在 $f=f_0$ 时有可能满足起振条件 $|\dot{A}\dot{F}|>1$，故该电路可能产生正弦波振荡。

图（b）所示电路有可能产生正弦波振荡。该电路由共射放大电路和三级滞后移相网络构成，共射放大电路的 $\varphi_A=-180°$，且图中三级移相电路为滞后网络，在信号频率为 0 到无穷大时相移为 $0°\sim-270°$，其中包含使相移为 $-180°$（$\varphi_F=-180°$）的频率，即存在满足正弦波振荡相位条件的频率 f_0（此时 $\varphi_A+\varphi_F=-360°$）且在 $f=f_0$ 时有可能满足起振条件 $|\dot{A}\dot{F}|>1$，故该电路可能产生正弦波振荡。

2.（1）该电路是典型的 RC 桥式振荡电路，RC 串并联选频网络同时作为正反馈网络，应接到运放的同相输入端，故运放的输入端为上“－”下“＋”；

（2）R_1 短路后，R_f 接地，负反馈消失，放大电路开环，电路增益非常大。起振后，输出严重失真，几乎为方波；

（3）R_1 断路后，运放形成电压跟随器，电压放大倍数为 1，不满足起振条件，故输出为零；

（4）R_f 短路和 R_1 断路效果相同，输出为零；

（5）R_f 断路和 R_1 短路效果相同，输出严重失真，几乎为方波。

3. 在题图 6－3（a）中晶体管的基极应增加耦合电容 C_1。改变题图 6－3（b）中变压器同名端，增加输入耦合电容。改正之后的电路如图 B－15 所示。

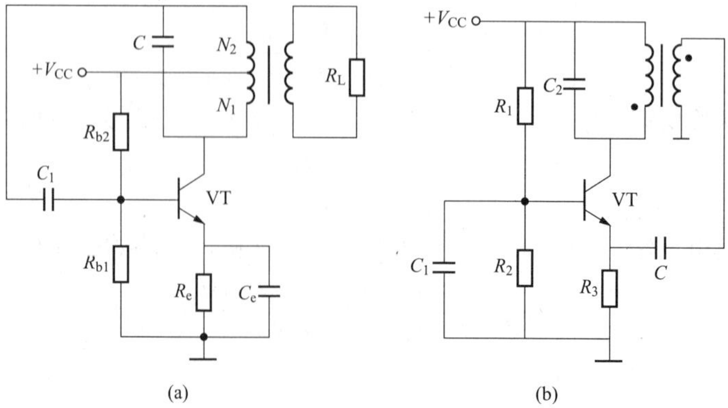

图 B－15

第六章课题二

一、判断题

1. × 2. √ 3. √ 4. × 5. √ 6. ×

二、选择题

1. B 2. C 3. D

三、分析计算题

题图 6-5（a）所示电路为单限比较器，$u_O=\pm U_S=\pm 5V$，$U_T=-5V$，其电压传输特性如图 B-16（a）所示。

题图 6-5（b）所示电路为过零比较器，$U_{OL}=-U_D=-0.7V$，$U_{OH}=+U_S=+6V$，$U_T=0V$。其电压传输特性如图 B-16（b）所示。

题图 6-5（c）所示电路为反相输入的滞回比较器，$u_O=\pm U_S=\pm 9V$。令

$$u_P=\frac{R_1}{R_1+R_2}\cdot u_O+\frac{R_2}{R_1+R_2}\cdot U_{REF}=u_N=u_I$$

得阈值电压：$U_{T1}=-1V$，$U_{T2}=5V$。其电压传输特性如图 B-16（c）所示。

题图 6-5（d）所示电路为同相输入的滞回比较器，$u_O=\pm U_S=\pm 9V$。令

$$u_P=\frac{R_2}{R_1+R_2}\cdot u_I+\frac{R_1}{R_1+R_2}\cdot u_O=u_N=3V$$

求得阈值电压：$U_{T1}=0V$，$U_{T2}=9V$。其电压传输特性如图 B-16（d）所示。

题图 6-5（e）所示电路为窗口比较器，$u_O=\pm U_S=\pm 6V$，$\pm U_T=\pm 3V$。其电压传输特性如图 B-16（e）所示。

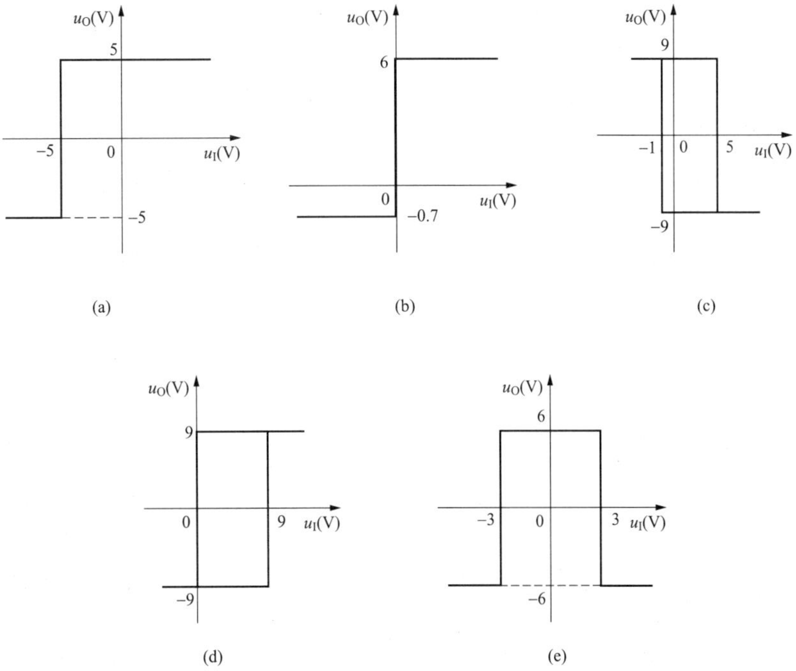

图 B-16

第六章课题三

一、图中所示电路中有三处错误：①集成运放“+”“−”接反；②R_3、C 位置接反；③输出限幅电路无限流电阻。改正后的电路如图 B-17 所示。

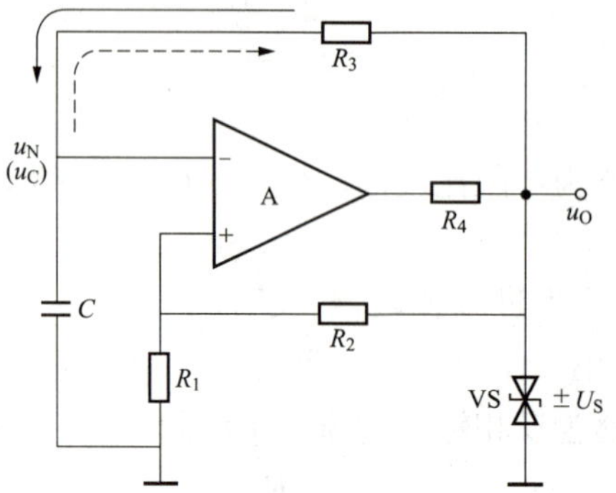

图 B-17

二、设 R_{P1}、R_{P2} 在未调整前滑动端均处于中点，依次填入 B，A，C；B，A，B；C，B，B。

第七章课题一

一、填空题

1. 最大输出功率，电源提供的功率。
2. 交越失真，乙，甲乙。
3. 甲乙。

二、判断题

1. √　2. ×　3. √　4. ×　5. √　6. √

三、选择题

1. C　2. C　3. B

第七章课题二

一、填空题

1. 0.2W。
2. I_{CM}、P_{CM}、$U_{(BR)CEO}$。
3. 导通、截止；截止、导通。

二、分析计算题

该电路为 OCL 互补功率放大电路。

(1) 电路的最大输出功率

$$P_{om}=\frac{(V_{CC}-|U_{CES}|)^2}{2R_L}=10.6\text{W}$$

（2）当输出功率达到最大时，最大不失真输出电压有效值为

$$U_{om}=\frac{V_{CC}-|U_{CES}|}{\sqrt{2}}=9.2\text{V}$$

由于电路是共集接法，输入电压和输出电压近似相等，所以

$$U_i\approx U_{om}=9.2\text{V}$$

（3）当输入电压峰值为10V时，输出电压的峰值为

$$U_{omax}=10\text{V}$$

此时的最大输出功率为

$$P_{om}=\frac{U_{omax}^2}{2R_L}=6.25\text{W}$$

电源提供的功率为

$$\begin{aligned}P_V&=\frac{1}{\pi}\int_0^{\pi}\frac{U_{omax}}{R_L}\sin\omega t\cdot V_{CC}\,\mathrm{d}\omega t\\&=\frac{2}{\pi}\cdot\frac{V_{CC}U_{omax}}{R_L}\\&=11.9\text{W}\end{aligned}$$

电路的转换效率为

$$\eta=\frac{P_{om}}{P_V}=52.5\%$$

第七章课题三

一、电路的最大输出功率 P_{om} 和效率 η 为

$$P_{om}=\frac{U_{om}^2}{R_L}=\frac{\left(\frac{1}{2}V_{CC}-|U_{CES}|\right)^2}{2R_L}$$

$$\eta=\frac{P_{om}}{P_V}=\frac{\pi}{2}\cdot\frac{\frac{1}{2}V_{CC}-|U_{CES}|}{V_{CC}}$$

二、（1）静态时 $U_E=V_{CC}/2$；调整 R_1 或 R_3；静态时 $U_O=0$。

（2）调整 R_2 可以消除交越失真，增大 R_2 即可。

（3）若 VD1、VD2、R_2 中任何一个开路，则 VT1 管会因功耗过大而烧坏。

第八章课题一

一、填空题

1. 电源变压器，整流电路，滤波电路，稳压电路。
2. 将220V电网电压变成需要的交流电压。

二、简答题

电源变压器：把电网电压变成所需交流电压。

整流器：将正负交替的正弦交流电压整流成单向脉动电压。

滤波器：减小单向脉动电压中的脉动成分，使输出电压成为比较平滑的直流电压。

稳压电路：在电网电压波动或负载电流变化时保持输出电压基本不变。

第八章课题二

一、判断题

1. √ 2. √ 3. × 4. ×

二、选择题

1. C 2. C 3. D

第八章课题三

一、选择题

1. B 2. A

二、填空题

18V，28V。

第八章课题四

一、R_1 中的电流和稳压管中的最大电流为

$$I_{R1}=\frac{U_I-U_S}{R_1}\approx 39\sim 50\text{mA}$$

$$I_{SM}=\frac{P_{SM}}{U_S}=40\text{mA}$$

(1) 为保证空载时稳压管能够安全工作，则

$$R_2=\frac{U_S}{I_{R1max}-I_{SM}}=600\Omega$$

(2) 当 R_2 取 600Ω，负载电流的最大值为

$$I_{Lmax}=I_{R1min}-I_{R2}-I_S=24\text{mA}$$

负载电阻的变化范围为

$$R_{Lmin}=\frac{U_S}{I_{Lmax}}=250\Omega$$

$$R_{Lmax}=\infty$$

二、负载电阻上的电流为

$$I_L=\frac{U_S}{R_L}=10\text{mA}$$

限流电阻 R 上的最大电流和最小电流分别为

$$I_{Rmax}=I_L+I_{SM}=50mA$$
$$I_{Rmin}=I_L+I_S=15mA$$

当 $R=R_{max}$时，$I_R=I_{Rmin}$，则

$$R_{max}=\frac{U_I-U_S}{I_{Rmin}}=267\Omega$$

当 $R=R_{min}$时，$I_R=I_{Rmax}$，则

$$R_{min}=\frac{U_I-U_S}{I_{Rmax}}=80\Omega$$

第八章课题五

一、(1) 为了使电路引入负反馈，集成运放的输入端应为上“－”下“＋”。

(2) $U_{Omin}=\frac{R_1+R_2+R_P}{R_P+R_2}\cdot U_S=10V$；$U_{Omax}=\frac{R_1+R_2+R_P}{R_2}\cdot U_S=15V$。

二、(1) VT1 的 c、e 短路；

(2) R_c 短路；

(3) R_2 短路；

(4) VT2 的 b、c 短路；

(5) R_1 短路。

参　考　文　献

[1]张凤凌．模拟电子技术基础．北京：中国电力出版社，2015.
[2] 童诗白，华成英．模拟电子技术基础．4 版．北京：高等教育出版社，2006.
[3] 杨素行．模拟电子技术基础简明教程．2 版．北京：高等教育出版社，1998.
[4] 孙肖子，张企民．模拟电子技术基础. 西安：西安电子科技大学出版社，2001.
[5] 王丽．模拟电子电路．北京：人民邮电出版社，2010.
[6] 黄锦安，付文红，蔡小玲．电路与模拟电子技术．北京：机械工业出版社，2008.
[7] 康华光．电子技术基础（模拟部分）．4 版．北京：高等教育出版社，1999.
[8] 华成英．模拟电子技术基础第四版习题解答．北京：高等教育出版社，2007.
[9] 辛巍，温鹏俊．模拟电子技术习题与解析．北京：科学出版社，2008.
[10] 杨凌．模拟电子线路学习指导与习题详解．北京：机械工业出版社，2006.
[11] 耿苏燕．模拟电子技术基础学习指导．北京：高等教育出版社，2006.